# 水电工程造价预测

主　编　陈志鼎
副主编　陈新桃　郭　琦

中国水利水电出版社
www.waterpub.com.cn
·北京·

## 内 容 提 要

本书系统地介绍了水电工程造价的含义和造价预测的方法，主要内容包括水电工程项目划分与费用组成，水电工程设计概算的内容、编制依据与程序，水电工程基础单价编制，水电工程工程单价编制，水电工程设计概算编制，水电工程总投资编制。

本书可作为工程造价、工程管理、水利水电工程等专业教学用书，也可作为水电工程造价从业人员的参考用书。

图书在版编目（CIP）数据

水电工程造价预测 / 陈志鼎主编. -- 北京 ： 中国
水利水电出版社，2019.12
ISBN 978-7-5170-7214-0

Ⅰ．①水… Ⅱ．①陈… Ⅲ．①水利水电工程－工程造
价 Ⅳ．①TV512

中国版本图书馆CIP数据核字(2018)第284427号

| 书　　　名 | **水电工程造价预测**<br>SHUIDIAN GONGCHENG ZAOJIA YUCE |
|---|---|
| 作　　　者 | 主编　陈志鼎　副主编　陈新桃　郭琦 |
| 出 版 发 行 | 中国水利水电出版社<br>（北京市海淀区玉渊潭南路 1 号 D 座　100038）<br>网址：www.waterpub.com.cn<br>E-mail：sales@waterpub.com.cn<br>电话：(010) 68367658（营销中心） |
| 经　　　售 | 北京科水图书销售中心（零售）<br>电话：(010) 88383994、63202643、68545874<br>全国各地新华书店和相关出版物销售网点 |
| 排　　　版 | 中国水利水电出版社微机排版中心 |
| 印　　　刷 | 北京市密东印刷有限公司 |
| 规　　　格 | 184mm×260mm　16 开本　16.5 印张　391 千字 |
| 版　　　次 | 2019 年 12 月第 1 版　2019 年 12 月第 1 次印刷 |
| 定　　　价 | **50.00** 元 |

# 前　言

　　水电是清洁、高效的可再生能源。因技术成熟、调度灵活，水电工程已经成为电力系统发电、调峰、调频和事故备用不可或缺的重要工具，对保障电网经济安全运行发挥着重要作用。加快水电开发对于减少不可再生的化石能源消耗，建设环境友好、可持续发展的和谐社会具有十分重要的意义。

　　本教材以水电工程造价为对象，结合"营改增"后水电工程计价的变化，在阐述水电工程造价的含义、组成和水电工程项目划分的基础上分析水电工程造价的费用构成；在阐述水电工程造价预测的含义、范畴、方法和步骤的基础上，讲解水电工程基础价格的编制、工程单价的编制、独立费用的编制和总概算的编制等内容。

　　"水电工程造价预测"课程是三峡大学工程管理和工程造价专业水电特色的集中体现。三峡大学自1993年开办工程管理本科专业以来，老一辈教师就着手本专业教材讲义的编制。本教材经历过老师在黑板上写、学生在课堂手抄，到老师刻蜡纸、学生用油印版，再到后来由针式打印机打印到激光照排印刷等过程。本教材内容根据水电工程造价编制规定，从1987年的《水利水电基本建设工程设计概算编制规定（试行）》发展到2013年的《水电工程费用构成及概（估）算费用标准》，前后经历了1986年、1991年、1995年、2002年、2007年、2013年共6个版本的变化。本次正式交付出版的教材，也是在《关于建筑业营业税改征增值税后水电工程计价依据调整实施意见》出台后，按"营改增"后的计价规定进行编写的。

　　为了给我国水电建设培养水电造价人才，我们一直紧跟水电行业造价发展的规律，不断完善本书。在此特向为本书给予指导和辛勤付出的郭琦老师、袁大祥老师、杨赞锋老师、张贵金老师等表示感谢。同时还要向参与本书整理工作的胡巧艺、孙铮、肖芳、李银芳、刘豪、鲍丽辉、高海漫、胡苗、陈进博、邹其伦、李凯等研究生表示感谢。本书得到三峡大学教材建设项目资助。

　　本书可作为工程造价、工程管理、水利水电工程等专业教学用书，也可以作为水电工程造价从业人员的参考用书。

作　者

2019 年 5 月

# 目　录

# 第1章 绪 论

本章主要介绍基本建设的概念及程序，建设工程造价的概念及构成；水电工程设计阶段的划分，水电工程造价的概念，水电工程造价预测及其工作内容以及水电工程造价预测的方法。

## 1.1 基本建设工程及造价

### 1.1.1 基本建设概念

我国现行的法规规定，凡利用国家预算内基建拨改贷、自筹资金、国内外基建信贷以及其他专项资金进行的，以扩大生产能力或新增工程效益为目的的新建、扩建工程及有关工作，均属于基本建设。

基本建设是一个复杂的系统工程，它有如下特点：

（1）产品的特定性。基本建设产品是在特定条件下生产出来的特殊商品，一般由建设单位提出对产品的要求，通过设计单位、施工单位、咨询机构等的共同努力，才能完成基本建设产品的生产。各个基本建设产品的规模、功能各不相同，生产建设过程各有特点，不能进行批量生产。例如，水力发电工程中的拦河大坝按筑坝材料可分为当地材料坝和混凝土坝两大类，但由于各个水电工程在地形、地质、水文、水资源条件和综合利用等方面的不同要求，导致大坝不会完全一样。

（2）技术经济上的复杂性。基本建设一般规模大、投资多、生产周期长、消耗各种资源多，不仅要做到技术上先进合理，而且要满足国民经济各部门对项目的不同要求。同时，由于在生产过程中技术上的复杂性和受到各种因素的影响，工程最后的造价与预测的造价常有较大出入，甚至出现概算超估算、预算超概算、决算超预算，即所谓的"三超"现象。

（3）受外界环境影响大。基本建设项目一般都是露天作业，受气象、地质、地形、水文、环境保护、政策变化和经济变化等因素的影响大，使建设工期、生产方法等可能发生变化。受不确定性因素的影响大，风险也大。

（4）产品的固定性和生产方式的流动性。基本建设产品生产过程中，产品固定在一个地方，不同工种的生产人员在不同的生产阶段进入施工段进行工作，不同于一般工业产品生产，是产品通过流水线进入各个车间。

（5）基本建设的投资具有预付性、回流性和效益性。基本建设是为了进行固定资产再生产或改善人民生活而垫付一定数量的资金，获得预期效益的经济活动，也是为了资本金的保值和增值，不是单纯的消费性开支，因此，基本建设的投资具有预付性、回流性和效益性的特点。

1

## 1.1.2 基本建设程序

水电工程基本建设程序是一项水电工程从设想提出到决策，经过勘察、设计、施工和验收，直至投产和交付使用的整个过程中应该遵循的内在规律。

按照水电工程的内在规律，投资建设一般应经过决策、勘察、设计、施工、交付和运行若干个发展时期。每个发展时期又可分为若干阶段，每个阶段内的各项工作之间存在着不能随意颠倒的先后顺序关系。科学的建设程序应当坚持"先勘察、后设计、再施工"的原则。

水电工程建设条件比较复杂，工作量大。1993 年，电力工业部将设计阶段进行了调整；2004 年，《国务院关于投资体制改革的决定》（国发〔2004〕20 号）对工程投资体制进行了全面调整。目前一般水电工程基本建设程序如下：

（1）编制河流开发规划报告。河流开发规划初步查明河流开发条件，明确河流开发任务，协调综合利用要求，优选梯级开发方案和推荐近期工程。其主要工作内容有研究河流的主要开发任务，查明流域的水文泥沙情况，了解区域地质和地震情况，提出各梯级单独和全部联合运行的能量效益，对河流环境状况进行调查分析，初拟坝址、坝型和枢纽总布置方案，提出开发顺序初步意见，推荐近期工程，完成河流开发规划报告并报有关部门审查和批准。

（2）预可行性研究。依据电力系统规划、河流开发规划提出拟建项目，进行预可行性研究，提出预可行性研究报告并报有关部门审查。预可行性研究的目的是对拟建工程项目的建设必要性、技术可行性与经济合理性进行初步研究，提出初步评价，以便确定工程建设项目能否成立。水电工程预可行性研究主要内容有以下几个方面：

1）根据电力系统中长期发展规划和河流开发规划、地区和国民经济各部门的要求，论证工程建设的必要性，基本确定综合利用要求，提出工程建设任务。

2）收集水文、气象资料和进行必要的水文勘测，基本确定主要水文参数。

3）了解区域地质、地震、水库和枢纽工程地质条件，进行勘测和试验，初步评价影响工程的主要地质条件和问题，初选代表坝址、厂址。

4）初选工程规模、代表坝型和主要建筑物型式，初选工程总布置。

5）初选施工导流、对外交通、水电供应、建筑材料、施工方法、施工总布置和总进度。

6）初选机组、电气主接线、主要机电设备、金属结构的型式和布置。

7）进行水库淹没实物指标和工程环境影响的调查，初步分析移民安置环境、容量和安置去向。

8）估算工程投资，提出资金（包括内资和外资）筹措的设想。

9）测算上网电价，进行初步的财务评价和经济效益分析，提出工程能否立项的意见。

对于政府投资的项目需要编制项目建议书。项目建议书是供国家或地方政府主管部门审批的拟建项目的建议文件。对工程项目进行可行性研究之前，要先编报项目建议书。它是根据经国家或地方政府主管部门审查的电力系统中长期发展规划和已经审查的预可行性研究报告进行编制的。其主要内容包括以下几个方面：

1）建设的必要性。

2）建设规模。

3）建设地点与基本建设条件。

4）投资估算及来源（如果需要利用外资，还要说明利用方式和额度）。

5）经营管理方式初步设想。

项目建议书需按国家规定报主管部门审批。经主管部门审批同意立项后，即可开展可行性研究工作。

（3）可行性研究。开展工程可行性研究，工作的深度等同于原来的初步设计，提出可行性研究报告。在项目建议书经审批同意后，对拟建项目的建设必要性、技术可行性与经济合理性作进一步研究。可行性研究是电力基本建设程序设计阶段的一个重要步骤，对项目要提出正式评价，以便投资者愿意投资，银行能同意贷款，电网经营者能同意购电，最终能得到国家或地方政府主管部门的核准。水电工程可行性研究（等同于初步设计）的主要内容如下：

1）复核工程任务和具体要求，确定工程规模，明确运行要求。

2）复核确定水文成果。

3）复核区域构造稳定，查明水库和建筑物工程地质条件，提出评价和结论，选定场址、坝（闸）址、厂址。

4）复核工程的等级和设计标准，确定工程总布置、主要建筑物的轴线、线路、结构型式和布置、控制尺寸、高程和工程量。

5）确定水电站装机容量，选定机组型号、单机容量、单机流量和台数，确定接入电力系统的方式、电气主接线、输电方式、主要机电设备型式和布置，选定开关站，确定建筑物的闸门、启闭机等型式和布置。

6）提出消防设计方案的主要设施。

7）选定对外交通方案、施工导流方式、施工总布置和总进度，选定施工方法和主要施工设备，提出天然（人工）建筑材料、劳动力、供水和供电的需要量及来源。

8）确定水库淹没、工程占地的范围，核实淹没实物指标，提出淹没处理、移民安置规划和设计概算。

9）提出环境保护措施设计，报国家环保部门审批。编制水土保持方案。

10）拟定工程管理机构、人员编制及生产生活设施。

11）编制工程设计概算，利用外资的工程应编制外资概算。

12）复核经济评价。

（4）工程项目评估。可行性研究报告经国家规定的主管部门审查后，经国家发展和改革委员会授权有资质的单位开展工程项目评估。

（5）编制项目（核准）申请报告，报请政府核准。

（6）招标设计及施工准备。项目申请报告核准后，进行招标设计，项目法人组织工程招标。项目在主体工程开工之前，必须完成各项施工准备工作。其主要内容如下：

1）完成施工现场的征地、拆迁工作。

2）完成施工用水、用电、通信、道路和场地平整等工程。

3）完成必需的生产、生活临时建筑工程。

4）组织招标设计、咨询、设备和物资采购等服务。

5）组织建设监理和主体工程招投标，并择优选定建设监理单位和施工承包队伍。

水电工程招标设计阶段是在可行性研究报告审查和项目核准后，由工程项目法人组织开展。招标设计报告是在可行性研究报告阶段勘测、设计、试验、研究成果的基础上，为满足工程招标采购和工程实施与管理的需要，复核、完善、深化勘测设计成果的系统反映。水电工程招标设计的主要内容如下：

1）最终确定水库的规模、各种特征水位、运行要求、移民安置规划、坝轴线、坝型、枢纽布置、装机容量、机组型号和台数、接入电力系统方式、电气主接线和主要机电设备等。

2）确定枢纽建筑物的结构型式、具体位置、尺寸、高度、运行要求。

3）提出施工、制造、安装等技术要求。

4）确定分部、分项工程量，分项施工方法，施工总布置和总进度。

5）编制分标概算及招标设计概算。

在招标设计的基础上，项目法人可自行或委托设计单位编制招标文件，主要内容为合同条款、技术规范和设计图纸。招标设计还要编制标底文件，标底文件是招标单位事先为工程招标编制的单价分析、工程标价、经济指标文件，作为评议投标者报价合理性和先进性的一个标准。

招标设计须经项目法人审批，据此进行主机和主要施工单位的招标，开展施工图设计。

（7）施工图设计。建设实施阶段是指主体工程全面建设实施的阶段，项目法人按照批准的建设文件组织工程建设，保证项目建设目标的实现。主体工程开工必须具备以下条件：

1）前期工程各阶段文件已按规定批准，施工图设计可以满足初期主体工程施工需要。

2）建设项目已列入国家或地方水电建设投资年度计划，年度建设资金已落实。

3）主体工程招标已经决标，工程承包合同已经签订，并已得到主管部门同意。

4）现场施工准备和征地移民等建设外部条件能够满足主体工程开工需要。

5）建设管理模式已经确定，投资主体与项目主体的管理关系已经理顺。

6）项目建设所需全部投资来源已经明确，且投资结构合理。

水电工程施工图设计是指设计单位根据招标设计成果，为工程项目施工编制材料加工、非标准设备制造、建筑物施工和设备安装所需图纸和施工说明文件。施工图设计的主要内容是：提供加工、制造、土建、安装工作所需的详细图纸及施工说明文件；提出设备材料清册和规格要求；计算各种工程量；根据业主要求编制执行概算或复核概算。

为配合施工进度、满足施工需要，施工图纸宜分批提交。在施工过程中，设计单位派出工地代表，及时解决项目法人、施工和调试等单位提出的问题，根据现场开挖和施工情况，修改和完善已交付的施工图纸，并根据项目法人的要求，编制符合现场实际情况的竣工图，作为工程建设档案，供生产运行单位进行维修、改造和扩建时使用。

（8）土建工程和安装工程施工。

（9）工程截流前验收。

（10）当大坝具备下闸蓄水条件时，进行水库蓄水前安全鉴定和验收。

（11）机组启动验收，完成满负荷连续 72h 试运行。

（12）试生产 1 年。

（13）生产准备。生产准备是项目投产前要进行的一项重要工作，是建设阶段转入生产经营的必要条件。项目法人应按照建管结合和项目法人责任制的要求，适时做好有关生产准备工作。生产准备应根据不同类型的工程要求确定，一般应包括如下主要内容：

1）生产组织准备。

2）招收和培训人员。

3）生产技术准备。

4）生产物资准备。

5）正常的生活福利设施准备。

6）及时落实产品销售合同协议的签订，提高生产经营效益，为偿还债务和资产的保值、增值创造条件。

（14）竣工安全鉴定和验收。竣工安全鉴定和验收在最后一台机组投产超过半年、大坝至少经过一个汛期考验后进行。竣工验收是工程完成建设目标的标志，是全面考核基本建设成果、检验设计和工程质量的重要步骤。

竣工验收合格的项目即可从基本建设转入生产或使用。当建设项目的建设内容全部完成，并经过单位工程验收，符合设计要求并按水电基本建设项目档案管理的有关规定，完成了档案资料的整理工作，完成了竣工报告、竣工决算等必需文件的编制后，项目法人按照有关规定，向验收主管部门提出申请，根据国家和部颁验收规程组织验收。

竣工决算编制完成后，须由审计机关组织竣工审计，其审计报告作为竣工验收的基本资料。

### 1.1.3 基本建设工程造价的概念

在市场经济条件下，建筑产品是特殊的商品，具有商品的一般属性，即价值和使用价值两重属性。因此，对于工程造价的理解也有两层含义：一是指建设项目的建设成本，即完成一个建设项目所需费用的总和，包括建筑工程费、安装工程费、设备费，以及其他相关的必需费用。对上述几类费用可以分别称其为建筑工程造价、安装工程造价、设备造价等，这种理解具有商品价值的属性。二是指建设项目承发包工程的价格，即发包方与承包方签订的合同价。这种理解是基于具有使用价值的建筑产品在市场经济条件下的价格属性。一个建设项目对于该项目法人（以下简称业主）或其代理机构而言，形成其固定资产，是扩大生产能力或新增工程效益的物质基础。因而对于业主来说，建设项目的造价是建设成本，它不包含投资者的利润。我们通常所说的"建筑产品价格"，实际上是建设工程在承发包阶段的合同价，是该工程建设成本的组成部分。它是一个极其重要的组成部分，也是工程造价管理的重要研究内容。

工程造价的两层含义之间既存在着区别，又相互联系。二者之间的区别主要是：①建设成本的范围涵盖建设项目的费用，而工程承发包价格的范围却只包括建设项目的局部费用，即承发包工程的部分费用。在总体数额及内容组成上，建设成本总是大于工程承发包价格的。②建设成本是对应于业主而言的，工程承发包价格是对应于发包方、承包方双方而言的。工程承发包价格形成于发包方与承包方的承发包关系中，亦即合同的买卖关系中，只有进行商品交换，才能形成商品的价格。建设成本中不含业主的利润，工程承发包价格中含有承包方的利润。二者之间的联系主要是：①工程承发包价格以"价格"形式进入建设成本，是建设成本的重要组成部分。②实际的建设成本（决算）反映的是实际的工程承发包价格（结算），预测的建设成本反映的是建筑市场正常情况下的工程价格，即在预测建设成本时，要反映建筑市场的正常情况，反映社会必要劳动时间，亦即通常所说的标准价、指导价。③建设项目中承包工程的建设成本等于承发包价格。目前承发包一般限于建筑安装工程。在这种情况下，建筑或安装工程的建设成本也就等于建筑或安装工程承发包价格。

### 1.1.4　建设工程造价的构成

#### 1.1.4.1　建设工程造价的理论构成

马克思在分析资本主义社会再生产的时候，把社会生产按实物形式划分为生产资料生产和消费资料生产两大类，同时又把社会总产品在价值上分为不变资本（$C$）、可变资本（$V$）和剩余价值（$M$）3 个组成部分。$C$ 代表已消耗的生产资料转移价值，$V$ 代表劳动者新创造的归自己支配的价值，$M$ 代表劳动者新创造的归社会和集体支配的价值。$C+V$ 的货币表现就是产品的成本，$C+V+M$ 的货币表现就是产品的价格。

在市场经济条件下，建设工程的产品如拦河大坝、发电厂房、房屋等是特殊的商品，具有商品的一般属性，即价值和使用价值，并且在建筑产品的生产过程中符合马克思价值论的原理，即商品的价值决定着商品的价格，价格变动总是以价值为中心，这是存在着商品生产的社会中价格形成的共同规律，是价值规律的必然结果。因此，建设工程的造价也应由 $C+V+M$ 组成。具体地可以阐述如下：

（1）已消耗生产资料的价值（转移价值 $C$）。在工程建设中表现为材料费、设备费、施工机械的磨损折旧费等建筑安装工程的劳动对象和劳动手段的消耗支出。同时还应包括电站建筑物、房屋建筑物等所占用的土地征用及开发的费用。

（2）活劳动创造的价值，即新创造的价值。包括劳动者为自己创造的价值 $V$ 和劳动者为社会创造的价值 $M$。在工程建设中，新创造的价值表现为人工费 $V$ 及利税。利税是劳动者（工人）为社会创造的价值的货币表现，是工程造价的必要组成部分。建设工程造价的理论构成见表 1.1。

**表 1.1**　　　　　　　　　　　　　　建设工程造价的理论构成

| | |
|---|---|
| $C$ | 土地征用、城镇拆迁、移民搬迁等补偿费 |
| | 设备、工器具购置费（安装对象） |
| | 建筑材料、构件费用（建筑装配对象） |
| | 施工机械和模板、脚手架等劳动手段的折旧、维修等费用 |

续表

| | |
|---|---|
| *V* | 勘察设计人员的工资、奖金等 |
| | 建筑安装企业职工工资、奖金和动迁费 |
| | 业主或建设单位职工工资、奖金等 |
| *M* | 勘察设计单位的利润和税金 |
| | 建筑安装企业的利润和税金 |
| | 工程承包公司、建设监理公司的利润和税金 |

#### 1.1.4.2 建设工程造价的费用构成

建设工程造价的费用构成如图 1.1 所示。

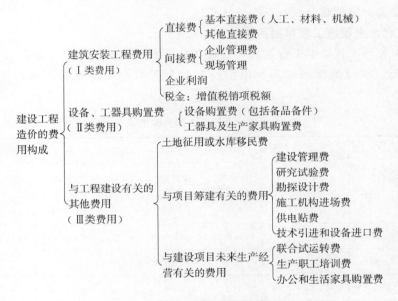

图 1.1 建设工程造价的费用构成

## 1.2 水电工程及其造价

### 1.2.1 水电工程及其等级的划分

#### 1.2.1.1 水电工程及其建筑物

"水电工程"是水力发电工程的简称，是指以发电为主兼顾防洪、灌溉、养殖等多种综合功能的基本建设工程。水电工程一般由下列 7 类建筑物组成：

（1）挡水建筑物。用以截断河流，集中落差，形成水库，一般为各类坝、闸、堤等。

（2）泄水建筑物。用以下泄多余的洪水，或放水以供下游使用，或放水以降低水库水位，如溢洪道、泄洪洞、底孔、闸孔等。

（3）水电站进水建筑物。用以按水电站要求将水引进引水道。

（4）水电站引水建筑物。用以将发电用水由进水建筑物输送给水轮发电机组，并将发电用过的水流排向下游，后者有时称为尾水建筑物。根据自然条件和水电站型式的不同，引水建筑物可以采用明渠、隧洞、管道等。有时引水建筑物中还包括渡槽、涵洞、倒虹吸、管桥等建筑物。

（5）水电站平水建筑物。当水电站负荷变化时，用以平稳引水建筑物中流量及水压的变化，如有压引水式水电站中的调压室（井）及无压引水式水电站中的压力池等。

（6）发电、变电和配电建筑物。包括安装水轮发电机组及控制、辅助设备的厂房，安装变压器的变压器场及安装高压开关的开关站。若集中在一起，则统称为厂房枢纽。

（7）其他建筑物。如通航建筑物、过木建筑物、过鱼建筑物、拦鱼设施、水库码头、观测设施、永久交通工程、房屋等。

以上水电工程建筑物的组成系按建筑物的功能划分的。在造价编制中，对水电工程建设项目将做更为详细的划分。

### 1.2.1.2 水利水电枢纽工程等别的划分

水利水电枢纽工程根据工程规模、效益和在国民经济中的重要性划分为五等，山区、丘陵区和平原、滨海地区的水利水电枢纽工程分等指标大体相同，等别划分的规定见表1.2。

表 1.2 水利水电枢纽工程分等指标

| 工程等别 | 工程规模 | 水库总库容/亿 m³ | 防洪 | | 治涝 | 灌溉 | 供水 | 水电 |
|---|---|---|---|---|---|---|---|---|
| | | | 保护城镇及工矿区 | 保护农田面积/万亩 | 排涝面积/万亩 | 灌溉面积/万亩 | 供给城镇及工矿区 | 装机容量/万 kW |
| 一 | 大（1）型 | ≥10 | 特别重要 | ≥500 | ≥200 | ≥150 | 特别重要 | ≥120 |
| 二 | 大（2）型 | 10～1.0 | 重要 | 500～100 | 200～60 | 150～50 | 重要 | 120～30 |
| 三 | 中型 | 1.0～0.1 | 中等 | 100～30 | 60～15 | 50～5 | 中等 | 30～5 |
| 四 | 小（1）型 | 0.1～0.01 | 一般 | 30～5 | 15～3 | 5～0.5 | 一般 | 5～1 |
| 五 | 小（2）型 | 0.01～0.001 | | <5 | <3 | <0.5 | | <1 |

注 1. 总库容指校核洪水位以下的静库容。

　　2. 灌溉和治涝面积均系指设计面积。

　　3. 挡潮工程的等别参照防洪工程规定划分，在潮灾特别严重地区其工程等别可适当提高。

　　4. 供水工程重要性应根据城市及工矿区的工业和生活供水规模、经济效益和社会效益分析确定。

在使用上述等别划分时，应注意以下问题：

（1）一个水利水电枢纽工程建设项目，只应属于大、中、小类型中的一种。

（2）综合利用的水利水电枢纽工程，当分等指标分属几个不同的等别时，整个枢纽工程的等别应以其中的最高等别为准。

### 1.2.1.3 水工建筑物级别划分

水利水电枢纽工程的水工建筑物，根据其所属工程等别及其在工程中的作用和重要性划分为五级，级别划分的规定见表1.3。

表 1.3　　　　　　　　　　　　　　　　　水工建筑物级别划分

| 工程等别 | 永久性建筑物级别 | | 临时性建筑物级别 |
|---|---|---|---|
| | 主要建筑物 | 次要建筑物 | |
| 一 | 1 | 3 | 4 |
| 二 | 2 | 3 | 4 |
| 三 | 3 | 4 | 5 |
| 四 | 4 | 5 | 5 |
| 五 | 5 | 5 | |

注　1. 永久性建筑物指枢纽工程运行期间使用的建筑物，根据其重要性划分如下：
（1）主要建筑物指失事后造成下游灾害或严重影响工程效益的建筑物。
（2）次要建筑物指失事后不致造成下游灾害或对工程效益影响不大并易于修复的建筑物。例如，失事后不影响主要建筑物和设备运行的挡土墙、导流墙及护岸等。
　　2. 临时性建筑物指枢纽工程施工期间使用的建筑物，如导流建筑物、施工围堰等。

#### 1.2.1.4　施工辅助工程主要建筑物级别划分

1. 导流建筑物级别划分

导流建筑物系反映枢纽工程施工期所使用的临时性挡水和泄水建筑物。根据其保护对象、失事后果、使用年限和工程规模划分为Ⅲ～Ⅴ级，具体规定见表1.4。

表 1.4　　　　　　　　　　　　　　　　　导流建筑物级别划分

| 级别 | 保 护 对 象 | 失 事 后 果 | 使用年限/a | 围堰工程规模 | |
|---|---|---|---|---|---|
| | | | | 堰高/m | 库容/亿 m³ |
| Ⅲ | 有特殊要求的 1 级永久建筑物 | 淹没重要城镇、工矿企业、交通干线或推迟工程总工期及第一台（批）机组发电，造成重大灾害和损失 | >3 | >50 | >1.0 |
| Ⅳ | 1、2 级永久建筑物 | 淹没一般城镇、工矿企业或影响工程总工期及第一台（批）机组发电，造成较大经济损失 | 1.5～3 | 15～30 | 0.1～1.0 |
| Ⅴ | 3、4 级永久建筑物 | 淹没基坑，但对总工期及第一台（批）机组发电影响不大，经济损失较小 | <1.5 | <15 | <0.1 |

注　1. 导流建筑物包括挡水和泄水建筑物，两者级别相同。
　　2. 表列 4 项指标均按施工阶段划分。
　　3. 有、无特殊要求的永久建筑物均系针对施工期而言，有特殊要求的 1 级永久建筑物指施工期不允许过水的土坝及其他有特殊要求的永久建筑物。
　　4. 使用年限系指导流建筑物每一施工阶段的工作年限，两个或两个以上施工阶段共用的导流建筑物，如分期导流一、二期共用的纵向围堰，其使用年限不能叠加计算。
　　5. 围堰工程规模一栏中，堰高指挡水围堰最大高度，库容指堰前设计水位所蓄的水量，两者必须同时满足。

2. 砂石系统规模划分

砂石加工系统（简称砂石系统）主要由砂石加工厂和采石场组成。砂石系统规模按砂石场的处理能力和年开采量划分为大、中、小型，划分标准见表1.5。

表 1.5    砂石系统规模划分标准

| 规模类型 | 砂石厂处理能力 | | 采料场 |
| --- | --- | --- | --- |
| | 小时处理能力/t | 月处理能力/万 t | 年开采量/万 t |
| 大型 | >500 | >15 | >120 |
| 中型 | 120~150 | 4~15 | 30~120 |
| 小型 | 120 | <4 | <30 |

3. 混凝土系统规模划分

混凝土生产系统（简称混凝土系统）规模按生产能力分大、中、小型，划分标准见表 1.6。

表 1.6    混凝土系统规模划分标准

| 规模定型 | 小时生产能力/m³ | 月生产能力/m³ |
| --- | --- | --- |
| 大型 | >200 | >6 |
| 中型 | 50~200 | 1.5~6 |
| 小型 | <50 | <1.5 |

## 1.2.2  水电工程设计阶段的划分

长期以来，我国水电工程设计分为可行性研究、初步设计、技术设计、施工详图设计等阶段，并在各阶段分别编制投资估算、初步概算、修正概算和施工图预算。此划分方法在一个时期内对我国水电工程设计阶段的技术经济工作起到了良好的规范化作用。改革开放以来，我国水电建设体制发生了很大变化，原来的水电设计阶段的划分已不能适应这一形势的需要。为适应招标投标制和合同管理体制的需要，并与国家基本建设项目审批程序相协调，缩短设计周期，加快水电事业的发展，国家能源局在与国家有关部门协调后，对水电工程设计阶段的划分做了如下调整。

### 1.2.2.1  河流水电规划阶段

河流水电规划初步查明河流开发条件，调查和研究影响河流水电开发的重大工程地质问题，识别河流水电开发在生态环境和经济社会方面的限制性因素，明确河流水资源开发利用方向及开发任务，推荐开发方案，提出河流水电规划实施意见。该阶段编制流域水电规划报告（含蓄能规划报告）。

国家能源局于 2010 年 8 月 27 日发布了《河流水电规划编制规范》（DL/T 5042—2010），规定"河流水电规划的基本任务应初步查明河流开发条件，明确河流开发任务，推荐开发方案，提出规划实施意见"，并强调了以下几个方面：

（1）河流水电规划应符合流域综合利用总体要求，协调与环境保护、经济社会发展的关系。

（2）河流水电规划应坚持"全面规划、统筹兼顾、综合利用、讲求效益、保护生态"的方针，正确处理需要与可能、近期与远景、整体与局部、干流与支流、上中下游、资源利用与环境保护等方面的关系。

（3）河流水电规划应高度重视安全工程，开发方案应尽可能避开或远离区域活动构造带和重大地质灾害地段。

（4）在开展河流水电规划的同时，应开展河流规划的环境影响评价工作，并单独编制河流水电规划环境影响报告书。

（5）河流水电规划应统筹考虑流域经济社会状况和特点、移民安置环境容量和条件，分析并提出河流梯级开发移民安置总体规划初步方案，必要时，针对重要敏感对象提出专题研究报告。

（6）河流水电规划报告经审批后，应作为该河流水力资源开发的重要依据。

该阶段主要特点如下：

（1）战略性。处理的全是战略性问题，如需要与可能、除害与兴利、利用与保护、整体与局部、近期与远期等。规划方案必须符合国家宏观调控的原则，紧抓宏观问题，要查清梯级开发方案的外部条件，不要一开始就陷入具体梯级的局部问题中。

（2）综合性。要综合考虑发电、防洪、灌溉、航运、环保、淹没等因素，绝不能只考虑发电效益，并非发电量最大的方案就一定是最优规划方案。

（3）政策性。流域规划与国家政策关系密切，如环保、移民、西电东送、大力发展水电等政策都会影响流域规划。例如，为了减少淹没损失，"充分利用水头"应改为"尽可能合理利用水头"。又如，以往单从经济性考虑，采用引水式开发方案较多，且不重视泄放生态流量。现在从环保考虑，对引水式开发方案要慎重，且必须保证生态流量的泄放。

### 1.2.2.2 预可行性研究阶段

预可行性研究是指在江河流域综合利用规划及河流（或河段）水电规划选定的开发方案的基础上，根据国家与地区电力发展规划的要求，编制水电工程预可行性研究报告。预可行性报告经主管部门审批后，即可编报项目建议书。

在预可行性研究阶段要编制水电工程的投资估算。预可行性研究报告编制的主要内容如下：

（1）概述。包括工程位置，工程基本情况，规划、审批情况，工作的依据、目的、过程，工程特性等。

（2）建设必要性及工程开发任务。

（3）水文。包括流量、洪水、泥沙、水位流量关系等。

（4）工程地质。

（5）工程规模。包括各种水位、蓄水、排沙、电力电量平衡、装机容量、机组机型等。

（6）水库淹没。

（7）环境影响。

（8）枢纽工程。包括工程等别和标准、枢纽工程建设地址、工程布置和主要建筑物及其型式等。

（9）机电及金属结构。包括机组机型、送出工程、电气主结线、金属结构等。

（10）施工。包括施工条件、建筑材料、施工导流、主体工程施工、施工总布置、施工总进度等。

（11）投资估算及资金筹措计划。工程投资应根据有关规定，对主体工程项目初步进行单价和指标分析，估算主体工程、机电设备和金属结构设备投资，分析其他项目与主体工程费用的比例关系，估算工程静态总投资和工程总投资，提出投资估算正文和必要的附件，提出建设资金来源构成的设想，并尽可能提供国家、地方、部门、企业等有关部门的投资意向。若利用外资，则应提出利用的可能性，并分析外汇平衡情况。

（12）经济初步评价。

### 1.2.2.3 可行性研究阶段

根据水电工程实际，取消原初步设计阶段，将原来的可行性研究和初步设计两阶段合并，加深原有可行性研究报告深度，使其达到原有初步设计编制规程的要求，并依据《水利水电工程初步设计报告编制规程》（SL 619—2013）编制可行性研究报告。

坝址和开发方式的选择是做好可行性研究报告的基础。对于装机容量 1000MW 及以上的工程或一部分涉及面较广的重大项目，根据工程地质条件复杂程度和外部条件，可在可行性研究报告中提出选坝报告，由审查单位组织有关部门或专家讨论认定后，再全面开展可行性研究工作。

可行性研究报告编制的主要内容包括：总则，综合说明，水文，工程地质，工程任务和规模，工程布置及建筑物，水力机械、电工、金属结构及采暖通风，消防设计，施工组织设计，建设征地与移民安置，环境影响评价，水土保持，劳动安全与工业卫生，节能评价，工程管理，投资估算，经济评价，社会稳定风险分析。其具体内容和深度应符合下列要求：

（1）论证工程建设的必要性，确定工程的任务及综合利用工程各项任务的主次顺序。

（2）确定主要水文参数和成果。

（3）查明影响方案比选的主要工程地质条件，基本查明主要建筑物的工程地质条件评价存在的主要工程地质问题。对天然建筑材料进行详查。

（4）确定主要工程规模和工程总体布局。

（5）选定工程建设场址（坝址、闸址、厂址、站址和线路等）。

（6）确定工程等级及设计标准，选定基本坝型，基本选定工程总体布置及其他主要建筑物的型式。

（7）基本选定机电和金属结构及其他主要机电设备的型式和布置。

（8）初步确定消防设计方案和主要设施。

（9）选定对外交通运输方案、料场、施工导流方式及导流建筑物的布置，基本选定主体工程主要施工方法和施工总布置，提出控制性工期和分期实施意见，基本确定施工总工期。

（10）确定工程建设征地的范围，查明淹没实物，基本确定移民安置规划，估算移民征地补偿投资。

（11）对主要环境要素进行环境影响预测评价，确定环境保护对策措施，估算环境保护投资。

（12）对主体工程设计进行水土保持评价，确定水土流失防治责任范围、水土保持措施、水土保持监测方案，估算水土保持投资。

（13）初步确定劳动安全与工业卫生的设计方案，基本确定主要措施。

（14）明确工程的能源消耗种类和数量、能源消耗指标、设计原则，基本确定节能措施。

（15）确定管理单位类别及性质、机构设置方案、管理范围和保护范围等。

（16）编制投资估算。

（17）分析工程效益、费用和贷款能力，提出资金筹措方案，分析主要经济评价指标，评价工程的经济合理性和财务可行性。

#### 1.2.2.4　招标设计阶段

水电工程招标设计是在可行性研究报告审查和项目核准后，由工程项目法人组织开展。招标设计报告是在可行性研究报告阶段勘测、设计、试验、研究成果的基础上，为满足工程招标采购和工程实施与管理的需要，复核、完善、深化勘测设计成果的系统反映。

我国水电建设在总结 20 世纪 80 年代一些工程实行国际招标实践经验的基础上，从 1988 年起在水电站设计程序中增加了招标设计。招标设计深度与原技术设计深度相当，是在原初步设计（现可行性研究）基础上，深入进行调查、勘测、试验、专题研究和设计，最终落实技术方案，解决具体技术问题。

水电工程的招标设计报告经评审后，既是工程招标文件编制的基本依据，也是工程施工图编制的基础。在招标设计的基础上，项目法人可自行或委托设计单位编制招标文件，主要内容为合同条款、技术规范和设计图纸。招标设计还要编制标的文件，标的文件是招标单位事先为工程招标编制的单价分析、工程标价、经济指标文件，作为评议投标者报价合理性和先进性的一个标准。

该阶段编制招标设计报告。《水电工程招标设计报告编制规程》（DL/T 5212—2005）规定招标设计报告的主要内容和深度应符合下列要求：

（1）补充水文、气象及泥沙基本资料，复核水文成果，完善、深化水情自动测报系统总体设计。

（2）复核工程地质结论，补充查明遗留的工程地质问题，论证可行性研究报告审批和项目评估提出的专门性工程地质问题，为招标设计提出有关工程地质补充资料。

（3）复核工程特征值、水库初期蓄水计划和电站初期运行方式，提出机组运行的加权因子和机组加权平均效率。

（4）复核工程的等级和设计标准。复核确定枢纽布置，主要建筑物的轴线、布置和结构型式、控制尺寸和高程，提出建筑物的控制点坐标、桩号及工程量；确定主要建筑物结构、尺寸、材料分区、基础处理措施和范围，提出典型断面和部位的配筋型式、各部位材料性能指标要求及有关设计技术要求；完善安全监测系统的组成和布置，提出监测仪器设备清单。

（5）复核机电及金属结构的设计方案，复核确定主要设备型式、布置、技术参数和技术要求，编制设备清册。

（6）复核建筑消防及主要机电设备消防设计总体方案，确定消防设备型式及主要技术参数，编制消防设备清册。

（7）比选工程分标方案，经项目法人审批，确定工程分标方案。

（8）复核导流标准、导流程序及导流建筑物布置，确定导流建筑物轴线、结构型式和布置，提出建筑物的控制点坐标及工程量；复核确定天然建筑材料的料源选择与土石方平衡规划、场内交通规划布置与设计标准、主体工程施工方案与施工机械配置；提出主要施工工厂设施设置方案、施工总布置及工程施工总进度安排。

（9）复核分解实物指标，确定移民生产生活安置方案，制定移民搬迁总体规划，开展城市集镇建设详细规划设计、专业项目复建设计，编制建设征地移民安置补偿投资执行概算以及移民安置实施规划报告。

（10）复核完善环境保护措施设计、环境监测和环境管理计划，提出环境保护工作的实施进度计划和环境保护措施项目的分标规划方案。

（11）依据工程分标方案编制工程分标概算，依据施工组织设计及招标设计工程量编制工程招标设计概算。

（12）根据工程招标设计概算的分年度静态投资进行财务分析，复核工程的财务可行性。

#### 1.2.2.5　施工详图阶段

一般是配合工程进度编制施工详图。

需要说明的是，在电力工业部与水利部分开之前，我国的水利水电设计阶段在相当长的一段时期内都是按照如下的原则划分的：大中型水利水电建设项目一般划分为可行性研究、初步设计和施工详图设计 3 个阶段；重大工程项目或新型、特殊工程项目增加技术设计阶段，即可行性研究、初步设计、技术设计和施工详图设计 4 个阶段。目前水利系统有关水利水电工程建设设计阶段仍遵照此方法进行。

电力工业部与水利部分开后，电力工业部经过与国家有关综合部门协调，于 1993 年 12 月 12 日以电计〔1993〕567 号文《电力工业部关于调整水电工程设计阶段的通知》，对水电工程设计阶段的划分进行了调整，规定电力系统所辖水力发电工程设计阶段按此通知执行，即上面介绍的 4 个阶段。水利系统与电力系统设计阶段的异同可参考表 1.7。

表 1.7　　　　　　　　　　　水利系统与电力系统设计阶段对比表

| 行 业 划 分 | 设 计 阶 段 | | | |
| --- | --- | --- | --- | --- |
| | 一 | 二 | 三 | 四 |
| 水利系统（水利水电工程） | 可行性研究 | 初步设计 | 技施设计（含招标设计） | |
| 电力系统（水力发电工程） | 预可行性研究 | 可行性研究 | 招标设计 | 施工详图 |

### 1.2.3　水电工程造价的概念

水电工程属于基本建设工程，因此，水电工程造价和基本建设工程造价具有相同的含义，是指水电工程在建设过程中花费的全部费用，包括建筑工程费、安装工程费和其他费用。结合水电工程建筑物的构成特点，这些费用分别划分为施工辅助工程费、建筑工程费、机电设备与金属结构的购置费和安装费、其他费用等。水电工程费用的构成与项目划分将在第 2 章中详细介绍。

## 1.3　水电工程造价预测的含义及其工作内容

### 1.3.1　水电工程造价预测的含义

前面介绍了水电工程造价的含义，明确了在水电工程不同的建设阶段，"造价"有其具体的内容。水电工程造价预测就是对水电工程在未实施前所要花费的费用进行的预先测算。显然，水电工程在不同的建设阶段其预先测算（即预算）的具体内容是不同的，其作用也是不同的。

对水电工程造价进行预测必须坚持按照现行国家有关的法律法规，按照基本建设的基本程序，按照现行行业上级主管部门的有关规定，按照工程所在地造价主管部门的有关规定等进行编制，这是编制基本建设工程造价，也是编制水电工程造价的基本原则。

水电工程造价预测的基本依据，除了上述提到的国家有关部门，尤其是工程造价管理部门发布实施的法律、法规、部门规章和规范外，与工程造价预测有关的指标、定额、取费文件、工程量计算规定以及设计部门在各阶段提供的设计图纸等也是工程造价预测的基本依据。

### 1.3.2　水电工程造价预测在各阶段的工作内容

水电工程造价的预测在不同的建设阶段有各自的名称，其对应关系如图 1.2 所示。

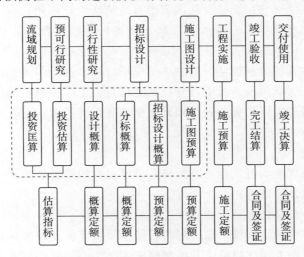

图 1.2　水电工程建设阶段及造价预测内容

图 1.2 中虚线所框的内容属于造价预测的范畴；竣工决算是工程完工后对实际造价的计算，不具有预测的含义。下面对各种预测形式做如下说明。

1. 投资匡算

在河流水电规划阶段应编制投资匡算。投资匡算是表述河流（河段）水电规划方案经济性的基础指标，是梯级之间和梯级组合方案之间进行判别比较的指标，是河流（河段）规划方案或规划调整方案的组成内容。投资匡算的范围是河流（河段）规划方案或规划调整方案所包含的全部梯级。

投资匡算编制的依据是国家和行业现行的政策法规，《河流水电规划编制规范》（DL/T 5042—2010），河流（河段）规划方案或规划调整方案中各个梯级的工程特征参数、枢纽建筑物主体工程量（装机总容量和金结工程量）、水库淹没指标和其他影响投资匡算的条件。投资匡算以规划报告编制年的价格水平，选用国内施工队伍施工等边界条件编制而成。

投资匡算的任务是对枢纽建筑物投资（含主体建筑工程和其他建筑工程、施工辅助工程、机电设备及安装工程、金属结构设备及安装工程、环境保护工程等投资）、建设征地移民安置投资、独立费用、基本预备费等进行匡算和汇总，最终得到各梯级电站规划报告编制年的静态投资。必要时还应编制工程总投资。

投资匡算的基本方法是分析类比和对各部分投资之间的相关关系进行计算。

2. 投资估算

在预可行性研究设计阶段编制投资估算。投资估算应该充分考虑各种复杂情况下工程投资的需要、风险、政策的变化、价格的上涨等因素，打足投资、不留缺口、留有余地。它是工程项目兴建决策最主要的技术经济参考指标，也是设计文件的重要组成部分，是国家或主管部门编制基本建设计划，实行基本建设投资包干，控制工程建设拨款、贷款的依据；是业主对选择近期开发项目进行科学决策的基本依据；也是考核设计方案和建设成本是否科学合理的依据。投资估算是工程造价全过程管理的"龙头"，抓好这个"龙头"有十分重要的意义。它主要是根据国家现行政策法规，按照工程项目划分，选用合理的估算、概算指标或类似工程的预（决）算资料进行编制。投资估算是工程投资的最高限额。

水电工程投资估算的编制包括：对主体工程项目初步进行单价和指标分析，估算主体工程、机电设备和金属结构设备投资，分析其他项目与主体工程费用的比例关系，估算工程静态总投资和工程总投资。或者先按概算定额计算，再扩大一个百分比编制，然后提出投资估算正文和必要的附件。

3. 设计概算

水电工程设计概算是水电工程可行性研究设计报告的重要组成部分。在可行性研究阶段应编制可行性研究设计概算。

可行性研究设计概算是按可行性研究设计成果和国家有关政策规定以及行业标准编制的水电建设项目所需要的投资额，是进行项目国民经济评价及财务评价的依据；设计概算经审查后，是国家投资管理部门确定和控制固定资产投资规模、核准或审批建设项目的依据；是项目法人筹措建设资金、签订贷款合同以及控制、管理项目工程造价的依据；是国家有关部门对建设项目进行稽查、审计的依据；是合理测算和确定项目上网电价的参考依据；是进行项目竣工决算和项目投资后评价的对比依据。

设计概算应按可行性研究阶段工程设计成果和编制年的政策及价格水平进行编制。工程核准前如果因国家政策调整，设计报告进行了修编，或核准年与概算编制年相隔两年及以上时，应根据核准年的政策和价格水平以及设计修编报告成果（如果有）重新编制设计概算并报批。

工程核准开工后由于国家政策调整、市场价格发生较大变化或设计发生重大变更，需对工程投资进行复核调整的，应根据实际情况编制工程复核概算并报批。

4. 施工图预算

施工图预算应在已批准的设计概算的控制下进行编制。当某些单位工程施工图预算超过设计概算时，设计负责人应当分析原因，考虑修改施工图设计，力求与批准的设计概算达到平衡。

施工图预算的主要作用可概括如下：

（1）施工图预算是确定单位工程项目造价、编制固定资产计划的依据。

（2）施工图预算是在设计概算控制下进一步考核设计经济合理性的依据。

（3）施工图预算是签订工程承包合同，实行建设单位（施工单位）投资包干和办理结算的依据。

（4）施工图预算是业主进行单项工程招标时确定招标标底的重要依据，是结算工程价款的依据。

（5）施工图预算是承包商进行经济核算、考核工程成本的依据。

5. 标底与报价

标底是招标工程的预期价格，它主要是根据招标文件、图纸，结合工程具体情况，按有关规定计算出的合理的工程价格。它是由业主委托具有相应资质的设计单位、社会咨询单位编制完成的。标底的主要作用是使招标单位在一定浮动范围内合理控制工程造价，明确自己在发包工程上应承担的财务义务。标底也是招标单位对招标工程所需投资的自我预测，是衡量投标单位报价合理性的重要尺度。

投标报价即报价，是施工企业（或厂家）建筑工程施工项目（或机电、金属结构设备）的自主定价。它反映的是市场价格，体现了企业的经营管理、技术和装备水平。中标报价是建筑工程施工项目或设备产品的成交价格。

6. 施工预算

施工预算是指在施工阶段，施工单位为了加强企业内部经济核算，节约人工和材料，合理使用机械，在施工图预算的控制下，套用施工定额编制而成的文件。施工预算是施工单位内部各部门进行备工备料、安排计划、签发任务、企业内部经济核算的依据以及控制各项成本支出的基准。

7. 完工结算、竣工决算

完工结算是施工企业与建设单位对承建工程项目的最终结算，也是竣工决算的基础。完工结算对施工企业而言，是承包合同内的总收入，可看作该承包合同的预算成本；对建设单位而言，即是该发包合同的付款总额。

竣工决算是建设单位建设成果和财务状况的总结性文件，它反映了工程的实际造价，由业主单位负责组织编制。竣工决算是建设单位向管理单位移交财产，考核工程项目投资的依据。竣工决算是整个基建项目完整的实际成本，计入了工程建设的其他费用开支、临时工程设施费和建设期利息等工程成本和费用。

8. 其他

在水电工程建设管理过程中，除以上所介绍的造价文件类型外，还会涉及需要编制的其他相关的造价文件。

工程项目的后评价是指对已建成工程项目进行回顾性评价，也是固定资产投资管理的一项重要内容。其目的是总结经验，吸取教训，以提高项目的决算水平和投资效益。项目后评价在项目已经建成，通过竣工验收，并经过一段时间的生产运行后进行，以便对项目全过程进行总结和评价。

在目前的水电工程市场中，为加强水电工程实施过程中的投资控制与管理，提高股东方的投资效益，合理确定工程预期成本，各个集团公司或开发公司都要求编制执行概算、业主预算等投资预测文件，并且一般各个集团公司或开发公司都有自己相关的管理办法。

## 1.4　水电工程造价预测的方法

准确合理预测建设工程的造价，对于合理地控制工程投资，对于承包商的成本管理等具有重要意义。工程造价预测的方法主要有单价法和实物法。

### 1.4.1　单价法

单价法也称定额法，是由统一的定额和费率计算出工程单价，然后按工程量计算出总价的方法。单价法的基本原理是：价×量＝费。

该方法计算建设工程的造价一般以单位工程为核算对象，由单位工程的概算或预算造价逐步汇总成单项工程的综合概算或预算造价，进而计算建设项目的总造价。具体操作时，将各个单项工程按工程性质、部位划分为若干个分部分项工程，各分部分项工程造价由各分部分项工程单价乘以相应的工程量求得。工程单价由所需的人工、材料、机械台时的数量乘以相应的人工、材料、机械价格求得，再按规定加上有关的费用和税费后构成。工程单价所需的人工、材料、机械数量，按工程的性质、部位和施工方法由有关定额确定。上述的表述，可用下列诸公式概括。

（1）直接费。

1）基本直接费。

$$人工费＝\sum（人工预算单价×定额劳动消耗量）\tag{1.1}$$

$$材料费＝\sum（材料预算单价×定额材料消耗量）\tag{1.2}$$

$$机械使用费＝\sum（施工机械台时费×定额机械消耗量）\tag{1.3}$$

2）其他直接费。

$$其他直接费＝基本直接费×其他直接费率\tag{1.4}$$

（2）间接费。

$$间接费＝直接费×间接费率\tag{1.5}$$

（3）利润。

$$利润＝（直接费＋间接费）×利润率\tag{1.6}$$

（4）税金。

$$税金＝（直接费＋间接费＋利润）×计算税率\tag{1.7}$$

（5）建筑工程单价合计。

$$建筑工程单价合计＝直接费＋间接费＋利润＋税金 \qquad (1.8)$$

单价法的主要优点是计算简单方便。但由于我国单价法确定的人工、材料、机械数量的定额是按一定的时期、一定的范围［如国务院某部或某省（自治区、直辖市）］由行政部门编制颁发的，反映了这个时期行业或地区范围的"共性"，与某个具体工程项目"个性"之间必然有差异，有时这种差异会相当大。水电工程与自然条件（地形、地质、水文、气象）密切相关，具有突出的"个性"，因此与全国［或省（自治区、直辖市）］通用定额"共性"差异的矛盾较其他行业更为突出。这就是用统一定额计算单价、预测工程造价的主要弊端。

## 1.4.2 实物法

实物法编制建设工程的预测造价（概算或预算），是根据确定的工程项目、施工方案及劳动组合等计算各种资源（人工、材料、机械）的消耗量，用当地各资源的预算价格乘以相应资源的数量，求得完成指定项目的基本直接费，即用实物工程量乘以各种资源预算价格求费用的过程。求其他费用的过程和单价法类似。

### 1.4.2.1 实物法的基本原理

实物法的基本原理可用式（1.9）表示：

$$\begin{aligned}单位工程预算直接费＝&[\sum（工程量×材料预算定额用量×当时当地材料预算价格）\\&＋\sum（工程量×人工预算定额用量×当时当地人工工资单价）\\&＋\sum（工程量×施工机械台时预算定额用量×当时当地机械\\&台时单价）]×（1＋其他直接费率）\end{aligned} \qquad (1.9)$$

### 1.4.2.2 实物法的步骤

（1）准备资料，熟悉图纸。针对实物法的特点，在此阶段需要全面搜集各种人工、材料、机械在当时当地的实际价格，包括不同品种、不同规格的材料预算价格，不同工种、不同等级的人工工资单价，不同种类、不同型号的机械台时单价等。要求获得的各种实际价格全面、系统、真实、可靠。该步骤的其他内容可以参考单价法相应步骤的内容。

（2）计算工程量。把组成建设工程的各个建筑物（对水电工程而言）划分为若干个合理的工程项目，如土方工程、石方工程、混凝土工程等，并计算其工程量。

（3）划分工序。将各工程项目的各施工过程划分为若干个工序，例如，石方开挖可划分为钻孔、爆破、撬移、解小、翻渣、清面、修整断面、安全处理、挖排水沟等。

（4）确定施工方案和各种施工机械的生产率。施工方案包括施工方法、施工进度、施工强度、施工机械及劳动力组合等。

（5）计算人工、材料、机械的总数量。现行定额包括全国统一定额、行业统一定额、地区统一定额及企业定额等。这些定额中确定了完成符合国家技术规范及各种标准的、在一定的施工组织下的单位工程量的资源消耗量。因此，根据定额所列的各种人工消耗量乘以各分项工程的工程量，计算出各分项工程所需的各类人工的工时数量。采用同样的方法，可计算出各分项工程所需的材料及机械台时的消耗量。

（6）计算工程项目的总直接费用。根据当时当地的人工、材料和机械台时单价，汇总人工费、材料使用费和机械使用费。随着我国劳动工资制度、价格管理制度的改革，预算定额中的人工工资单价、材料预算价格等的变化，已经成为影响工程造价最活跃的因素，因此对人工工资单价、材料预算价格和机械台时单价，可由造价主管部门定期发布价格，为企业提供服务。企业也可以根据自己的情况，自行确定人工工资单价、材料预算价格、机械台时单价。人工工资单价可按各专业、各地区、各企业一定时期实际发放的平均工资（奖金除外）水平合理确定，并按规定加入的工资性补贴计算。材料预算价格可按本书第 3 章材料预算单价的编制方法进行计算。

用当时当地的各类实际人工工资单价乘以相应的人工工日消耗量，算出单位工程的人工费。同样，用各种实际材料预算价格乘以相应的材料消耗量，算出单位工程的材料费；用当时当地的各类实际机械台时单价乘以相应的机械台时消耗量，算出单位工程的机械使用费。

（7）计算其他各项费用、汇总造价。现行费用定额包括其他直接费定额和间接费定额，内容既有施工现场发生的费用，又有企业经营性费用，内容繁多，综合费率过大。从做好国营大中型施工企业出发，适应转变企业经营机制，作业层和经营层的分离，同时参照国际一般做法，可将现行费用分解为现场经费和企业经营费两部分。现场经费可按不同类型工程制定计划指导性费率，企业经营费可针对不同企业等级、承包范围制定计划指导性费率；而各企业则可根据统一的费用项目划分和建筑市场竞争情况，参考指导性费率，依据自身情况自行确定各具体工程的费率、企业利润率等。

（8）复核，编写编制说明，完成造价预测文件。采用实物法编制工程造价，由于所用的人工、材料和机械台时的单价都是当时当地的实际价格，所以编制出的造价能比较准确地反映实际水平，误差较小。这种方法适合于市场经济条件下价格波动较大的情况。但是，由于采用这种方法需要统计人工、材料、机械台时消耗量，还需要搜集相应的实际价格，因而工作量较大，计算过程烦琐。然而，随着建筑市场的开放、价格信息系统的建立、竞争机制作用的发挥和计算机的普及，实物法是一种与统一"量"、指导"价"、竞争"费"工程造价管理体制相适应的行之有效的编制方法。

实物法的主要缺点是计算比较麻烦、复杂。但这种方法是针对每个具体工程"逐个量体裁衣"，针对每个工程的具体情况来预测其工程造价。如设计深度满足需求，施工方法符合实际，则采用此方法较合理、准确，这就是国外普遍采用此方法的缘故。采用实物法预测工程造价在我国还处于积极探索阶段。采用实物法预测工程造价，要求造价预测人员有较高的业务水平和丰富的经验，还要掌握大量的基础资料。科学合理并适合我国国情的工程造价编制方法还需我们在实践中不断探索。

### 1.4.2.3　实物法编制工程造价案例

**【例 1.1】**　某水电工程导流隧洞的主要施工项目、工程量以及用实物法编制其概算造价的过程见表 1.8 和表 1.9。

**表 1.8** 人工、材料、机械实物工程量计算汇总表

| | 编　号 | | 1 | 2 | 3 | 4 | 5 | 6 | 7 |
|---|---|---|---|---|---|---|---|---|---|
| | 项　目　名　称 | | 进出口石方明挖 | 石方洞挖 | 二级配 C28 混凝土 | 预裂爆破 | 回填灌浆 | 钢筋制安 | 合计 |
| | 计　量　单　位 | | 万 m³ | 万 m³ | 万 m³ | 万 m | m² | t | |
| | 工　程　数　量 | | 57.5 | 15.9 | 0.45 | 1.47 | 6780 | 1760 | |
| 人工实物工程量 | 人工用量/工时 | 单位用量 | 2700 | 30700 | 95400 | 3490 | 16 | 3.12 | |
| | | 合计用量 | 155250 | 488130 | 42930 | 5130.3 | 28160 | 21153.6 | 740753.90 |
| 材料实物工程量 | 合金钻头/个 | 单位用量 | 7 | 274 | | 116 | | | |
| | | 合计用量 | 402.5 | 4356.6 | | 170.52 | | | 4929.62 |
| | 潜孔钻头/个 | 单位用量 | 4 | 5 | | | | | |
| | | 合计用量 | 230 | 75.9 | | | | | 305.90 |
| | 炸药/kg | 单位用量 | 4200 | 7200 | | 3560 | | | |
| | | 合计用量 | 241500 | 114480 | | 5233.2 | | | 361213.20 |
| | 雷管/个 | 单位用量 | 1100 | 7800 | | 1700 | | | |
| | | 合计用量 | 63250 | 124020 | | 2499 | | | 189769.00 |
| | 电线/m | 单位用量 | 9300 | 23300 | | 24800 | | | |
| | | 合计用量 | 534750 | 370470 | | 36456 | | | 941676.00 |
| | 板枋材/m³ | 单位用量 | | | 42 | | | | |
| | | 合计用量 | | | 18.9 | | | | 18.90 |
| | 铁件/kg | 单位用量 | | | 5000 | | | | |
| | | 合计用量 | | | 2250 | | | | 2250.00 |
| | 钢模/kg | 单位用量 | | | 45700 | | | | |
| | | 合计用量 | | | 20565 | | | | 20565.00 |
| | 混凝土/m³ | 单位用量 | | | 12900 | | | | |
| | | 合计用量 | | | 5805 | | | | 5805.00 |
| | 42.5级水泥/t | 单位用量 | | | | | | 0.0508 | |
| | | 合计用量 | | | | | | 344.42 | 344.42 |
| | 砂/m³ | 单位用量 | | | | | | 0.016 | |
| | | 合计用量 | | | | | | 108.48 | 108.48 |
| | 水/m³ | 单位用量 | | | | | | 0.62 | |
| | | 合计用量 | | | | | | 4203.6 | 4203.60 |
| | 灌浆管/m | 单位用量 | | | | | | 0.144 | |
| | | 合计用量 | | | | | | 976.32 | 976.32 |

续表

| 编　号 | 1 | 2 | 3 | 4 | 5 | 6 | 7 |
|---|---|---|---|---|---|---|---|
| 项　目　名　称 | 进出口石方明挖 | 石方洞挖 | 二级配 C28 混凝土 | 预裂爆破 | 回填灌浆 | 钢筋制安 | 合计 |
| 计　量　单　位 | 万 m³ | 万 m³ | 万 m³ | 万 m | m² | t | |
| 工　程　数　量 | 57.5 | 15.9 | 0.45 | 1.47 | 6780 | 1760 | |
| 材料实物工程量 — 钢筋/t — 单位用量 | | | | | 1.02 | | |
| 材料实物工程量 — 钢筋/t — 合计用量 | | | | | 1795.2 | | 1795.20 |
| 材料实物工程量 — 铁丝/kg — 单位用量 | | | | | 4 | | |
| 材料实物工程量 — 铁丝/kg — 合计用量 | | | | | 7040 | | 7040.00 |
| 材料实物工程量 — 电焊条/kg — 单位用量 | | | | | 7.22 | | |
| 材料实物工程量 — 电焊条/kg — 合计用量 | | | | | 12707.2 | | 12707.20 |
| 材料实物工程量 — 冲击器/套 — 单位用量 | | | | 12 | | | |
| 材料实物工程量 — 冲击器/套 — 合计用量 | | | | 17.64 | | | 17.64 |
| 材料实物工程量 — 钻杆/kg — 单位用量 | | | | 217 | | | |
| 材料实物工程量 — 钻杆/kg — 合计用量 | | | | 318.99 | | | 318.99 |
| 机械实物工程量/台时 — 手风钻 — 单位用量 | 78 | 735 | | | | 0.1617 | |
| 机械实物工程量/台时 — 手风钻 — 合计用量 | 4485 | 11686.5 | | | | 1096.33 | 17267.83 |
| 机械实物工程量/台时 — 150 潜孔钻 — 单位用量 | 57 | | | | | | |
| 机械实物工程量/台时 — 150 潜孔钻 — 合计用量 | 3277.5 | | | | | | 3277.50 |
| 机械实物工程量/台时 — 100 潜孔钻 — 单位用量 | 134 | | | 3390 | | | |
| 机械实物工程量/台时 — 100 潜孔钻 — 合计用量 | 2130.6 | | | 4983.3 | | | 7113.90 |
| 机械实物工程量/台时 — 55kW 轴流通风机 — 单位用量 | 1263 | | | | | | |
| 机械实物工程量/台时 — 55kW 轴流通风机 — 合计用量 | 20081.7 | | | | | | 20081.70 |
| 机械实物工程量/台时 — 0.8m³ 搅拌机 — 单位用量 | | | 941 | | | | |
| 机械实物工程量/台时 — 0.8m³ 搅拌机 — 合计用量 | | | 423.45 | | | | 423.45 |
| 机械实物工程量/台时 — 30m³/h 混凝土泵 — 单位用量 | | | 755 | | | | |
| 机械实物工程量/台时 — 30m³/h 混凝土泵 — 合计用量 | | | 339.75 | | | | 339.75 |
| 机械实物工程量/台时 — 台车动力设备 — 单位用量 | | | 321 | | | | |
| 机械实物工程量/台时 — 台车动力设备 — 合计用量 | | | 144.45 | | | | 144.45 |
| 机械实物工程量/台时 — 拉模动力设备 — 单位用量 | | | 742 | | | | |
| 机械实物工程量/台时 — 拉模动力设备 — 合计用量 | | | 333.9 | | | | 333.90 |
| 机械实物工程量/台时 — 2.2kW 插入式振捣器 — 单位用量 | | | 2746 | | | | |
| 机械实物工程量/台时 — 2.2kW 插入式振捣器 — 合计用量 | | | 1235.7 | | | | 1235.7 |

续表

| 编　　　号 | | 1 | 2 | 3 | 4 | 5 | 6 | 7 |
|---|---|---|---|---|---|---|---|---|
| 项　目　名　称 | | 进出口石方明挖 | 石方洞挖 | 二级配 C28 混凝土 | 预裂爆破 | 回填灌浆 | 钢筋制安 | 合计 |
| 计　量　单　位 | | 万 m³ | 万 m³ | 万 m³ | 万 m | m² | t | |
| 工　程　数　量 | | 57.5 | 15.9 | 0.45 | 1.47 | 6780 | 1760 | |
| 机械实物工程量／台时 | 风水枪 | 单位用量 | | | 542 | 1.86 | | | |
| | | 合计用量 | | | 243.9 | 3273.6 | | | 3517.50 |
| | 灌浆泵 | 单位用量 | | | | | 0.398 | | |
| | | 合计用量 | | | | | 2698.44 | | 2698.44 |
| | 灰浆搅拌机 | 单位用量 | | | | | 0.398 | | |
| | | 合计用量 | | | | | 2698.44 | | 2698.44 |
| | 钢筋调直机 | 单位用量 | | | | | | 0.72 | |
| | | 合计用量 | | | | | | 4881.6 | 4881.60 |
| | 20kW 切筋机 | 单位用量 | | | | | | 0.48 | |
| | | 合计用量 | | | | | | 844.8 | 844.80 |
| | 钢筋弯曲机 | 单位用量 | | | | | | 1.32 | |
| | | 合计用量 | | | | | | 2323.2 | 2323.20 |
| | 30kVA 直流焊机 | 单位用量 | | | | | | 12.36 | |
| | | 合计用量 | | | | | | 21753.6 | 21753.60 |
| | 5t 载重汽车 | 单位用量 | | | | 120 | | | |
| | | 合计用量 | | | | 176.4 | | | 176.40 |

**表 1.9　　　　某导流洞工程人工、材料、机械费用汇总表**

| 序号 | 人工、材料、机械或费用名称 | 计量单位 | 实物工程量 | 价　格／元 | |
|---|---|---|---|---|---|
| | | | | 当时当地单价 | 合　　价 |
| 1 | 人工用量 | 工时 | 740753.90 | 5.49 | 4066738.91 |
| 2 | 合金钻头 | 个 | 4929.62 | 60.00 | 295777.20 |
| 3 | 潜孔钻头 | 个 | 305.90 | 230.00 | 70357.00 |
| 4 | 炸药 | kg | 361213.20 | 4.50 | 1625459.40 |
| 5 | 雷管 | 个 | 189769.00 | 0.70 | 132838.30 |
| 6 | 电线 | m | 941676.00 | 0.13 | 122417.88 |
| 7 | 板枋材 | m³ | 18.90 | 1181.82 | 22336.40 |
| 8 | 铁件 | kg | 2250.00 | 6.25 | 14062.50 |
| 9 | 钢模 | kg | 20565.00 | 6.96 | 143132.40 |

续表

| 序号 | 人工、材料、机械或费用名称 | 计量单位 | 实物工程量 | 价 格/元 | |
|------|------|------|------|------|------|
| | | | | 当时当地单价 | 合 价 |
| 10 | 混凝土 | m³ | 5805.00 | 208.00 | 1207440.00 |
| 11 | 42.5级水泥 | t | 344.42 | 360.57 | 124187.52 |
| 12 | 砂 | m³ | 108.48 | 58.00 | 6291.84 |
| 13 | 水 | m³ | 4203.60 | 0.51 | 2143.84 |
| 14 | 灌浆管 | m | 976.32 | 3.80 | 3710.02 |
| 15 | 钢筋 | t | 1795.20 | 2371.02 | 4256455.10 |
| 16 | 铁丝 | kg | 7040.00 | 6.69 | 47097.60 |
| 17 | 电焊条 | kg | 12707.20 | 6.83 | 86790.18 |
| 18 | 冲击器 | 套 | 17.64 | 1712.00 | 30199.68 |
| 19 | 钻杆 | kg | 318.99 | 4.59 | 1464.16 |
| 20 | 手风钻 | 台时 | 17267.83 | 34.81 | 601093.16 |
| 21 | 150潜孔钻 | 台时 | 3277.50 | 158.69 | 520106.48 |
| 22 | 100潜孔钻 | 台时 | 7113.90 | 123.21 | 876503.62 |
| 23 | 55kW轴流通风机 | 台时 | 20081.70 | 52.54 | 1055092.52 |
| 24 | 0.8m³搅拌机 | 台时 | 423.45 | 45.00 | 19055.25 |
| 25 | 30m³/h混凝土泵 | 台时 | 339.75 | 81.30 | 27621.68 |
| 26 | 台车动力设备 | 台时 | 144.45 | 85.58 | 12362.03 |
| 27 | 拉模动力设备 | 台时 | 333.90 | 30.32 | 10123.85 |
| 28 | 2.2kW插入式振捣器 | 台时 | 1235.70 | 3.98 | 4918.09 |
| 29 | 风水枪 | 台时 | 3517.50 | 27.22 | 95746.35 |
| 30 | 灌浆泵 | 台时 | 2698.44 | 35.20 | 94985.09 |
| 31 | 灰浆搅拌机 | 台时 | 2698.44 | 15.20 | 41016.29 |
| 32 | 钢筋调直机 | 台时 | 4881.60 | 15.36 | 74981.38 |
| 33 | 20kW切筋机 | 台时 | 844.80 | 23.18 | 19582.46 |
| 34 | 钢筋弯曲机 | 台时 | 2323.20 | 14.85 | 34499.52 |
| 35 | 30kVA直流焊接机 | 台时 | 21753.60 | 20.58 | 447689.09 |
| 36 | 5t载重汽车 | 台时 | 176.40 | 57.96 | 10224.14 |
| | 项目直接费合计 | 元 | | | 16204500.93 |
| | 其他直接费 | 元 | | | 745407.04 |
| | 直接费合计 | 元 | | | 16949907.97 |
| | 间接费合计 | 元 | | | 2288237.58 |
| | 利税等合计 | 元 | | | 1731433.10 |
| | 项目预算造价 | 元 | | | 20969578.65 |

# 思　考　题

1. 什么叫基本建设？基本建设的程序有哪些？
2. 水电工程设计各阶段怎么划分？每一阶段具体内容是什么？
3. 水电工程造价预测的含义是什么？预测方法有哪些？

# 第 2 章   水电工程项目划分与费用组成

本章将系统介绍水电工程项目的划分与费用组成。重点是掌握工程项目的具体划分内容以及构成水电工程投资的费用。难点在于几大费用的构成与理解。

## 2.1   建设项目及其划分

建设项目是指具有计划任务书或总体设计，经济上实行独立核算并具有一定的组织管理模式的建设工程的总体。一个基本建设项目往往规模大、建设周期长、影响因素复杂。它是由相当数量的分项工程组成的庞大复杂的综合体，直接计算全部人工、材料和机械台班的消耗量及价值，是一项极为困难的工作。而且基本建设工程中建设项目的建筑与安装工程造价的计算比较复杂，为了能精确地算出它的总造价，采用将其分解为若干个易于计算工料消耗量的基本构成项目，再汇总这些基本项目的办法，来求出它的总造价。因此，通常把一个建设项目划分为若干个单项工程，进而再逐级划分为单位工程、分部工程与分项工程来进行计价，如图 2.1 所示。

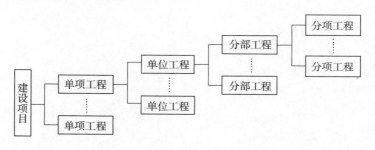

图 2.1   建设项目结构分解示意图

### 2.1.1   单项工程

单项工程是指具有独立的设计文件，并在竣工后能独立发挥设计所确定的生产能力或效益的工程，是建设项目的组成部分。例如，新建某水工机械厂是一个建设项目，铸造、锻工、金工等生产车间都可作为单项工程。三峡工程是一个建设项目，其中的大坝工程、泄洪工程、船闸、电站厂房等在施工阶段具有单独的施工方案，工程竣工后能够发挥独立的效益，这样的工程项目都是单项工程。单项工程是具有独立存在意义的一个完整工程，也是一个较为复杂的综合体。

### 2.1.2   单位工程

单位工程是指竣工后一般不能独立发挥生产能力或效益，但具有独立设计，可以独立组织施工的工程。单位工程是单项工程的组成部分。对于规模较大的单位工程，可将其能形成独立使用功能的部分再分为几个子单位工程。例如，金工车间的厂房建筑工程、设备安装工程均可作为单位工程；水电站引水工程中的进水口、调压井等都可作为单位工程。单位工程是编制造价和进行核算的基本对象。建设项目、单项工程和单位工程都可称为施工项目，而分部工程和分项工程不能称为施工项目。

### 2.1.3 分部工程

分部工程是单位工程的组成部分。在单位工程中，为了便于计算工料费用，按其结构性质及施工特点，可进一步划分为若干个分部工程。例如，厂房建筑工程中的土方工程、石方工程、混凝土工程、装修工程等都可作为分部工程。

### 2.1.4 分项工程

分项工程是分部工程的组成部分。按照不同的施工方法、材料规格等可将分部工程进一步划分为若干个分项工程。例如，基础工程再分为开挖工程、混凝土浇筑工程等分项工程。

由于水电工程是个复杂的包含多种工业性质的建筑群体。除拦河坝和主、副厂房外，还有变电站、开关站、引水输水系统、泄洪设施、过坝建筑、输变电线路、公路、铁路、桥涵、码头、通信系统、给排水设施、供风设施、制冷设施、附属企业和文化福利建筑等，难以严格按单项工程、单位工程确切划分项目。因此，水电站、水库或水利枢纽划分为一级项目、二级项目、三级项目。编制施工图预算、计划时可根据实际需要增列四级项目，甚至五级项目。

水电工程项目的划分如图 2.2 所示。

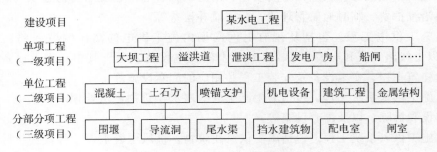

图 2.2 水电工程项目划分示意图

## 2.2 水电工程项目划分

### 2.2.1 水电工程项目划分的内容

根据《水电工程设计概算编制规定》，水电工程设计概算项目划分为枢纽工程、建设征地移民安置补偿、独立费用 3 个部分。枢纽工程包括施工辅助工程、建筑工程、环境保护和水土保持专项工程、机电设备及安装工程、金属结构设备及安装工程 5 项；建设征地移民安置补偿包括农村部分、城市集镇部分、专业项目、库底清理、环境保护和水土保持专项 5 项；独立费用包括项目建设管理费、生产准备费、科研勘察设计费、其他税费 4 项。水电工程项目划分如图 2.3 所示。

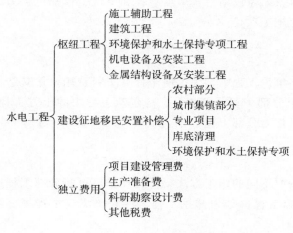

图 2.3　水电工程项目划分图

#### 2.2.1.1　枢纽工程组成

枢纽工程包括施工辅助工程、建筑工程、环境保护和水土保持专项工程、机电设备及安装工程、金属结构设备及安装工程 5 项。枢纽建筑物各项下设一级（扩大单位工程）、二级（单位工程）、三级（分部工程）项目，编制工程概算时，各级项目可根据工程需要设置，但一级项目和二级项目应按项目划分的规定，不能合并。建筑工程与施工辅助工程相结合的项目列入建筑工程。

**1. 施工辅助工程**

施工辅助工程是指为辅助主体工程施工而修建的临时性工程，该项由以下扩大单位工程组成：

（1）施工交通工程。指施工场地内外为工程建设服务的临时交通设施工程，包括公路、铁路专用线及转运站、桥梁、施工支洞、水运工程、桥涵及道路加固、架空索道、斜坡卷扬机道，以及建设期间永久交通工程和临时交通工程设施的维护与管理等。

（2）施工期通航工程。包括通航设施、助航设施、电站建设期货物过坝转运费、施工期航道整治维护费、临时通航管理费、断碍航补偿费等。

（3）施工供电工程。包括从现有电网向场内施工供电的高压输电线路、施工场内 10kV 及以上线路工程和出线为 10kV 及以上的供电设施工程。其中，供电设备工程包括变电站的建筑工程、变电设备及安装工程和相应的配套设施等。

（4）施工供水系统工程。包括为生产服务的取水建筑物，水处理厂，水池，输水干管敷设、移设和拆除，以及配套设施等。

（5）施工供风系统工程。包括施工供风建筑物，供风干管敷设、移设和拆除，以及配套设施等。

（6）施工通信工程。包括施工所需的场内外通信设施（含交换机设备）、通信线路工程及相关设施线路的维护管理等。

（7）施工管理信息系统工程。指为工程建设管理需要所建设的管理信息自动化系统工程，包括管理系统设施、设备、软件等。

（8）料场覆盖层清除及防护工程。包括料场覆盖层清除、无用层清除及料场开挖之后所需的防护工程。

（9）砂石料生产系统工程。指为建造砂石骨料生产系统所需的场地平整、建筑物、钢构架、配套设施，以及为砂石骨料加工、运输专用的竖井、斜井、皮带机运输洞等。

（10）混凝土生产及浇筑系统工程。指为建造混凝土生产（包括混凝土拌和制冷、供热）及浇筑系统所需的场地平整、建筑物、钢构架以及缆机平台等。

（11）导流工程。包括导流明渠、导流洞、导流底孔、施工围堰（含截流）、下闸蓄水及蓄水期下游临时供水工程、施工导流金属结构设备及安装工程等。

（12）临时安全监测工程。指仅在电站建设期需要监测的项目，包括临时安全监测项目的设备购置、埋设、安装以及配套的建筑工程，电站建设期对临时安全监测项目和永久安全监测项目进行巡视检查、观测、设备设施维护及观测资料（综合）整编分析等。

（13）临时水文测报工程。主要包括施工期临时水文监测、施工期水文测报服务、专用水文站测验、截流水文服务专项、水库泥沙监测专项等项目的监测设备、安装以及配套的建筑工程，此外还包括水文测报系统（含永久）在施工期内的运行维护、观测资料整理分析与预报等。

（14）施工及建设管理房屋建筑工程。指工程在建设过程中为施工和建设管理需要而兴建的房屋建筑工程及其配套设施，包括场地平整、施工仓库、辅助加工厂、办公及生活营地、室外工程，以及施工期间永久和临时房屋建筑的维护与管理。

场地平整包括在规划用地范围内为修建施工及建设管理房屋和室外工程的场地而进行的土石开挖、填筑、垱工等工程。

施工仓库包括一般仓库和特殊仓库，一般仓库指设备、材料、工器具仓库等，特殊仓库指油库和炸药库等。

辅助加工厂包括木材加工厂、钢筋加工厂、钢管加工厂、金属结构加工厂、机械修理厂、混凝土预制构件厂等。

办公及生活营地指为工程建设管理、监理、勘测设计及施工人员办公和生活而在施工现场兴建的房屋建筑和配套设施工程。

施工期间为工程建设管理、监理、勘测设计及施工人员办公和生活而在施工现场发生的房屋租赁费用在此项中计列。

（15）其他施工辅助工程。指除上述所列工程之外，其他所有的施工辅助工程，包括施工场地平整，施工临时支撑，地下施工通风，施工排水，大型施工机械安装拆卸，大型施工排架、平台，施工区封闭管理，施工场地整理，施工期防汛、防冰工程，施工期沟水处理工程等。其中，施工排水包括施工期内需要建设的排水工程、初期和经常性排水措施及排水费用；地下施工通风包括施工期内需要建设的通风设施和施工期通风运行费；施工区封闭管理包括施工期内封闭管理需要的措施和投入保卫人员的营房、岗哨设施及人员费用等。

其他施工辅助工程所包含的项目中，如有费用高、工程量大的项目，可根据工程实际需要单独列项。

2. 建筑工程

建筑工程指枢纽建筑物和其他永久建筑物。

建筑工程由挡（蓄）水工程，泄洪工程，输水工程，发电工程，升压变电工程，航运过坝工程，灌溉渠首工程，近坝岸坡处理工程，交通工程，房屋建筑工程，安全监测建筑工程，水文测报工程，消防工程，劳动安全与工业卫生工程和其他工程共15项扩大单位工程组成。其中，挡水工程等前 8 项为主体建筑工程。

（1）挡（蓄）水工程。包括拦河挡（蓄）水的各类坝（闸）、基础处理工程。

（2）泄洪工程。包括宣泄洪水的岸坡溢洪道、泄洪洞、冲沙孔（洞）、放空（孔）洞等建筑物和进出水口边坡、溢洪道沿线边坡及岸坡和坝后泄水设施之后的消能防冲建筑物等。

（3）输水工程。包括引水明渠、进（取）水口（含闸门室）、引水隧洞、调压室（井）或压力前池、压力管道、尾水调压室（井）、尾水隧洞（渠）、尾水出口工程等建筑物。

（4）发电工程。包括地面、地下等各类发电工程的发电基础、发电厂房、灌浆洞、排水洞、通风洞（井）等工程。

（5）升压变电工程。包括升压变电站、母线洞、出线洞、出线场等工程。如有换流站工程，应作为一级项目与升压变电站工程并列。

（6）航运过坝工程。包括上游引航道（含靠船墩）、船闸（升船机）、下游引航道（含靠船墩）及河道整治等工程。

（7）灌溉渠首工程。根据枢纽建筑物布置情况，可独立列项。与拦河坝相结合的，也可作为拦河坝工程的组成部分。

（8）近坝岸坡处理工程。主要包括对水工建筑物安全有影响的近坝岸坡及泥石流整治，以及受泄洪雾化、冲刷和发电尾水影响的下游河段岸坡防护工程。

（9）交通工程。包括新建上坝、进厂、对外等场内外永久性的公路、铁路、桥梁、隧洞、水运等交通工程，以及对原有公路、桥梁等的改造加固工程。

（10）房屋建筑工程。指为现场生产运行管理服务的房屋建筑工程，包括场地平整、辅助生产厂房、仓库、办公用房、值班公寓和附属设施及室外工程等。

（11）安全监测建筑工程。指在电站建设期和运行期均需要监测的项目，为完成永久安全监测设施的埋设所进行的土建施工，包括土石开挖、填筑、钻孔、注浆、混凝土浇筑、钢筋制安、钢结构（构件）制安、电缆保护管埋设（敷设）、监测便道修建、监测房屋修建等。

（12）水文测报工程。包括水情自动测报系统、专用水文站、专用气象站和水库泥沙监测等项目的所有土建工程。

（13）消防工程。包括消防工程中需要单独建设的土建工程。

（14）劳动安全与工业卫生工程。指专项用于生产运行期为避免危险源和有害因素而建设的永久性劳动安全与工业卫生建筑工程设施等，主要包括安全标志、安全防护设施、作业环境安全检测仪器、噪声专项治理、应急设施。

（15）其他工程。包括动力线路、照明线路、通信线路，厂坝区供水、供热、排水等公用设施工程，地震监测站（台）网工程及其他。

3. 环境保护和水土保持专项工程

环境保护和水土保持专项工程指水电工程建设区内，专为环境保护和水土保持目的兴建或采取的各种保护工程和措施。

（1）环境保护专项工程由以下项目组成：

1）水环境保护工程。指防治水污染，维护水环境功能，保护和改善水环境，保证河道生态需水量等工程或措施，包括施工期生产废水处理、生活污水处理、水温恢复、生态流量泄放措施及根据工作需要进行的水环境保护专项研究等。

2）大气环境保护工程。指主要针对大气环境敏感对象，维护工程地区大气环境功能要求所采取的粉尘消减与控制措施。

3）声环境保护工程。指维护工程影响区内敏感对象区域声环境功能要求所采取的措施，包括影响区内如医院、学校、疗养区、居民区等建筑物设置的封闭阳台、双层窗、封闭外走廊等隔声降噪设施，敏感点（区）防噪减噪设置的隔声屏障、隔声窗等。

4）固体废物处置工程。指为施工区生活垃圾的收集、临时储存及处置、危险废物的处置等采取的措施，包括卫生填埋、焚烧处理、堆肥处理和外运处理等措施。

5）土壤环境保护工程。指对土壤环境所采取的保护措施，包括土壤浸没防治、土壤潜育化防治、土壤盐碱化防治、土壤沙化治理、土壤污染防治等措施。

6）陆生生态保护工程。指对野生珍稀、濒危、特有生物物种及其栖息地和古树名木，森林、草原、湿地等重要生态系统，自然保护区、森林公园、地质公园、天然林等所采取的保护措施，包括陆生生态系统保护与修复、珍稀植物和古树名木保护、珍稀动物保护及根据工作需要进行的陆生生态保护专项研究。

7）水生生态保护工程。指对珍稀、濒危、特有水生生物，具有生物多样性保护价值和一定规模的野生鱼类产卵场、索饵场、越冬场，洄游鱼类及洄游通道，以水生生物为主要保护对象的各类保护区采取的保护措施，包括栖息地保护、过鱼设施、鱼类增殖放流站及根据工作需要进行的水生生态保护专项研究等。

8）人群健康保护工程。指为保护所有受工程影响人员健康，防治工程引起的环境变化带来的传染病、地方病，防止因交叉感染或生活卫生条件引发传染病流行而采取的措施，包括疫情建档、检疫、施工区消毒、备用药品及器材等卫生检疫工作。

9）景观及文物保护工程。主要指保护具有观赏、旅游、文化价值等特殊地理区域和由地貌、岩石、河流、湖泊、森林等组成的自然、人文景象，风景名胜区、森林公园、地质公园等采取的优化工程布置、避让，景观恢复与再塑等保护措施，包括自然景观保护、人文景观保护及根据工作需要进行的景观保护专项研究。

10）环境监测工程。指为掌握评价区施工期和试运行期环境要素的动态变化而建设的环境监测（调查）站网或开展的环境监测（调查），包括废（污）水水质监测、地表水环境监测、地下水监测、大气环境监测、声环境监测、土壤环境（或底泥）监测、生态流量监测、陆生生态调查、水生生态调查等监测工作。

11）其他。包括上述环境保护以外的其他措施。

（2）水土保持专项工程包括永久工程占地区、施工营地区、弃渣场区、土石料场区、施工公路区、库岸影响区等水土流失防治区内的水土保持工程措施、植物措施、水土保持监测工程及其他。

4. 机电设备及安装工程

机电设备及安装工程指构成电站固定资产的全部机电设备及安装工程。

该项由以下扩大单位工程组成：

（1）发电设备及安装工程。包括水轮发电机组及其附属设备进水阀、起重机、水力机械辅助设备、电气设备、控制保护设备、通信设备及安装工程。

（2）升压变电设备及安装工程。包括主变压器、高压电气设备、一次拉线等设备及安装工程。如有换流站工程，其设备及安装工程作为一级项目与升压变电站设备及安装工程并列。

（3）航运过坝设备及安装工程。包括升船机、过木设备、货物过坝设备及安装工程。

（4）安全监测设备及安装工程。包括永久安全监测设备采购、保管、运输、率定、检验、组装、安装埋设、首次读数等，同时包括相应的装置性材料的提供与加工制作。

（5）水文、气象、泥沙监测设备及安装工程。包括为完成工程水情预报、水文观测、工程气象和泥沙监测所需的设备及安装调试等。

（6）消防设备及安装工程。指专项用于生产运行期为避免发生火灾而购置的消防设备、仪器及其安装、率定等。

（7）劳动安全与工业卫生设备及安装工程。指专项用于生产运行期为避免危险源和有害因素而购置的劳动安全与工业卫生设备、仪器及其安装、率定等。

（8）其他设备及安装工程。包括电梯，厂坝区馈电设备，厂坝区供水、排水、供热设备，梯级集控中心设备分摊，地震监测站（台）网设备，通风采暖设备，机修设备，交通设备，全厂接地等设备及安装工程。

抽水蓄能电站还包括上下水库补水、充水、排水、喷淋系统等设备及安装工程。

5. 金属结构设备及安装工程

金属结构设备及安装工程指构成电站固定资产的全部金属结构设备及安装工程。

金属结构设备及安装工程扩大单位工程应与建筑工程扩大单位工程或分部工程相对应。金属结构设备及安装工程包括闸门、启闭机、拦污栅等设备及安装工程，升船机等设备及安装工程，压力钢管制作及安装工程和其他金属结构设备及安装工程。

施工辅助工程与建筑工程、机电设备及安装工程、金属结构设备及安装工程相结合的项目列入相应的永久工程中。

### 2.2.1.2　建设征地移民安置补偿组成

1. 农村部分

农村部分指项目建设征地前属乡、镇人民政府管辖的农村集体经济组织及地区迁建的相关项目。进入集镇、城市安置的农村集体经济组织的成员，其基础设施建设部分纳入相应的城市集镇部分，其他项目纳入农村部分，包括土地的征收和征用、搬迁补助、附着物拆迁处理、青苗处理、林木处理、基础设施建设和其他等项目。

（1）土地的征收和征用。指建设征地红线范围内农村集体经济组织所有土地中的农用地、未利用地的征收和征用。

（2）搬迁补助。指列入建设征地影响范围的农村搬迁安置人员的迁移，包括人员搬迁补助、物资设备的搬迁运输补助、临时交通设施的配置等项目。

（3）附着物拆迁处理。指房屋及附属建筑物拆迁、农副业及个人所有文化设施拆迁处理、农村行政事业单位的迁建和其他等项目。

（4）青苗处理。指对项目枢纽工程建设区范围占用耕地的一年生农作物的处理。

（5）林木处理。指征用或征收的林地及园地上的林木，房前房后及田间地头零星树木等的处理。

（6）基础设施建设。指安置地农村移民居民点场地准备、场内的道路工程建设、供水工程建设、排水工程建设、供热工程建设、电力工程建设、电信工程建设、广播电视工程建设、防灾减灾工程建设等。

（7）其他。指上述项目以外的农村部分的其他项目，可包括建房困难户补助、生产安置措施补助、义务教育和卫生防疫设施增容补助、房屋装修处理等。

2. 城市集镇部分

城市集镇部分指列入城市集镇原址的实物指标处理和新址基础设施建设的项目，包括搬迁补助、附着物拆迁处理、林木处理、基础设施建设和其他等项目。已纳入农村部分的内容，不在城市集镇部分中重复。

（1）搬迁补助。指列入建设征地影响范围的城市集镇人员的迁移项目，包括人员搬迁补助、物资设备的搬迁运输补助、临时交通设施等项目。

（2）附着物拆迁处理。指列入建设征地影响范围的城市集镇房屋及附属建筑物拆迁、企业的处理、行政事业单位的迁建和其他等项目。

（3）林木处理。指列入建设征地影响范围的集镇范围内零星树木的处理。

（4）基础设施建设。指迁建城市集镇新址的场地准备、道路建设、供水工程建设、排水工程建设、广播电视工程、电力工程建设、电信工程建设、绿化工程建设、供热工程建设、防灾减灾工程建设等，可根据迁建规划设计增减。

（5）其他。指上述项目以外的城市集镇范围内需处理的其他项目，包括建房困难户补助、不可搬迁设施处理、特殊设施处理、房屋装修处理等。

3. 专业项目

专业项目是指受项目影响的迁（改）建或新建的专业项目，包括铁路工程、公路工程、航运工程、水利工程、水电工程、电力工程、电信工程、广播电视工程、企事业单位、防护工程、文物古迹和其他等。

（1）铁路工程。指按照原有的等级和标准拟定的复建方案恢复其原有功能的铁路工程，包括铁路路基、桥涵、隧道及明洞、轨道、通信及信号、电力及电力牵引供电、房屋、其他运营生产设备及建筑物和其他等项目。

（2）公路工程。指按照原有的等级和标准拟定的复建方案恢复其原有功能的公路工程，包括等级公路工程、乡村道路。

（3）航运工程。指按照原有的等级和标准拟定的复建方案恢复其原有功能的航运工程，包括渡口、码头等。

（4）水利工程。指按照原有的等级和标准拟定的复建方案恢复其原有功能的水利工程，包括水源工程、供水工程、灌溉工程和水文（气象）工程等。

（5）水电工程。指按照原有的等级和标准拟定的迁建、改建的不同等级的水电工程，包括不同等级的水电站，划分为迁建工程、改建工程和补偿处理。

（6）电力工程。指按照原有的等级和标准拟定的复建方案恢复其原有功能的电力工程，包括火力发电工程、输变电工程、供配电工程、辅助设施等。

（7）电信工程。指按照原有的等级和标准拟定的复建方案恢复其原有功能的电信工程，包括传输线路工程、基站工程等。

（8）广播电视工程。指按照原有的等级和标准拟定的复建方案恢复其原有功能的广播电视工程，分为广播工程和电视工程，广播工程包括节目信号线、馈送线，电视工程包括信号接收站、传输线。

（9）企事业单位。指按照原有的等级和标准拟定的复建方案恢复其原有设施功能的企事业单位，可分为企业单位、事业单位和国有农（林）场。

（10）防护工程。指完成防护工程设计方案所需的工程，包括筑堤围护、整体垫高、护岸等工程。

（11）文物古迹。指对涉淹文物古迹的保护和处理，包括迁建恢复、工程措施保护和发掘留存项目等。

（12）其他。指农村、城市集镇范围未包括在上述专业项目范围的其他类型或种类的专业项目。

4. 库底清理

库底清理指在水库蓄水前对库底进行的清理，包括建筑物清理、卫生清理、林木清理和其他清理等。

5. 环境保护和水土保持专项

环境保护和水土保持专项指农村移民安置区、城市和集镇迁建区内所采取的各种环境保护和水土保持措施。

（1）环境保护专项工程。

1）水环境保护工程。指农村移民安置区、迁建集镇和迁建城市的生活污水处理工程、饮用水源保护和其他水质保护措施。生活污水处理工程包括生活污水处理厂、成套污水处理设施、户用沼气池等。

2）大气环境保护工程。指农村移民安置区、迁建集镇和迁建城市施工期为防治环境空气质量下降而采取的洒水降尘以及其他大气污染防治措施。

3）声环境保护工程。指针对农村移民安置区、迁建集镇和迁建城市施工期噪声污染源类型、源强、排放方式及敏感对象特点，采取的噪声源控制、传声途径阻断和敏感对象保护等措施。

4）固体废物处置工程。指农村移民安置区、迁建集镇和迁建城市的生活垃圾收运和处置工程，危险废物的处置及其他垃圾处理设施等。

5）土壤环境保护工程。指对农村移民安置区内土壤环境所采取的保护措施，包括土壤浸没防治、土壤潜育化防治、土壤盐碱化防治、土壤沙化治理、土壤污染防治等措施。

6）陆生生态保护工程。指为保护移民安置区内的野生动物和陆生植物而采取的就地保护和异地保护措施等。

7）人群健康保护措施。指对移民安置区内传染病传播媒介及滋生地进行治理等病媒防治措施，移民的卫生抽检和人群检疫传染病预防等。

8）景观保护工程。指对移民安置区具有观赏、旅游、文化价值等特殊地理区域和由地貌、岩石、河流、湖泊、森林等组成的自然、人文景象，风景名胜区、森林公园、地质公园等采取的优化工程布置、避让，景观恢复与再塑等保护措施。

9）环境监测（调查）工程。指针对移民安置区主要环境要素的动态变化而开展的环境监测工作，包括水质监测、陆生生物调查和人群健康调查。水质监测划分为新址饮用水水源监测和废水排放监测。

10）其他。指上述环境保护措施以外的其他环境保护措施。

（2）水土保持专项工程。包括农村移民搬迁水土保持工程、土地开发整理水土保持工程、集镇迁建水土保持工程、城市迁建水土保持工程、专项复建水土保持工程。各分项水土保持工程又可分为工程措施和植物措施。

### 2.2.1.3 独立费用组成

**1. 项目建设管理费**

此费包括工程前期费、工程建设管理费、建设征地移民安置补偿管理费、工程建设监理费、移民安置监督评估费、咨询服务费、项目技术经济评审费、工程质量监督检测费、行业定额标准编制管理费、项目验收费和工程保险费。

**2. 生产准备费**

此费包括生产人员提前进厂费、培训费、管理用具购置费、备品备件购置费、工器具及生产家具购置费、联合试运转费，抽水蓄能电站还包括初期蓄水费和机组并网调试补贴费。

**3. 科研勘察设计费**

此费包括施工科研试验费和勘察设计费。

**4. 其他税费**

此费包括耕地占用税、耕地开垦费、森林植被恢复费、水土保持设施补偿费和其他等。

## 2.2.2 水电工程项目划分应注意的问题

项目划分各项下设一级（扩大单位工程）、二级（单位工程）、三级（分部工程）项目，各级项目可根据工程需要设置，但一级项目和二级项目不得合并。未细化的项目可根据水电工程设计工程量计算规定和工程实际需要列项。

项目划分第三级项目中，仅列示有代表性的子目。编制设计概算时，对下列项目应做必要的再划分：

（1）土方开挖工程。应将明挖与暗挖、土方开挖与砂砾石开挖分列。

（2）石方开挖工程。应将明挖与暗挖，平洞与斜井、竖井开挖分列。

（3）土石方填筑工程。应将土方填筑与石方填筑分列。

（4）混凝土工程。应按不同工程部位、不同强度等级、不同级配分列。

（5）砌石工程。应将干砌石、浆砌石、抛石、铅丝（钢筋）笼块石分列。

（6）钻孔灌浆工程。应按用途及使用不同钻孔机械分列。

（7）灌浆工程。应按不同灌浆种类，如接触灌浆、固结灌浆、帷幕灌浆和回填灌浆等分列。

（8）锚喷支护工程。应将喷钢纤维混凝土和喷素混凝土、锚杆和锚索及不同的规格分列。

（9）机电设备及安装工程和金属结构设备及安装工程。应根据设计提出的设备清单，按分项要求逐一列出。

（10）钢管制作及安装工程。应将一般钢管、叉管和不同管径、壁厚分列。

抽水蓄能电站可根据工程布置情况，按上库、下库区域对挡水工程、汇水工程等项目分部位列项，并增列库盆处理工程。

## 2.3 水电工程的费用构成

### 2.3.1 水电工程总费用构成

水电工程总费用由枢纽工程费用、建设征地移民安置补偿费用、独立费用、基本预备费、价差预备费和建设期利息 6 个部分组成。水电工程总费用构成如图 2.4 所示。

### 2.3.2 枢纽工程费用构成

枢纽工程费用由建筑安装工程费、设备费组成，如图 2.5 所示。

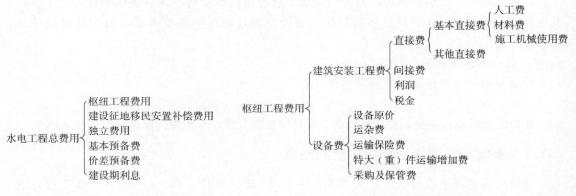

图 2.4　水电工程总费用构成图　　　　图 2.5　枢纽工程费用构成图

#### 2.3.2.1 建筑安装工程费

建筑安装工程费由直接费、间接费、利润和税金组成。

1. 直接费

直接费指建筑安装工程施工过程中直接消耗在工程项目建设中的活劳动和物化劳动，由基本直接费和其他直接费组成。

（1）基本直接费。包括人工费、材料费和施工机械使用费。

1）人工费。指支付给从事建筑安装工程施工的生产工人的各项费用，包括生产工人的基本工资和辅助工资。

a. 基本工资。由技能工资和岗位工资构成。技能工资是根据不同技术岗位对劳动技能的要求和职工实际具备的劳动技能水平及工作实绩，经考试、考核合格确定的工资。岗位工资是根据职工所在岗位的责任、技能要求、劳动强度和劳动条件的差别所确定的工资。

b. 辅助工资。指在基本工资之外，以其他形式支付给职工的工资性收入，包括根据国家有关规定属于工资性质的各种津贴，主要有地区津贴、施工津贴、夜餐津贴和加班津贴等，以及生产工人年有效施工天数以外非作业天数的工资，包括职工学习、培训期间的工资，调动工作、探亲、休假期间的工资，因气候影响的停工工资，女工哺乳时间的工资，病假在 6 个月以内的工资及产、婚、丧假期的工资。

2）材料费。指用于建筑安装工程项目中的消耗性材料费、装置性材料费和周转性材料摊销费。材料费包括材料原价、包装费、运输保险费、运杂费、采购及保管费和包装品回收等。

a. 材料原价。指材料出厂价或指定交货地点的价格。

b. 包装费。指材料在运输和保管过程中的包装费和包装材料的正常折旧摊销费。

c. 运输保险费。指材料在铁路、公（水）路运输途中因保险而发生的费用。

d. 运杂费。指材料从供货地至工地分仓库（或材料堆放场）所发生的全部费用，包括运输费、装卸费、调车费、转运费及其他杂费等。

e. 采购及保管费。指为组织采购、供应和保管材料过程中所需要的各项费用，包括采购费、仓储费、工地保管费及材料在运输、保管过程中发生的损耗等。

f. 包装品回收。指材料的包装品在材料运到工地仓库或耗用后，包装品的折旧剩余价值。

3）施工机械使用费。指消耗在建筑安装工程项目上的施工机械的折旧、维修和动力燃料费用等，包括基本折旧费、设备修理费、安装拆卸费、机上人工费和动力燃料费，以及应计算的车船使用税和年检费等。

a. 基本折旧费。指施工机械在规定使用期内回收原值的台时折旧摊销费用。

b. 设备修理费。指施工机械使用过程中，为了使机械保持正常功能而进行修理所替换设备与随机配备工具附具、日常保养所需的润滑油料、擦拭用品以及机械保管等费用。

c. 安装拆卸费。指施工机械进出工地的安装、拆卸、试运转和场内转移及辅助设施的摊销费用。部分大型施工机械按规定单独计算安装拆卸费的，施工机械使用费中不再计列。

d. 机上人工费。指施工机械使用时机上操作所配备的人员的人工费用。

e. 动力燃料费。指正常运转所需的风（压缩空气）、水、电、油、煤等的费用。

f. 车船使用税和年检费等。指施工机械在购置及使用时，按国家及各省（自治区、直辖市）的有关规定需缴纳的税费。

（2）其他直接费。包括冬雨季施工增加费、特殊地区施工增加费、夜间施工增加费、小型临时设施摊销费、安全文明施工措施费及其他。

1）冬雨季施工增加费。指在冬雨季施工期间为保证工程质量和安全生产所需增加的费用，包括增加施工工序，增建防雨、保温、排水设施，增耗的动力、燃料，以及因人工、机械效率降低而增加的费用。

2）特殊地区施工增加费。指在高海拔和原始森林等特殊地区施工而需增加的费用。

3）夜间施工增加费。指施工建设场地和施工道路的照明费用。

4）小型临时设施摊销费。指为工程进行正常施工在工作面内发生的小型临时设施摊销费用，如脚手架搭拆、零散场地平整、风水电支管支线架设拆移、场内施工排水、支线道路养护、临时值班休息场所搭拆等费用。

5）安全文明施工措施费。指为保证施工现场安全、文明施工所发生的各种措施费用。

6）其他。包括施工工具用具使用费、检验试验费、工程定位复测费、工程点交费、竣工场地清理费、工程项目移交前的维护和观测费等。其中，施工工具用具使用费指施工生产所需不属于固定资产的生产工具，检验、试验用具等的购置、摊销和维护费，以及支付工人自备工具的补贴费。检验试验费是指施工企业按照有关标准规定，对建筑材料、构件和建筑安装物进行一般鉴定、检查所发生的费用，包括自设试验室进行试验所耗用的材料等费用，但不包括新结构、新材料的试验费，对构件做破坏性试验及其他特殊要求检验试验的费用和建设单位委托检测机构进行检测的费用。

2．间接费

间接费指建筑安装工程施工过程中构成建筑产品成本，但又无法直接计量的消耗在工程项目上的有关费用。由企业管理费、规费和财务费用组成。

（1）企业管理费。指承包人组织施工生产和经营管理所发生的费用，包括以下各项：

1）管理人员的基本工资、辅助工资。

2）办公费。包括办公的文具、纸张、账表、印刷、邮电、书报、会议、水、电、烧水、集体取暖和降温（包括现场临时宿舍取暖和降温）等费用。

3）差旅交通费。包括职工因公出差、调动工作的差旅费和住勤补助费，市内交通费和误餐补助费，职工探亲路费，劳动力招募费，职工离退休、退职一次性路费，工伤人员就医路费，管理部门使用的交通工具的油料、燃料、车船使用税及年检费等。

4）固定资产使用费。包括管理和试验部门及附属生产单位使用的属于固定资产的房屋、设备、仪器等的折旧、维修费或租赁费等。

5）工具用具使用费。包括企业施工生产和管理使用的不属于固定资产的工具、器具、家具和检验、试验、测绘、消防用具的购置、维修和摊销费。

6）劳动保险和职工福利费。包括企业支付离退休职工的补贴、医药费、易地安家补助费、职工退职金，6 个月以上病假人员工资，职工死亡丧葬补助费、抚恤费，按规定支付给离休干部的经费，集体福利费，夏季防暑降温、冬季取暖补贴，上下班交通补贴等。

7）劳动保护费。指企业按规定发放的劳动保护用品的支出，如高空作业及进洞津贴费、技术安全及粉尘预防措施费、工作服、手套、防暑降温饮料以及在有碍身体健康的环境中施工的保健费用等。

8）工会经费。指企业按职工工资总额计提的工会费用。

9）职工教育经费。指按职工工资总额的规定比例计提，企业为职工进行专业技术和职业技能培训，专业技术人员继续教育、职工职业技能鉴定、职业资格认定以及根据需要对职工进行各类文化教育所发生的费用。

10）职业病防治费。依据《中华人民共和国职业病防治法》和行业有关规定缴纳的尘肺病防治费。

11）保险费。包括财产保险费、车辆保险费及人身意外伤害保险费。

12）税金。指企业按规定缴纳的房产税、车船使用税、土地使用税及印花税等，也包括按国家税法及有关规定应计入建筑安装工程费用中的营业税、城市维护建设税、教育费附加及地方教育附加。

13）进退场费。指施工企业根据建设任务需要，派遣人员和施工机械从基地迁往工程所在地发生的往返搬迁费用，包括承担任务职工的调遣差旅费，调遣期间的工资，施工机械、工具、用具、周转性材料及其他施工装备的搬运费用。

14）其他。包括技术转让费、技术开发费、业务招待费、企业定额测定费、投标费、广告费、公证费、诉讼费、法律顾问费、审计费、咨询费，以及勘察设计收费标准中未包括、应由施工企业负责的工程设计费用、工程图纸资料及工程摄影费等。

（2）规费。包括生产工人及管理人员的基本养老保险费、医疗保险费、工伤保险基金、失业保险费、生育保险费和住房公积金。

1）基本养老保险费。依据《国务院关于完善企业职工基本养老保险制度的决定》（国发〔2005〕38号）、《国务院关于建立统一的企业职工基本养老保险制度的决定》（国发〔1997〕26号）计取的费用。

2）医疗保险费。依据《关于城镇居民基本医疗保险医疗服务管理的意见》（劳社部发〔2007〕40号）、《国务院关于开展城镇居民基本医疗保险试点的指导意见》（国发〔2007〕20号）、《国务院关于建立城镇职工基本医疗保险制度的决定》（国发〔1998〕44号）及有关标准计取的费用。

3）工伤保险基金。依据《工伤保险条例》计取的工伤保险基金。

4）失业保险费。依据《失业保险条例》缴纳的失业保险费。

5）生育保险费。依据《企业职工生育保险试行办法》（劳部发〔1994〕504号）缴纳的女职工生育保险费。

6）住房公积金。依据《住房公积金管理条例》，职工所在单位为职工计提、缴存的住房公积金。

（3）财务费用。指承包人为筹集资金而发生的各项费用，包括企业在生产经营期间发生的利息支出、汇兑净损失、调剂外汇手续费、金融机构手续费、保函手续费以及筹资发生的其他财务费用等。

3. 利润

利润指按水电建设项目市场情况应计入建筑安装工程费用中的利润。

4. 税金

税金指按国家有关规定应计入建筑安装工程费用内的增值税销项税额。

### 2.3.2.2 设备费

设备费由设备原价、运杂费、运输保险费、特大（重）件运输增加费、采购及保管费组成。

1. 设备原价

（1）国产设备原价指设备出厂价。

（2）进口设备原价由设备到岸价和进口环节征收的关税、增值税、银行财务费、外贸手续费、进口商品检验费和港口费等组成。

（3）大型机组分瓣运至工地后的现场拼装加工费用包括在设备原价内；如需设置拼装场，其建设费用也包括在设备原价中。

2. 运杂费

此费指设备由厂家运至工地安装现场所发生的一切运杂费用，主要包括运输费、调车费、装卸费、包装绑扎费、变压器充氮费以及其他杂费。

**3. 运输保险费**

此费指设备在运输过程中的保险费用。

**4. 特大（重）件运输增加费**

此费指水轮发电机组、桥式起重机、主变压器等大型设备运输过程中所发生的一些特殊费用，包括道路桥梁改造加固费、障碍物的拆除及复建费等。

**5. 采购及保管费**

此费指设备在采购、保管过程中发生的各项费用，主要包括采购费、仓储费、工地保管费、零星固定资产折旧费、技术安全措施费和设备的检验、试验费等。

## 2.3.3 建设征地移民安置补偿费用构成

建设征地移民安置补偿费用由补偿补助费和工程建设费构成，如图 2.6 所示。

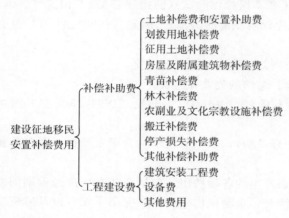

图 2.6 建筑征地移民安置补偿费用构成

### 2.3.3.1 补偿补助费

补偿补助费由土地补偿费和安置补助费、划拨用地补偿费、征用土地补偿费、房屋及附属建筑物补偿费、青苗补偿费、林木补偿费、农副业及文化宗教设施补偿费、搬迁补偿费、停产损失补偿费、其他补偿补助费等组成。

**1. 土地补偿费和安置补助费**

此费指征收各类土地发生的征收土地的补偿费和安置补助费之和。

**2. 划拨用地补偿费**

此费指水电工程以划拨方式使用国有土地需支付的补偿费。

**3. 征用土地补偿费**

此费指临时使用土地发生的补偿费。

**4. 房屋及附属建筑物补偿费**

此费指在同阶段移民安置规划确定的安置区建设与建设征地影响的等质（结构类型）等量房屋及附属建筑物的补偿费。

**5. 青苗补偿费**

此费指枢纽工程建设区的耕地青苗补偿费。

**6. 林木补偿费**

此费包括征收、征用林地和园林的林木以及零星树木补偿费。

**7. 农副业及文化宗教设施补偿费**

此费指对建设征地范围内的小型水利电力工程、农副业加工设施设备、文化设施、宗教设施等的补偿费。

8. 搬迁补偿费

此费指居民、行政事业单位、企业等搬迁过程中损失的补偿费，包括以下各项：

（1）移民搬迁安置过程中的搬迁交通运输补助费、搬迁保险费、搬迁途中食宿及医疗补助费、搬迁误工费；移民物资设备的运输费和物资设备损失费；搬迁过渡补助费（建房期补助费和搬迁过渡期补助费）以及为满足移民搬迁必须新建、改建临时交通设施的费用等。

（2）农村行政事业单位搬迁过程中的设备拆迁费、物资设备运输费、物资损失费、设备安装费等。

（3）企业搬迁过程中的设施设备拆迁费、设备运输费、设备安装费、物资运输费、物资损失费等。

9. 停产损失补偿费

此费指企业停产期的损失补偿费。

10. 其他补偿补助费

此费指上述补偿补助费以外的其他项目的补偿费。

#### 2.3.3.2　工程建设费

此费涉及基础设施建设工程、铁路工程、公路工程、航运设施、水利工程、水电工程、电力工程、电信工程、广播电视工程、企事业单位、文物古迹保护、防护工程、库底清理工程以及环境保护和水土保持专项工程等，由建筑安装工程费、设备费和其他费用组成，应按相关行业主管部门发布的费用构成执行，行业无相关费用构成的，可参照水电工程的费用构成。

工程费由基础设施建设费、铁路工程费、公路工程费、航运设施费、水利工程费、电力工程费、电信工程费、广播电视工程费、文物古迹保护费、防护工程费、环境保护工程费和库底清理工程费等组成。

1. 基础设施建设费

此费指对新建的移民集中安置点、集镇和城镇的建设征地、场地平整和水、电、路等的建设所需的费用，包括建设征地费、场地平整费、供水设施费、供电设施费、集镇道路费、城镇道路费、给排水费、照明费、文化设施费、教育设施费、卫生设施费、农贸市场费等。

2. 铁路工程费

此费指按照原有的等级和标准拟定的复建方案恢复其原有功能所需的工程建设费。

3. 公路工程费

此费指对等级公路、等外公路、机耕道、桥梁以及移民安置区对外连接道路等，按照原有的等级和标准拟定的复建方案恢复其原有功能所需的工程建设费。

4. 航运设施费

此费指按照拟定的复建方案恢复其原有功能所需的工程建设费。

5. 水利工程费

此费指按照原有的等级和标准拟定的复建方案恢复其原有功能所需的工程建设费。

6. 电力工程费

此费指按照原有的等级和标准拟定的复建方案恢复其原有功能所需的工程建设费。

**7. 电信工程费**

此费指按照原有的等级和标准拟定的复建方案恢复其原有功能所需的工程建设费。

**8. 广播电视工程费**

此费指按照原有的等级和标准拟定的复建方案恢复其原有功能所需的工程建设费。

**9. 文物古迹保护费**

此费指对涉淹文物古迹的保护和处理费用。

**10. 防护工程费**

此费指完成防护工程设计方案所需的工程建设费。

**11. 环境保护工程费**

此费指库区移民安置、城集镇建设、专业项目复建所需的环境保护费用。

**12. 库底清理工程费**

此费指按照《水电工程水库淹没处理规划设计规范》（DL/T 5064—1996）中的库底清理要求，进行建筑物清理、卫生清理、坟墓清理、林地清理和其他清理所需的费用，包括建筑物清理费、卫生清理费、坟墓清理费、林地清理费、其他清理费。

### 2.3.4　独立费用

独立费用由项目建设管理费、生产准备费、科研勘察设计费和其他税费构成，如图2.7所示：

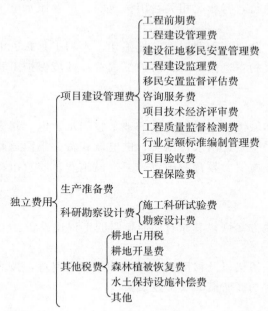

图 2.7　独立费用构成图

#### 2.3.4.1　项目建设管理费

项目建设管理费指工程项目在立项、筹建、建设和试生产期间发生的各项管理性费用。包括工程前期费、工程建设管理费、建设征地移民安置管理费、工程建设监理费、移民安置监督评估费、咨询服务费、项目技术经济评审费、工程质量监督检测费、行业定额标准编制管理费、项目验收费和工程保险费。

**1. 工程前期费**

此费指预可行性研究设计报告审查完成以前（或水电工程筹建前）开展各项工作所发生的费用，包括各种管理性费用，进行规划、预可行性研究勘察设计工作所发生的费用等。

**2. 工程建设管理费**

此费指建设项目法人为保证工程项目建设、建设征地移民安置补助工作的正常进行，从工程筹建至竣工验收全过程所需的管理费用，包括管理设备及用具购置费、人员经常费和其他管理性费用。

（1）管理设备及用具购置费包括工程建设管理所需购置交通工具、办公及生活设备、检验试验设备的费用和用于开办工作发生的设备购置费用，对工期长的项目还包括交通设备、办公设备的更新费用。

（2）人员经常费包括建设管理人员的基本工资、辅助工资、劳动保险和职工福利费、劳动保护费、教育经费、工会经费、基本养老保险费、医疗保险费、工伤保险基金、失业保险费、女职工生育保险、住房公积金、办公费、差旅交通费、会议及接待费、技术图书资料费、零星固定资产购置费、低值易耗品摊销费、工具器具使用费、修理费、水电费、采暖费等。

（3）其他管理性费用包括土地使用税、房产税、合同公证费、调解诉讼费、审计费、工程项目移交生产前的维护和运行费、房屋租赁费、印花税、招标业务费用、管理用车的费用、保险费、派驻工地的公安消防部门的补贴费用以及其他属管理性质开支的费用。

3. 建设征地移民安置管理费

此费包括移民安置规划配合工作费、实施管理费、技术培训费。

（1）移民安置规划配合工作费指地方移民机构为保证建设征地移民安置补偿实施工作的正常进行，发生的管理设备及用具购置、人员经常费和其他管理性费用。

（2）实施管理费指地方政府为配合移民安置规划工作的开展所发生的费用。

（3）技术培训费指用于提高农村移民生产技能、文化素质和移民干部管理水平的移民技术培训费。

4. 工程建设监理费

此费指建设项目开工后，根据工程建设管理的实施情况，聘任监理单位在工程建设过程中，对枢纽工程建设（含水土保持及环境保护工程）的质量、进度和投资进行监理，以及对设备监造所发生的全部费用。

5. 移民安置监督评估费

此费指依法开展移民安置监督评估工作所发生的费用，包括移民综合监理费和移民安置独立评估费。

6. 咨询服务费

此费指项目法人根据国家有关规定和项目建设管理的需要，委托有资质的咨询机构或聘请专家对枢纽工程勘察设计、建设征地移民安置补偿规划设计、融资、环境影响以及建设管理等过程中有关技术、经济和法律问题进行咨询服务所发生的有关费用，包括招标文件、标底、招标控制价、执行概算、竣工决算、项目后评价报告、环境影响评价文件、水土保持方案报告书、地质灾害评估报告、安全预评价报告、接入系统设计报告、压覆矿产资源调查报告、文物古迹调查报告、节能降耗分析专篇、社会稳定风险分析报告和项目申请（核准）报告等项目的编制费用。

7. 项目技术经济评审费

此费指项目法人依据国家颁布的法律、法规、行业规定，委托有资质的机构对项目的安全、可靠性、先进性、经济性进行评审所发生的有关费用，包括以下各项：

（1）项目预可行性研究设计、可行性研究设计、招标设计、施工图设计、重大设计变更审查以及专项设计审查所发生的费用。

（2）项目评估、核准所发生的费用。

（3）枢纽工程安全鉴定、工程环境影响评价、水土保持评价、安全预评价等专项审查，移民安置实施大纲、规划报告审查及设计复核概算审查等所发生的费用。

（4）其他专项评审所发生的费用。

8. 工程质量监督检测费

此费指根据国家行政主管部门及水电行业的有关规定，对水电工程建设质量进行监督、检查、检测而发生的费用。

9. 行业定额标准编制管理费

此费指根据国家发展改革委（国家能源局）授权（委托）编制、管理水电工程定额与造价和维持工作体系正常运转所需要的工作经费。

工作经费通过申请财政预算内资金解决。在预算内资金落实前，可暂由行业定额和造价管理机构与项目单位签订技术服务合同，收取技术服务费。技术服务费在工程概算中列支。

10. 项目验收费

此费由枢纽工程验收费用、建设征地移民安置验收费用两部分构成。

（1）枢纽工程验收费用。指与枢纽工程直接相关的工程阶段验收（包括工程截流验收、工程蓄水验收、水轮发电机组启动验收）和竣工验收（包括枢纽工程、环境保护、水土保持、消防、劳动安全与工业卫生、工程决算、工程档案等专项验收和工程竣工总验收）所需的费用。

（2）建设征地移民安置验收费用。指竣工验收中的库区移民验收和在工程截流验收、蓄水验收前所进行的移民初步验收工作所需的费用。

11. 工程保险费

此费指工程建设期间，为工程遭受水灾、火灾等自然灾害和意外事故造成损失后能得到经济补偿，对建筑安装工程、永久设备、施工机械而投保的建安工程一切险、财产险、第三者责任险等发生的费用。

**2.3.4.2　生产准备费**

此费指建设项目法人为准备正常的生产运行所需发生的费用，包括生产人员提前进厂费、培训费、管理用具购置费、备品备件购置费、工器具及生产家具购置费和联合试运转费，抽水蓄能电站还应包括初期蓄水费和机组并网调试补贴费。

1. 生产人员提前进厂费

此费包括提前进厂人员的基本工资、辅助工资、劳动保险和职工福利费、劳动保护费、教育经费、工会经费、基本养老保险费、医疗保险费、工伤保险基金、失业保险费、女职工生育保险、住房公积金、办公费、差旅交通费、会议费、技术图书资料费、零星固定资产购置费、修理费、低值易耗品摊销费、工具器具使用费、水电费、取暖费、通信费、招待费等，以及其他属于生产筹建期间需要开支的费用。

2. 培训费

此费指工程在竣工验收投产之前，生产单位为保证投产后生产正常运行，对工人、技术人员与管理人员进行培训所发生的培训费用。

3. 管理用具购置费

此费指为保证新建项目投产初期的正常生产和管理所必须购置的办公和生活用具等的

购置费用。

4. 备品备件购置费

此费指工程在投产运行初期，必须准备的各种易损或消耗性备品备件和专用材料的购置费用，不包括设备价格中配备的备品备件购置费用。

5. 工器具及生产家具购置费

此费指按设计规定，为保证初期生产正常运行所必须购置的不属于固定资产标准的生产工具、仪表、生产家具等的购置费用，不包括设备价格中已包括的专用工具购置费用。

6. 联合试运转费

此费指水轮发电机组、船闸等安装完毕，在竣工验收前进行整套设备带负荷联合试运转期间所发生的费用扣除试运转收入后的净支出，主要包括联合试运转期间所消耗的燃料、动力、材料及机械使用费，工具用具及检测设备使用费，参加联合试运转人员工资等。

7. 抽水蓄能电站初期蓄水费

此费指为满足抽水蓄能电站机组首次启动的技术要求，电站上（下）水库初次抽水、蓄水发生的费用。

8. 抽水蓄能电站机组并网调试补贴费

此费指抽水蓄能机组完成分部调试后，投产前进行的并网调试所发生的抽水电费与发电收益差值的补贴费用。

### 2.3.4.3　科研勘察设计费

此费指为工程建设而开展的科学研究、勘察设计等工作所发生的费用，包括施工科研试验费和勘察设计费。

1. 施工科研试验费

此费指在工程建设过程中为解决工程技术问题，或在移民安置实施阶段为解决项目建设征地移民安置的技术问题而进行必要的科学研究试验所需的费用，不包括以下各项：

（1）应由科技三项费用（即新产品试验费、中间试验费和重要科学研究补助费）开支的费用。

（2）应由勘察设计费开支的费用。

2. 勘察设计费

此费指可行性研究设计、招标设计和施工图设计阶段发生的勘察费、设计费和为勘察设计服务的科研试验费用。

勘察设计的工作内容和范围以及要求达到的工作深度，按各设计阶段规程规范执行。

### 2.3.4.4　其他税费

此费指根据国家有关规定需要缴纳的其他税费以及根据行业管理需要的工作经费，包括对项目建设用地按土地单位面积征收的耕地占用税、耕地开垦费、森林植被恢复费、水土保持设施补偿费等。

1. 耕地占用税

此费指国家为合理利用土地资源，加强土地管理，保护农用耕地，对占用耕地从事非农业建设的单位和个人征收的一种地方税。

**2. 耕地开垦费**

此费指根据《中华人民共和国土地管理法》和《大中型水利水电工程建设征地补偿和移民安置条例》的有关规定缴纳的专项用于开垦新的耕地的费用。

**3. 森林植被恢复费**

此费指对经国家有关部门批准勘察、开采矿藏和修建道路、水利、电力、通信等各项建设工程需要占用、征收或者临时使用林地的用地单位，经县级以上林业主管部门审核同意或批准后，缴纳的用于异地恢复植被的政府基金。

**4. 水土保持设施补偿费**

此费指按照国家和省（自治区、直辖市）的政策法规征收的水土保持设施补偿费。

**5. 其他**

此费指工程建设过程中发生的不能归入以上项目的有关税费。

### 2.3.5　预备费

#### 2.3.5.1　基本预备费

此费指用以解决相应设计阶段范围以内的设计变更（含施工过程中工程量变化、设备改型、材料代用等），预防自然灾害采取措施，以及弥补一般自然灾害所造成损失中工程保险未能补偿部分而预留的费用。

#### 2.3.5.2　价差预备费

此费指用以解决工程建设过程中，因国家政策调整、材料和设备价格上涨，人工费和其他各种费用标准调整、汇率变化等引起投资增加而预留的费用。

### 2.3.6　建设期利息

此费指为筹措工程建设资金在建设期内发生并按规定允许在投产后计入固定资产原值的债务资金利息，包括银行贷款和其他债务资金的利息以及其他融资费用。其他融资费用是指某些债务融资中发生的手续费、承诺费、管理费和信贷保险费。

**思　考　题**

1. 水电工程项目如何划分？包括哪些内容？
2. 水电工程总费用由哪些部分构成？简述各构成部分的主要内容。
3. 什么是直接费？包括哪些内容？如何计算？
4. 什么是冬雨季施工增加费？

# 第3章 水电工程设计概算的内容、编制依据与程序

## 3.1 水电工程设计概算的构成内容

水电工程总概算构成如图 3.1 所示。

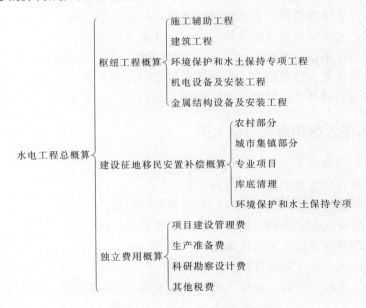

图 3.1 水电工程总概算构成图

## 3.2 水电工程设计概算编制的依据

（1）概算编制所采用的国家以及省（自治区、直辖市）颁发的有关法律、法规、规章、行政规范性文件。

（2）概算编制所采用的行业主管部门发布的有关规程、规范和规定。

（3）概算编制所采用的行业定额和造价管理机构及有关行业主管部门颁发的定额、费用构成及计算标准等。

（4）概算编制所依据的价格水平年。

（5）可行性研究报告设计文件及图纸。

（6）其他有关规定。

## 3.3 水电工程设计概算编制的程序

### 3.3.1 了解情况并收集资料

（1）向各设计专业了解工程概况，包括工程地质、工程规模、工程枢纽布置、主要水工建筑物的结构型式和主要技术数据、施工导流布置、施工总体布置、对外交通条件、施工进度及主体工程的施工方法。

（2）深入现场了解枢纽建筑物及施工场地布置情况。

（3）了解砂石料开采条件、生产工艺以及场内交通运输条件和运输方式。

（4）了解建设征地的范围，深入现场了解移民村庄、集（城）镇、专业项目、防护工程等的分布情况，淹没区交通运输条件，砂石料开采条件等。

（5）向设计委托单位、各有关的上级主管部门和工程所在省（自治区、直辖市）的劳资、计划、基建、税务、物资供应、交通运输等部门及施工承包人（如已有）和主要设备制造厂家，收集编制概算所需的各项资料和有关规定。

### 3.3.2 编写工作大纲和概算编制大纲

（1）确定编制原则与采用的编制依据。

（2）确定计算基础价格的基本条件与参数。

（3）确定编制概算单价采用的定额、标准和有关参数。

（4）明确各专业互相提供资料的内容、深度要求和时间。

（5）落实编制进度及提交最后成果的时间。

（6）确定编制人员分工安排并提交工作计划。

在以上两项工作做完之后，应编写概算编制大纲，报概算审查部门核备。

### 3.3.3 计算单价确定指标

#### 3.3.3.1 基础单价

基础单价包括人工预算单价、材料预算价格、电风水预算价格、施工机械使用费及混凝土预算价格。基础单价确定是编制设计概算最基本的工作，有了基础单价，建筑安装工程单价才能进行编制。

#### 3.3.3.2 建筑安装工程单价

建筑安装工程单价包括直接费、间接费、利润及税金。建筑工程单价、安装工程单价是计算建筑工程和安装工程投资的必要条件；人工预算单价，材料预算单价，施工用电、水、风预算单价，施工机械台时费及砂石料单价等是预测建筑工程和安装工程单价直接费的重要基础单价。这些基本价格的精确程度和合理性直接影响水电工程投资的编制质量，因此要予以高度重视；在编制时，应根据工程等级、工程所在的地区类别和施工条件、工程采用的施工方法以及工程所需资源等情况进行认真分析计算。

## 3.3.4　编制各部分工程概算汇总概算

### 3.3.4.1　工程总概算表（表3.1）

表3.1　　　　　　　　　　　　　工 程 总 概 算 表

| 编号 | 项 目 名 称 | 投资/万元 | 占总投资比例/% |
|---|---|---|---|
| Ⅰ | 枢纽工程 | | |
| 一 | 施工辅助工程 | | |
| 二 | 建筑工程 | | |
| 三 | 环境保护和水土保持专项工程 | | |
| 四 | 机电设备及安装工程 | | |
| 五 | 金属结构设备及安装工程 | | |
| Ⅱ | 建设征地移民安置补偿 | | |
| 一 | 水库淹没影响区补偿 | | |
| 二 | 枢纽工程建设区补偿 | | |
| Ⅲ | 独立费用 | | |
| 一 | 项目建设管理费 | | |
| 二 | 生产准备费 | | |
| 三 | 科研勘察设计费 | | |
| 四 | 其他税费 | | |
| | Ⅰ～Ⅲ部分合计 | | |
| Ⅳ | 基本预备费 | | |
| | 工程静态投资（Ⅰ～Ⅳ部分合计） | | |
| Ⅴ | 价差预备费 | | |
| Ⅵ | 建设期利息 | | |
| | 工程总投资（Ⅰ～Ⅵ部分合计） | | |
| | 开工至第一台（批）机组发电期内静态投资 | | |
| | 开工至第一台（批）机组发电期内总投资 | | |

### 3.3.4.2　枢纽工程概算表（表3.2）

表3.2　　　　　　　　　　枢 纽 工 程 概 算 表

| 编号 | 项 目 名 称 | 建筑安装工程费/万元 | 设备购置费/万元 | 合计/万元 | 占一至五项投资比例/% |
|---|---|---|---|---|---|
| 第一项 | 施工辅助工程 | | | | |
| 一 | …… | | | | |
| 第二项 | 建筑工程 | | | | |
| 一 | …… | | | | |

续表

| 编号 | 项　目　名　称 | 建筑安装工程费/万元 | 设备购置费/万元 | 合计/万元 | 占一至五项投资比例/% |
|------|--------------|------------------|----------------|----------|------------------|
| 第三项 | 环境保护和水土保持专项工程 | | | | |
| 一 | …… | | | | |
| 第四项 | 机电设备及安装工程 | | | | |
| 一 | …… | | | | |
| 第五项 | 金属结构设备及安装工程 | | | | |
| 一 | …… | | | | |
| | …… | | | | |
| | 枢纽工程投资合计 | | | | |

注　本表填至一级项目。

1. 施工辅助工程概算表（表 3.3）

表 3.3　　　　　　　　　　　施工辅助工程概算表

| 编号 | 项　目　名　称 | 单位 | 数量 | 单价/元 | 合计/万元 |
|------|--------------|------|------|---------|----------|
| | | | | | |

注　本表第二列应列至第三级项目。

2. 建筑工程概算表（表 3.4）

表 3.4　　　　　　　　　　　建 筑 工 程 概 算 表

| 编号 | 项　目　名　称 | 单位 | 数量 | 单价/元 | 合计/万元 |
|------|--------------|------|------|---------|----------|
| | | | | | |

注　本表第二列应列至第三级项目。

3. 环境保护和水土保持专项工程概算表（表 3.5）

表 3.5　　　　　　　环境保护和水土保持专项工程概算表

| 编号 | 项　目　名　称 | 单位 | 数量 | 单价/元 | 合计/万元 |
|------|--------------|------|------|---------|----------|
| | | | | | |

注　本表格式适用于编制环境保护和水土保持专项工程概算、农村部分补偿费用概算、城市集镇部分补偿费用概算、专业项目处理费用概算和库底清理费用概算。本表第二列应列至第二级项目。

4. 机电及安装工程概算表（表 3.6）

表 3.6　　　　　　　　　　　机电及安装工程概算表

| 编号 | 名　称　及　规　格 | 单位 | 数量 | 单价/元 | | 合计/万元 | |
|------|------------------|------|------|--------|--------|----------|--------|
| | | | | 设备费 | 安装费 | 设备费 | 安装费 |
| | | | | | | | |

注　本表应填列至第三级项目。设备费和设备运杂费列入设备费列，安装费（含装置性材料费）列入安装费列。

5. 金属结构及安装工程概算表（表 3.7）

表 3.7　　　　　　　　　　　　　金属结构及安装工程概算表

| 编号 | 名　称　及　规　格 | 单位 | 数量 | 单价/元 | | 合计/万元 | |
|---|---|---|---|---|---|---|---|
| | | | | 设备费 | 安装费 | 设备费 | 安装费 |
| | | | | | | | |

注　本表应填列至第三级项目。设备费和设备运杂费列入设备费列，安装费（含装置性材料费）列入安装费列。

### 3.3.4.3　建设征地移民安置补偿概算表（表 3.8）

表 3.8　　　　　　　　　　　　建设征地移民安置补偿概算表

| 编号 | 项　目　名　称 | 水库淹没影响区补偿费用/万元 | 枢纽工程建设区补偿费用/万元 | 合计/万元 | 占一至五项投资比例/% |
|---|---|---|---|---|---|
| 一 | 农村部分 | | | | |
| 二 | 城市集镇部分 | | | | |
| 三 | 专业项目处理 | | | | |
| 四 | 库底清理 | | | | |
| 五 | 环境保护和水土保持专项 | | | | |
| | 合计 | | | | |

### 3.3.4.4　独立费用概算表（表 3.9）

表 3.9　　　　　　　　　　　　独立费用概算表

| 编号 | 项　目　名　称 | 单位 | 数量 | 单价/元 | 合计/万元 | 占一至五项投资比例/% |
|---|---|---|---|---|---|---|
| | | | | | | |

注　本表第二列应列至第三级项目。

### 3.3.4.5　分年度投资汇总表（表 3.10）

表 3.10　　　　　　　　　　　　分 年 度 投 资 汇 总 表

| 编　号 | 项　目　名　称 | 合计 | 建　设　工　期 | | | | | |
|---|---|---|---|---|---|---|---|---|
| | | | 第 1 年 | 第 2 年 | 第 3 年 | 第 4 年 | 第 5 年 | …… |
| 第一部分 | 枢纽工程 | | | | | | | |
| 一 | 施工辅助工程 | | | | | | | |
| | …… | | | | | | | |
| 二 | 建筑工程 | | | | | | | |
| | …… | | | | | | | |
| 三 | 环境保护和水土保持专项工程 | | | | | | | |
| | …… | | | | | | | |

| 编 号 | 项 目 名 称 | 合计 | 建 设 工 期 | | | | | |
|---|---|---|---|---|---|---|---|---|
| | | | 第 1 年 | 第 2 年 | 第 3 年 | 第 4 年 | 第 5 年 | …… |
| 四 | 设备安装工程 | | | | | | | |
| | …… | | | | | | | |
| 五 | 永久设备 | | | | | | | |
| | …… | | | | | | | |
| 第二部分 | 建设征地移民安置补偿 | | | | | | | |
| 一 | 水库淹没影响区补偿 | | | | | | | |
| | …… | | | | | | | |
| 二 | 枢纽工程建设区补偿 | | | | | | | |
| | …… | | | | | | | |
| 第三部分 | | | | | | | | |
| | | | | | | | | |
| | 一至三部分合计 | | | | | | | |
| | 基本预备费 | | | | | | | |
| | 工程静态投资 | | | | | | | |

**注** 第二列一般应填至项目划分第一级项目。

### 3.3.4.6 资金流量汇总表（表 3.11）

表 3.11 资 金 流 量 汇 总 表

| 编 号 | 项 目 名 称 | 合计 | 建 设 工 期 | | | | | |
|---|---|---|---|---|---|---|---|---|
| | | | 第 1 年 | 第 2 年 | 第 3 年 | 第 4 年 | 第 5 年 | …… |
| 第一部分 | 枢纽工程 | | | | | | | |
| 一 | 施工辅助工程 | | | | | | | |
| | …… | | | | | | | |
| 二 | 建筑工程 | | | | | | | |
| | …… | | | | | | | |
| 三 | 环境保护和水土保持专项工程 | | | | | | | |
| | …… | | | | | | | |
| 四 | 设备安装工程 | | | | | | | |
| | …… | | | | | | | |
| 五 | 永久设备 | | | | | | | |
| | …… | | | | | | | |
| 第二部分 | 建设征地移民安置补偿 | | | | | | | |
| 一 | 水库淹没影响区补偿 | | | | | | | |
| | …… | | | | | | | |

| 编 号 | 项 目 名 称 | 合计 | 建 设 工 期 | | | | | |
|---|---|---|---|---|---|---|---|---|
| | | | 第 1 年 | 第 2 年 | 第 3 年 | 第 4 年 | 第 5 年 | …… |
| 二 | 枢纽工程建设区补偿 | | | | | | | |
| | …… | | | | | | | |
| 第三部分 | 独立费用 | | | | | | | |
| | …… | | | | | | | |
| | 一至三部分合计 | | | | | | | |
| | 基本预备费 | | | | | | | |
| | 工程静态投资 | | | | | | | |
| | 价差预备费 | | | | | | | |
| | 建设期利息 | | | | | | | |
| | 工程总投资 | | | | | | | |
| | 工程开工至第一台（批）机组<br>发电期内静态投资 | | | | | | | |
| | 工程开工至第一台（批）机组<br>发电期内总投资 | | | | | | | |

### 3.3.5 打印送审及整理归档

（1）打印概算书。将编制的设计概算文件按照要求排版打印并装订成册。

（2）送审。提交审核资料（包括概算审核报告、初步设计文件、概算书、需要退还的其他资料等）给相关单位进行审查。

（3）整理归档。上述步骤完成后，将概算审核过程中形成的文件整理归档，归档文件主要包括概算书、审查报告、工程特征、主要经济指标等。

## 思 考 题

1. 水电工程设计概算的构成内容有哪些？

2. 水电工程设计概算编制的依据是什么？

3. 水电工程设计概算编制的程序是怎样的？

# 第4章 水电工程基础单价编制

## 4.1 人工预算单价的编制

### 4.1.1 人工费

人工费是指支付给从事建筑安装工程施工的生产工人的各项费用，包括生产工人的基本工资和辅助工资。

#### 4.1.1.1 基本工资

基本工资由技能工资和岗位工资构成。

技能工资是根据不同技术岗位对劳动技能的要求和职工实际具备的劳动技能水平及工作实绩，经考试、考核合格确定的工资。

岗位工资是根据职工所在岗位的责任、技能要求、劳动强度和劳动条件的差别所确定的工资。

#### 4.1.1.2 辅助工资

辅助工资是在基本工资之外，以其他形式支付给职工的工资性收入，包括：①根据国家有关规定属于工资性质的各种津贴，主要包括地区津贴、施工津贴和加班津贴等；②生产工人年有效施工天数以外非作业天数的工资，包括职工学习、培训期间的工资，调动工作、探亲、休假期间的工资，因气候影响的停工工资，女工哺乳时间的工资，病假在6个月以内的工资及产、婚、丧假期的工资。

### 4.1.2 人工预算单价的计算

人工预算单价应根据国家有关规定，按水电施工企业工人工资标准和工程所在地区类别进行计算，水电行业现执行的是电力工业部1997年颁发的《水力发电工程可行性研究报告设计概算编制办法及费用标准》（电水规〔1997〕123号）。

#### 4.1.2.1 人工预算单价的计算方法

1. 基本工资

$$基本工资（元/工日）＝基本工资标准（元/月）×地区工资系数$$
$$×12月÷年有效工作日 \tag{4.1}$$

2. 辅助工资

$$地区津贴（元/工日）＝津贴标准（元/月）×12月÷年有效工作日 \tag{4.2}$$
$$施工津贴（元/工日）＝津贴标准［元/（人·日）］×365天×0.9÷年有效工作日 \tag{4.3}$$
$$夜餐津贴（元/工日）＝津贴标准［元/夜（中）班］×30\% \tag{4.4}$$
$$加班津贴（元/工日）＝津贴计算标准（元/工日）×地区工资系数 \tag{4.5}$$

3. 人工工日预算单价

$$人工工日预算单价（元/工日）＝基本工资＋辅助工资 \qquad (4.6)$$

4. 人工工时预算单价

$$人工工时预算单价（元/工时）＝人工工日预算单价（元/工日）$$
$$÷日工作时间（工时/工日） \qquad (4.7)$$

### 4.1.2.2 人工预算单价的计算标准

1. 有效工作时间

年有效工作日：224 工日/（人·年）。

日工作时间：8 工时/工日。

2. 基本工资标准

根据关于企业岗位技能工资的有关文件规定，并结合水力发电的工程特点，确定一般地区分级工资标准，见表 4.1。享受生活费补贴的特殊地区，可按有关规定计算，并计入基本工资。工程技术人员专业技术职务等级工资标准见表 4.2。

表 4.1                一般地区基本工资标准表

| 编号 | 定 额 人 工 等 级 | | 基本工资/元 | |
| --- | --- | --- | --- | --- |
| | 等级 | 名称 | 建筑工 | 安装工 |
| 1 | 4 | 高级熟练工 | 481 | 363 |
| 2 | 3 | 熟练工 | 376 | |
| 3 | 2 | 半熟练工 | 302 | |
| 4 | 1 | 普工 | 257 | |

表 4.2          工程技术人员专业技术职务等级工资标准表          单位：元

| | 职务等级 | 高级工程师 | 工程师 | 助理工程师 | 技术员 |
| --- | --- | --- | --- | --- | --- |
| 职务工资标准 | 一 | 498 | 388 | 323 | 288 |
| | 二 | 532 | 410 | 339 | 301 |
| | 三 | 566 | 432 | 355 | 314 |
| | 四 | 600 | 454 | 377 | 334 |
| | 五 | 634 | 476 | 399 | 354 |
| | 六 | 680 | 508 | 421 | 374 |
| | 七 | 726 | 540 | 443 | 394 |
| | 八 | 772 | 572 | 465 | 414 |
| | 九 | 818 | 604 | 487 | 434 |
| | 十 | 864 | 636 | 509 | 454 |
| | 十一 | 910 | 668 | 531 | 474 |
| | 十二 | 956 | 700 | 553 | 494 |
| | 十三 | 1002 | 732 | 575 | 514 |
| | 十四 | 1048 | 764 | 597 | 534 |
| | 十五 | 1094 | 796 | 619 | |
| | 十六 | 1140 | 828 | | |
| | 十七 | 1186 | | | |

3. 辅助工资计算标准（表 4.3）

表 4.3　　　　　　　　　　　　辅 助 工 资 计 算 标 准 表

| 编号 | 项　目 | 计　算　标　准 | 备　注 |
|---|---|---|---|
| 1 | 地区津贴 | 按国家、省（自治区、直辖市）的规定 | |
| 2 | 施工津贴 | 5.3 元/（人·日） | |
| 3 | 夜餐津贴 | 4.5 元/夜（中）班 | * |
| 4 | 加班津贴 | 0.5 元/工日 | 六类地区 |

\*　如工程所在省（自治区、直辖市）规定标准高于 2.5 元/夜（中）班，按当地标准计算。

根据《国务院办公厅转发人事部、财政部关于调整机关事业单位工作人员工资和增加离退休人员离退休费四个实施方案的通知》（国办发〔2001〕14 号）精神，并结合水电工程所处艰苦边远地区的特点，按表 4.4 津贴标准增加人工预算单价。

表 4.4　　　　　　　　　　　　　津 贴 标 准 表

| 边远地区类别 | 一类区 | 二类区 | 三类区 | 四类区 |
|---|---|---|---|---|
| 津贴标准/（元/工时） | 0.23 | 0.46 | 0.92 | 1.61 |

根据国办发〔2001〕14 号文中津贴标准和发放办法，各类区艰苦边远地区津贴标准分别为：一类区平均为 43 元/月，二类区平均为 86 元/月，三类区平均为 172 元/月，四类区平均为 300 元/月。在各类区平均标准内，不同职务人员适当拉开差距，其中，一类区每月 40～100 元，二类区每月 80～200 元，三类区每月 160～320 元，四类区每月 280～560 元，见表 4.5。

表 4.5　　　　　　　　　各类区艰苦边远地区津贴标准表　　　　　　　单位：元/月

| 项目 | 一类区 | 二类区 | 三类区 | 四类区 | 备　注 |
|---|---|---|---|---|---|
| 平均 | 43 | 86 | 172 | 300 | |
| 省级以上 | 100 | 200 | | | |
| 地厅级 | 80 | 160 | 320 | 560 | 含教授级专业技术人员 |
| 县处级 | 60 | 120 | 240 | 420 | 含副教授级专业技术人员 |
| 科级 | 47 | 95 | 190 | 330 | 含讲师级专业技术人员、技师以上工人 |
| 科级以下 | 40 | 80 | 160 | 280 | 含助教以下专业技术人员、高级工以下工人 |

4. 地区工资系数

水电水利规划设计总院可再生能源定额站颁布的《水电工程设计概算费用标准》（2013 版）（可再生定额〔2014〕54 号），参考国办发〔2001〕14 号文中的《关于实施艰苦边远地区津贴的方案》，根据各地区的自然地理环境等因素确定的艰苦程度不同，将人工预算单价计算标准共分为 8 个地区标准，分别为一类、二类、三类、四类、五类（西藏二类）、六类（西藏三类）、西藏四类地区以及除边远地区之外的"一般地区"。具体人工预算单价计算标准见表 4.6。

**表 4.6**　　　　　　　　　**人工预算单价计算标准表**　　　　　　　　　单位：元/工时

| 序号 | 定额人工等级 | 一般地区 | 边 远 地 区 | | | | | | |
| --- | --- | --- | --- | --- | --- | --- | --- | --- | --- |
| | | | 一类区 | 二类区 | 三类区 | 四类区 | 五类区/西藏二类 | 六类区/西藏三类 | 西藏四类 |
| 1 | 高级熟练工 | 10.26 | 11.58 | 12.53 | 13.78 | 14.95 | 16.56 | 17.82 | 19.18 |
| 2 | 熟练工 | 7.61 | 8.60 | 9.37 | 10.37 | 11.24 | 12.51 | 13.55 | 14.68 |
| 3 | 半熟练工 | 5.95 | 6.74 | 7.38 | 8.23 | 8.92 | 9.97 | 10.87 | 11.86 |
| 4 | 普工 | 4.90 | 5.56 | 6.13 | 6.88 | 7.45 | 8.36 | 9.18 | 10.08 |

**注** 1. 一至六类边远地区类别划分按《人事部、财政部关于印发〈完善艰苦地区津贴制度实施方案〉的通知》（国人部发〔2006〕61 号）执行。

2. 西藏地区类别参考西藏自治区艰苦边远地区划分，西藏二类至四类划分的具体内容见相关文件。

3. 一般地区指《水电工程费用构成及概（估）算费用标准》（2013 年版）中附录一、附录二之外的地区。

## 4.2 材料预算单价的编制

### 4.2.1 水电工程材料的基本知识

材料预算单价指材料从交货地点运到工地分仓库或相当于工地分仓库的材料堆放场地的价格。材料预算单价的组成如图 4.1 所示。

图 4.1　材料预算单价的组成

例如，清江隔河岩工程所用部分水泥，从荆门经火车或汽车运到宜昌中转后，再用汽车直接运到隔河岩工地，其运输途径如图 4.2 所示。水泥的预算单价是指水泥（散装或袋装）从荆门水泥厂上车（火车或汽车）到水泥入库（袋装）或入罐（散装）为止，这一过程中发生费用（包括出厂价）的总和。

图 4.2　清江隔河岩工程水泥运输路线示意图

### 4.2.2 材料预算单价的组成及计算

#### 4.2.2.1 材料预算单价的组成

材料预算单价包括材料原价、包装费、运输保险费、运杂费、采购及保管费和包装品回收价值等。

（1）材料原价。指材料出厂价格或在指定交货地点的价格。

（2）包装费。指材料在运输和保管过程中，为了便于材料运输或保护所产生的包装的费用和正常折旧摊销费。

（3）运输保险费。指材料在铁路、公（水）路运输途中因保险而发生的费用。

（4）运杂费。指材料从供货地点至工地仓库（或材料堆放场）所发生的全部费用，包括运输费、装卸费、调车费、转运费及其他杂费等。

（5）采购及保管费。指组织采购、供应和保管材料过程中所需要的各项费用，包括采购费、仓储费、工地保管费及材料在运输、保管过程中发生的损耗。

（6）包装品回收价值。指材料的包装品在材料运到工地仓库或耗用后，包装品的折旧剩余值。

### 4.2.2.2　材料预算单价的计算

$$材料预算单价＝［材料原价＋包装费＋运输保险费＋（运杂费×材料毛重系数）］$$
$$×（1＋采购及保管费率）－包装品回收价值 \qquad (4.8)$$

## 4.2.3　主要材料预算单价的计算

水电工程中将材料分为主要材料和次要材料。主要材料是指用量大或者其造价在整个工程中所占比例较大的材料（对工程造价有较大影响的材料）。例如，钢材、木材、水泥常称为水电工程中的"三大材"。除此之外，水电工程中还将沥青、掺合料、油料、火工产品、电缆及母线等也列为主要材料。除去主要材料的其他材料称为次要材料。

### 4.2.3.1　材料原价的确定

材料原价是指材料未进入商品流通领域的出厂价格，或材料在供应地点交货的价格。材料供应价是指材料出厂后进入商品流通领域后的价格，包含供销部门手续费、包装费。所以，材料原价和材料供应价是有区别的。

计划经济体制下，材料原价以国家主管部门、地方主管部门和物价部门规定的出厂价格为原价。市场经济条件下，材料价格（除火工产品外）已全部开放，一般均按市场调查价计算。

1. 材料原价的计算依据和代表规格

材料原价的计算依据和代表规格见表 4.7。

表 4.7　　　　　　　　　材料原价的计算依据和代表规格

| 材料名称 | 计 算 依 据 | 代 表 规 格 |
|---|---|---|
| 水泥 | 原价按设计拟定水泥厂出厂价格计算 | 水泥品种按设计要求选定 |
| 钢材 | 原价按工程所在地省会、自治区首府、直辖市或就近大城市的金属材料公司、钢材交易中心的市场价计算，或按就近的生产厂家出厂价格计算 | A. 普通钢：HPB235，$\phi16\sim18mm$；低合金钢：HRB335，$\phi20\sim25mm$；普通钢与低合金钢的比例由设计确定<br>B. 钢板：品种规格按设计确定<br>C. 型钢：建筑工程用，由设计确定；安装工程用，按设备安装工程定额规定的品种规格计算 |

续表

| 材料名称 | 计 算 依 据 | 代 表 规 格 |
|---|---|---|
| 木材 | 原价按工程就近的市场价计算 | 树种：二、三类树种各占50%<br>等级：一、二类各占50%<br>长度：2～3.8m<br>径级：18～28cm及中板中枋 |
| 沥青 | 原价按工程就近的市场价格计算 | 品种按设计要求选定 |
| 火工产品 | 原价按国家及省、市的有关规定，并结合工程所在地区特许生产厂或专营机构的供应价确定 | 供应点应选择工程就近特许生产厂或火工产品专营机构 |
| 油料 | 原价按工程就近石油公司的批发价格计算 | 油料品种规格应根据工程所在地的气温条件确定 |
| 掺合料 | 原价按工程就近的厂家出厂价计算 | 指掺加的粉煤灰、火山灰等 |
| 电缆及母线 | 原价按所选定的厂家出厂价格计算 | 品种、规格及型号由设计确定 |

2. 计取材料原价应注意的事项

（1）材料规格。同种类不同规格的材料之间原价存在差异，因此，在计算材料预算价格，尤其是在编制概算时，材料规格的选定应与概算编制的文件要求一致。

（2）重算或漏算。应分析材料原价在不同情况下的实际含义，注意其是否包括包装费或加工费（与材料进入工地后再加工的加工费不同）等，避免重算或漏算。

（3）物价变化。同种材料供应有淡旺季之分，其供应价格存在差异，应依照上年度淡旺季数量比例，并考虑近几年发展趋势，按加权平均方法计算原价。

（4）考虑水泥袋散比。袋装与散装水泥的进货比例应考虑工程规模、工程集中程度、交通条件、供货情况、储存条件等因素。一般情况下，工程规模大、工程集中，散装水泥的比例大。

（5）多个货源。同一种材料有两个以上的供应来源地，而各来源地的出厂价不同时，应以不同来源地的供货量比例加权平均计算综合原价。

### 4.2.3.2 材料包装费与回收价值的计算

1. 包装费的计算

包装费应按包装材料的品种、规格、包装费用和正常的折旧摊销计算。凡材料原价中未包括包装费，而材料在运输和保管过程中必须进行包装的材料，均应另外计入包装费用。包装费用应按工程所在地的实际资料及有关规定计算。

2. 计取材料包装费与回收价值应考虑的几个问题

（1）包装材料的回收价值是指材料到达施工现场或仓库，经拆除包装后的包装材料本身所剩余的价值。

（2）凡由生产厂负责包装，其包装费已计入材料原价内，则不应再另外计算包装费，但要扣除包装材料的回收价值。

（3）材料需包装，而包装是由材料使用单位自备包装容器解决的，其包装费应按包装容器的价值和使用次数分摊计算。

（4）应包装的材料而未包装时，仍应计算包装费，但由于未包装而发生的各种损耗费也不再增加。

（5）因材料包装需向供货单位交押金时，应由材料使用单位垫付，定期收回，预算价格中不予考虑。

（6）包装器材的回收价值，按工程所在地相关部门规定计算，如无具体规定，可根据工程所在地实际情况或参照表 4.8 计算。

表 4.8　　　　　　　　　　　常用包装材料的回收量与回收价值　　　　　　　　　　　%

| 包装材料 | 木材制品 | 纸皮制品 | 纤维制品 | 铁角制品 | 铁皮制品 | 铁丝制品 | 草绳草袋 |
|---|---|---|---|---|---|---|---|
| 回收量 | 70 | 60 | 60 | 95 | 50 | 20 | 不计回收价值 |
| 回收价值 | 20 | 50 | 50 | 50 | 50 | 50 | |

（7）材料净重与毛重的比例修正系数。指材料毛重与净重的比值。材料运输按毛重计算，而材料预算价格按净重计算，毛重与净重的差别是包装材料的重量。常用材料的毛重系数见表 4.9。

表 4.9　　　　　　　　　　　　　材 料 毛 重 系 数 表

| 材料名称 | 水泥 | 铸铁件 | 电焊条 | 沥青 | 玻璃 | 炸药 | 汽油 | 铁钉 |
|---|---|---|---|---|---|---|---|---|
| 毛重系数 | 1.01 | 1.07 | 1.07 | 1.08 | 1.10 | 1.15 | 1.10 | 1.10 |

3. 包装费与回收价值计算

（1）生产厂家负责包装的材料如水泥、玻璃、铁钉等，其包装费已计入原价，不再另行计算，但包装材料的回收价值应从材料包装费中扣除。包装材料的回收价值按式（4.9）进行计算：

$$包装材料回收价值 = \frac{包装材料原值 \times 回收率 \times 回收价值率}{包装器材标准容量} \qquad (4.9)$$

（2）材料采购部门自备包装材料（或容器）按式（4.10）计算包装费：

$$包装费 = \frac{包装器材原值 \times (1 - 回收率 \times 回收价值率) + 使用期维修费}{周转使用次数 \times 包装容器标准容量} \qquad (4.10)$$

【例 4.1】　某种型号的氧气瓶原价为 350 元/个，每月充气 3 次，使用年限为 15 年，残值率为 2%，年维修费用为 5 元，每瓶按照 6m³ 氧气计算，则单位体积的氧气需要摊销多少元？

**解：** 氧气瓶包装摊销费＝[350×(1－2%)＋15×5]÷(15×12×3×6)

　　　　　　　　　　＝0.13（元/m³），即每立方米氧气需要摊销 0.13 元。

4. 水电工程中几种重要材料包装费与回收价值

（1）水泥。

1）袋装水泥的包装费已计算在材料原价中，不做单独计算。

2）散装水泥不发生包装费，按国家规定，水泥厂需向散装水泥用户代收水泥的节包费，作为发展散装水泥设施的专项基金，收取的节包费用须计入材料原价，节包费的收取标准按工程所在地有关规定执行。以湖北省为例，节包费的 35% 返还给散装水泥用户，节包费的 50% 返还给水泥生产厂家，节包费的 15% 由散装水泥办公室集中使用。

（2）钢材。一般不发生包装费，即使发生也较小，可忽略不计。

（3）木材。为保证木材在运输中的安全，运输木材所使用的车立柱、捆车器、铁丝等捆绑用具所发生的费用即为木材的包装费。如 50t 车皮，以装木材 45m³ 计，所需捆绑用具一般为立柱 12 根、捆车器 12 条、铁丝 24kg。

（4）炸药。炸药的包装费已含在出厂价中，其回收价值占火工产品出厂价比例甚小，可忽略不计。

（5）油料（汽油、柴油为主）。目前大中型水电工程都用油罐车运输，一般不发生包装费。自备油桶时，其摊销费即为包装费。

#### 4.2.3.3 材料的运输保险费

材料的运输保险费指材料在铁路、公路、水路运输途中因保险而发生的费用。运输保险费可按保险公司的有关规定或市场调查计算。

$$材料运输保险费＝材料原价×材料运输保险费率 \tag{4.11}$$

#### 4.2.3.4 材料的采购及保管费

1．材料采购及保管费

材料采购及保管费指材料使用单位在负责材料的采购供应和保管过程中所发生的各项费用。这些费用包括以下各项：

（1）材料的采购、供应和保管部门工作人员的基本工资、辅助工资、职工福利费、劳动保护费、教育经费、工会经费、基本养老保险费、医疗保险费、工伤保险费、失业保险费、女职工生育保险费、住房公积金、办公费、差旅交通费以及工具用具使用费等。

（2）仓库、转运站等设施的检修费，固定资产折旧费，技术安全措施费和材料检验费等。

（3）材料在运输、保管过程中发生的损耗等。

2．材料采购及保管费

材料采购及保管费按材料运到工地仓库价格的一定比例计取，概算阶段的费率可按 2.8% 计取，计算基础是材料运到工地仓库价格，材料在采购、供应、保管过程中无论发生多少次转手，其费率均不变动。其计算公式为

$$材料采购及保管费＝（原价＋运输保险费＋包装费＋运杂费$$
$$×材料毛重系数）×2.8\% \tag{4.12}$$

#### 4.2.3.5 材料的运杂费

1．运杂费

材料运杂费是指材料从供货地运到工地分仓库或相当于工地分仓库的材料堆放场所发生的全部费用，包括各种运输工具的运输费、装卸费、调车费及其他杂费等一切费用。

在建设工程中，运输费占有较大的比重，合理地计算材料运杂费是编制材料预算价格的重要环节。同时，材料运杂费是一个变数，与工程所在地的运输距离、运输方式、运输工具等紧密相关，因此运输费用的确定是一件复杂细致的工作。

2．材料运输流程

材料运输流程如图 4.3 所示。

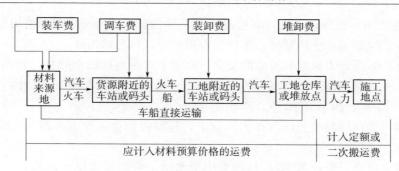

图 4.3　材料运输流程图

3. 材料运输费的计算

（1）铁路货物运输费计算时应考虑的因素。

1）铁路运费计算的依据。铁路运费计算主要依据是铁路部门制定颁发的《铁路货物运价规则》。

2）铁路运费计算的三要素。三要素分别为运输里程、运价号和运价率。一般是根据运输里程和运价号来确定运价率，运价率确定后即可计算运费。依据为现行的《铁路货物运价规则》。

水电工程中常用的几种主要材料的运价号见表 4.10。

表 4.10　　　　　　　　　　水电工程中常用的几种主要材料的运价号

| 材料种类 | 水泥 | 钢材 | 砂石料 | 木材 | 汽柴油 | 炸药 | 粉煤灰 |
|---|---|---|---|---|---|---|---|
| 整车运价号 | 5 | 5 | 2 | 5 | 7 | 5+50% | 2 |
| 零担运价号 | 21 | 21 | 21 | 21 | 22 | 22+50% | 21 |

3）运价率的计量单位。整车货物为元/t，零担货物为元/10kg，集装箱为元/箱，详见表 4.11。

表 4.11　　　　　　　　　　现行铁路货物运价率表

| 办理类别 | 运价号 | 基价 1 | | 基价 2 | |
|---|---|---|---|---|---|
| | | 单位 | 标准 | 单位 | 标准 |
| 整车 | 2 | 元/t | 9.50 | 元/(t·km) | 0.086 |
| | 3 | 元/t | 12.80 | 元/(t·km) | 0.091 |
| | 4 | 元/t | 16.30 | 元/(t·km) | 0.098 |
| | 5 | 元/t | 18.60 | 元/(t·km) | 0.103 |
| | 6 | 元/t | 26.00 | 元/(t·km) | 0.138 |
| | 7 | | | 元/(轴·km) | 0.525 |
| | 机械冷藏车 | 元/t | 20.00 | 元/(t·km) | 0.140 |
| 零担 | 21 | 元/10kg | 0.22 | 元/(10kg·km) | 0.00111 |
| | 22 | 元/10kg | 0.28 | 元/(10kg·km) | 0.00155 |
| 集装箱 | 20 英尺箱 | 元/箱 | 440.00 | 元/(箱·km) | 3.185 |
| | 40 英尺箱 | 元/箱 | 532.00 | 元/(箱·km) | 3.357 |

铁路货运输费用由发到基价和运行基价组成，根据所确定的运价号查出发到基价（基价 1）

和运行基价（基价2），进而计算运输费。运输费（运价）按照下列公式进行计算：

$$整车货物每吨运价＝基价1＋基价2×运价里程 \tag{4.13}$$

$$零担货物每10kg运价＝基价1＋基价2×运价里程 \tag{4.14}$$

$$集装箱货物每箱运价＝基价1＋基价2×运价里程 \tag{4.15}$$

4）相关附加费。根据有关部门和地方的规定确定是否需要计算诸如铁路建设基金、电气化铁路电力附加费等费用。

a. 电气化铁路电力附加费。凡通过电气化铁路运输路段，应按电气化铁路运输里程计算电气化铁路电力附加费，现行标准为 0.01 元/(t·km)。

b. 铁路建设基金。国铁的正式营业线和实行统一运价的运营临管线按表 4.12 规定的费率核收铁路建设基金。铁路建设基金的计算公式为

$$铁路建设基金＝费率×计费重量（箱数或轴数）×运价里程 \tag{4.16}$$

表 4.12　　　　　　　　　　铁路建设基金费率表

| 项目类别 | | | 计费单位 | 其他货物 |
|---|---|---|---|---|
| 整车货物 | | | 元/(t·km) | 0.033 |
| 零担货物 | | | 元/(10kg·km) | 0.00033 |
| 自轮运转货物 | | | 元/(轴·km) | 0.0990 |
| 集装箱 | | 1t 箱 | 元/(箱·km) | 0.0198 |
| | | 10t 箱 | 元/(箱·km) | 0.2772 |
| | | 20 英尺箱 | 元/(箱·km) | 0.5280 |
| | | 40 英尺箱 | 元/(箱·km) | 1.1220 |
| | 空自备箱 | 1t 箱 | 元/(箱·km) | 0.0099 |
| | | 10t 箱箱 | 元/(箱·km) | 0.1386 |
| | | 20 英尺箱箱 | 元/(箱·km) | 0.2640 |
| | | 40 英尺箱 | 元/(箱·km) | 0.5610 |

c. 大中型水电工程材料整车与零担的运输比例。水泥、木材、炸药、汽油、柴油等一般不考虑零担。钢材可考虑一部分零担，大型工程为 10%～20%，中型工程为 20%～30%。

d. 铁路货物运输量的计算与装载系数：

$$装载系数＝\frac{货物实际运输重量}{货物运输计费重量} \tag{4.17}$$

火车整车运输时，一般均按车辆标记重量（标重）计算运费；当货物重量超过标重时，按货物实际重量计算；木材、炸药、钢材等应考虑不能过载因素，装载系数可按表 4.13 考虑。

表 4.13　　　　　　　　　　铁路货物运输的装载系数

| 材料名称 | 木　材 | 炸　药 | 钢　材 | | 水泥油料 |
|---|---|---|---|---|---|
| | | | 大型工程 | 中型工程 | |
| 装载系数 | 0.70 | 0.65～0.70 | 0.90 | 0.80～0.85 | 1.0 |
| 单位 | m/车皮吨 | t/车皮吨 | t/车皮吨 | t/车皮吨 | t/车皮吨 |

e. 机车、车皮、铁路均为自有时，运杂费按列车台时费和台时货运量及运行维护人员开支摊销费计算。计算公式为

全程每吨运杂费＝(机车台时费＋∑车辆台时费)÷(∑机车设计装载量)×装载系数×
列车每小时行驶次数＋每吨装卸费＋运行维护人员开支摊销费
(4.18)

f. 机车、车皮自有，铁路非自有时，计算公式为

全程每吨运杂费＝(机车台时费＋∑车辆台时费＋列车过轨费)÷(∑机车设计装载量
×装载系数×列车每小时行驶次数)＋每吨装卸费
(4.19)

其中　　　　　　　　列车过轨费＝列车总轴数（包括守车）×7号运价

轴数的计取：车头6根轴，车皮4根轴，守车4根轴。

g. 火车跨越国境运输时，需增加过境货物的整装费用。

（2）公路货物运输费计算时应考虑的因素。

1）公路货物运输有普通货物与特种货物之分，不同的货物应执行相应的运价标准。

2）公路货物运价有长短途之分，其划分应按地方规定执行，两者运价率不一样。例如，湖北省将25km以内视为短途，四川省则将30km以内视为短途等。

3）整车与零担运价不同，一般零担运价率比整车高。

4）汽车运输除轻浮货物外，均按实际装载量计价。但用油桶装运油料时，汽油的装载系数按0.8考虑，柴油的装载系数按0.95考虑。

轻浮货物的划分按各地方有关规定执行，一般重量为 $250\sim300kg/m^3$。

5）路况不同运价也有区别，如四川省分为一等、二等、三等和三等以外4个级别。

6）返回费的计取。一般可按当地运输部门规定计取一定的返回费，但特种车如罐车可考虑25%的返回费。

7）货物分等。有些地方将货物分等计费，不同等级的货物运价不同，如贵州省分三等计费。有些地方货物不分等，但危险货物加收一定的运费。

（3）水路货物运输费计算时应考虑的因素。

1）水路货物计费有3种计量单位，分别是重量吨（W）、体积吨（M）、重量/体积吨（W/M）。其中，以1000kg为一重量吨；以 $1m^3$ 为一体积吨；计量单位为 W/M 的货物，按货物的重量吨和体积吨大者取费。

2）货物运价等级。共分10个等级，货物等级越高，其运价越高。水电工程常用的几种主要材料的运价等级见表4.14。如有新的规定，应按新规定执行。

表4.14　　　　　　　　　　几种主要材料的运价等级

| 材 料 | 运价等级 | 计费单位 |
|---|---|---|
| 水 泥 | 5级 | W |
| 砂石料 | 1级 | W |
| 钢 材 | 4级 | W |
| 危险货物 | 7级 | W/M |
| 木 材 | 5级 | W/M |

3）水运运价计算的3个要素为运价里程、运价等级和运价率，一般是根据运价里程

和运价等级来确定运价率。

4）水运运价率表中查出的是基本运价，除此之外还应计算港口建设费、附加费和装卸费等。

5）注意运价在上、下水，洪、枯期的变化。

4．杂费

（1）装卸费。铁路运输按铁路部门规定的装卸等级和装卸费率计算，水路运输按各港口的规定计算，公路运输按当地公路运输部门的规定计算。

（2）调车费和驳船费。调车费是铁路机车在专用线、货物专线调送车辆的费用。调车费不论取送车皮多少，均按往返里程计算费用。其计算公式为

$$每吨货物调车费 = \frac{调车费 \times 2 \times 每机车千米调车费}{每次车辆数 \times 车辆技术装载量} \tag{4.20}$$

驳船费是在港口用驳船从码头到船舶取送货物的费用，按驳船费率计算。

（3）材料的运输损耗费。材料的运输包括两个阶段：一是材料在到达施工现场仓库或存放地点之前的运输，通常称之为材料的场外运输；二是材料的场内运输，即材料从仓库到用料点的运输。这里的材料运输损耗费指的是材料在场外运输全过程中的合理损耗费。

材料运输损耗费的计算有以下两种方法。

第一种方法按运输损耗率计算：

$$材料运输损耗费 = 场外运输损耗量 \times 材料预算价格 \tag{4.21}$$

第二种方法按预算价格的百分比计取：

$$材料运输损耗费 = 材料预算单价 \times 损耗率 \tag{4.22}$$

（4）附加工作费。除上面讲到的费用外，其他的费用都称为附加工作费。常遇到的有铁路运输中超长物资附加费、游车费、泡松物资加泡费；水路运输中的养河费、过坝费、枯水季节困难作业费；其他还有过磅费、码堆费、危险品附加费等。

#### 4.2.3.6　主要材料最高限额价格

主要材料预算价格超过表4.15规定的主要材料最高限额价格时，按最高限额价格计算工程直接费、间接费和利润，超出最高限额价格部分以补差形式计入相应工程单价，并计算税金。

表4.15　　　　　　　　　　　　　主要材料最高限额价格表

| 序号 | 材料名称 | 单位 | 最高限额价格 | 备注 |
|------|---------|------|------------|------|
| 1 | 钢筋 | 元/t | 3400 | |
| 2 | 水泥 | 元/t | 440 | |
| 3 | 粉煤灰 | 元/t | 260 | |
| 4 | 炸药 | 元/t | 680 | |

## 4.2.4　次要材料预算单价的计算

次要材料是相对于主要材料而言的，两者之间没有严格的界限。一般水电工程中，除

水泥、钢材、木材、掺合料、火工品、油料、电缆和母线外，其他均作为次要材料。这部分材料品种繁多，不可能也没有必要逐项计算预算价格，应执行工程所在地区就近城市地方政府颁发的工业与民用建筑安装工程材料信息价格（或市场价格），加上运至工地的运杂费用。地区预算价格没有的材料，可参照同地区水电工程实际价格确定。次要材料预算价格的计算公式为

次要材料预算价格＝建筑安装工程材料信息价格（或市场价格）＋ 运杂费　（4.23）

### 4.2.5　材料预算价格计算实例

【例 4.2】　　火车货车车厢标记重量为 50t，装载 1420 箱炸药，每箱炸药净重 24kg，箱重 0.6kg。计算该货物的装载系数和毛重系数。若查得铁路运费为 15 元/t，则每吨实际运费是多少？

**解：** 装载系数＝[1420×(24＋0.6)]÷50000＝0.7

毛重系数＝(24＋0.6)÷24＝1.03

每吨实际运费＝15 元/t÷0.7×1.03＝22.07（元/t）

【例 4.3】　　已知铁路运输木材的装载系数为 0.7，毛重系数为 1.0，每立方米木材的重量为 0.65t，计算每立方米木材和每吨木材的计费重量。

**解：** 每立方米木材计费重量＝0.65÷0.7×1.0＝0.93（t/车皮吨）

每吨木材计费重量＝1÷0.7×1.0＝1.43（t/车皮吨）

【例 4.4】　　某工程所用某种材料情况见表 4.16，材料包装费为 10 元/t，采保费率为 2.8%，不计堆卸费。试计算该材料预算价格。

表 4.16　　　　　　　　　　　　　　　　材料来源与运输途径情况

| 货源 | 比例/% | 原价/(元/t) | 运输方式 | 运距/km | 运费/[元/(km·t)] | 其 他 费 用/(元/t) | | |
|---|---|---|---|---|---|---|---|---|
| | | | | | | 装卸 | 驳船 | 调车 |
| 甲厂 | 30 | 82.5 | 水路 | 60 | 0.3 | 2.8 | 1.3 | |
| 乙厂 | 25 | 81.6 | 汽运 | 50 | 0.40 | 2.3 | | 1.35 |
| 丙厂 | 10 | 83.2 | 水路 | 67 | 0.35 | 2.8 | 1.3 | |
| 丁厂 | 35 | 80.8 | 汽运 | 58 | 0.40 | 2.3 | | 1.35 |

**解：**（1）综合原价＝82.5×0.3＋81.6×0.25＋83.2×0.1＋80.8×0.35＝81.75（元/t）

（2）包装费＝10 元/t

（3）运费＝[(60×0.3×0.3)＋(67×0.35×0.1)]＋[(50×0.4×0.25)＋(58×0.4×0.35)]＝20.87（元/t）

调车费和驳船费＝(0.3＋0.1)×1.3＋(0.25＋0.35)×1.35＝1.33（元/t）

装卸费＝[(0.3＋0.1)×2.8＋(0.25＋0.35)×2.3]×2＝5（元/t）

运杂费＝20.87＋1.33＋5＝27.2（元/t）

（4）采保费＝(81.75＋10＋27.2)×2.8%＝3.33（元/t）

（5）该材料预算价格＝81.75＋10＋27.2＋3.33＝122.28（元/t）

【例 4.5】　　试计算某水电工程所需乳化炸药的预算价格。计算结果保留两位小数。

$$炸药厂（车上交货）\xrightarrow[\text{国道}]{\text{汽车 248km}}\bigcirc\xrightarrow[\text{山区支线}]{15km}\text{工地分仓库}$$

已知基础资料：

（1）炸药经营管理费为 8%，毛重系数为 1.08。

（2）一般货物公路运价：国道为 0.66 元/(t·km)，山区支线为 0.75 元/(t·km)，不计返空费。危险货物运费增加 50%。

（3）卸车费为 6.00 元/t。

（4）运输保险费率为 5‰。

（5）炸药原价执行民用爆破器材产品出厂基准价格，价格不再浮动，见表 4.17。

表 4.17　　　　民用爆破器材产品出厂基准价格（不含增值税）目录

| 产品名称 | 型号规格 | 单位 | 出厂基准价格 |
|---|---|---|---|
| 乳化炸药 | 每卷 100～200g | 元/t | 4610 |
| | 每包 1～9kg | 元/t | 4150 |
| | 每包 10～40kg | 元/t | 3940 |

**解：**（1）乳化炸药出厂价＝4150 元/t

（2）计入管理费后价格＝4150×1.08＝4482（元/t）

（3）公路运费＝248×0.66×1.5＋15×0.75×1.5＋6＝268.40（元/t）

（4）公路运杂费＝268.4×1.08＝289.87（元/t）

（5）乳化炸药预算价格＝（4482＋4482×0.5%＋289.87）×（1＋2.8%）＝4928.52（元/t）

**【例 4.6】**　某水电工程用普通圆钢为 $A_3\phi15\sim18$mm 和合金钢为 $20MnSi\phi19\sim24$mm。已知条件如下，试计算该工程所用钢筋的综合预算单价。

（1）普通圆钢占 40%，合金钢占 60%。

（2）来源地。A、B、C 为国内三大骨干钢厂，总供应量为 70%，所占比例是：A 钢厂为 35%，B 钢厂为 21%，C 钢厂为 14%。不足部分由金属公司 D 供给，供应量为该工程所用钢材的 30%。

（3）火车运输的整车占 90%，零担占 10%。钢材火车运输的装载系数为 0.9，汽车运输的装载系数为 1.0。

（4）A、B、C 三大骨干钢厂的供应价见表 4.18。

表 4.18　　　　A、B、C 三大骨干钢厂的供应价

| 供货厂家 | $A_3$ 的供应价/(元/t) | 20MnSi 的供应价/(元/t) |
|---|---|---|
| A、B 钢厂 | 4400 | 5500 |
| C 钢厂 | 4600 | 6000 |

金属公司 D 从 A、B 两钢厂进货，根据有关规定，每吨钢材加价 480 元，每吨钢材从钢材厂运到公司 D 的运杂费为 46 元（不另计运输保险费和采保费）。

（5）运杂费。钢材的运输途径是，首先将钢材从 A、B、C、D 4 个来源地运到距工地最近的火车站，然后用汽车将钢材从距工地最近的火车站运到该工程的材料总库，其路面

为二等路面，运距为 9km，运价为 7.8 元/t；再用汽车运到工地的材料分库，其路面为三等路面，运距为 10km，运价为 9.44 元/t。

铁路建设基金整车为 0.033 元/(t·km)，零担为 0.00033 元/(10kg·km)，汽车的装车费和卸车费均为 1.6 元/t，钢材装车费增加 50%，其他已知条件见表 4.19。

表 4.19　　　　　　　　　　某水电工程钢材供应情况

| 货源 | 比例/% | 运距/km | 运输方式 | 整车/(元/t) | 零担/(元/10kg) | 上站费/(元/t) | 装车费/(元/t) | 调车费/(元/t) | 卸车费（整车/零担）/(元/t) |
|---|---|---|---|---|---|---|---|---|---|
| A | 35 | 3668 | 火车 | 396.40 | 4.29 | 3.00 | | | 1.15/0.04 |
| B | 21 | 2770 | 火车 | 303.91 | 3.29 | 1.80 | | | 1.15/0.04 |
| C | 14 | 3160 | 火车 | 344.08 | 3.73 | 3.67 | | | 1.15/0.04 |
| D | 30 | 723 | 火车 | 93.07 | 1.02 | 1.60 | 1.5 | 0.5 | 1.15/0.04 |

试计算：

（1）材料原价。

（2）用现行概算附件规定的材料运杂费计算表计算不同来源地材料的运杂费。

（3）用现行概算附件规定的材料预算价格计算表计算钢筋的综合预算单价。

**解：**（1）材料原价。

普通圆钢原价 $= 4400 \times (35\% + 21\%) + (4400 + 480 + 46) \times 30\% + 4600 \times 14\%$
$\qquad = 4585.80$（元/t）

合金钢原价 $= 5500 \times (35\% + 21\%) + (5500 + 480 + 46) \times 30\% + 6000 \times 14\%$
$\qquad = 5727.80$（元/t）

材料原价 $= 1261.40 \times 40\% + 1467 \times 60\% = 1384.76$（元/t）

（2）用现行概算附件规定的材料运杂费计算表计算不同来源地材料的运杂费，见表 4.20。

表 4.20　　　　　　　　　　主要材料运输费用计算表

| 编号 | | 1 | 2 | 3 | 4 | 材料名称 | 钢筋 | | | 材料编号 | |
|---|---|---|---|---|---|---|---|---|---|---|---|
| 交货条件 | | 工厂 | 工厂 | 工厂 | 公司 | 运输方式 | 火车 | 汽车 | 航运 | 火车 | |
| 交货地点 | | A钢厂 | B钢厂 | C钢厂 | 仓库 | 货物等级 | 5/22 | | | 整车 | 零担 |
| 交货比/% | | 35 | 21 | 14 | 30 | 装载系数 | 0.9 | 1.0 | | 90% | 10% |

| 编号 | 运输费用项目 | 运输起讫地点 | 运输距离/km | 计算公式 | 合计/元 |
|---|---|---|---|---|---|
| A钢厂 | 铁路运杂费 | A钢厂至火车站 | 3668 | $3 + (396.40 + 3668 \times 0.033) \times 90\% \div 0.9 + 429 \times 10\%$ $+ 1.15 \times 90\% \div 0.9 + 0.04 \times 10\% + 3668 \times 0.033 \times 10\%$ | 576.60 |
| | 公路运杂费 | 火车站至总库 | 9 | $1.6 \times 1.5 + 7.8 + 1.6$ | 11.80 |

续表

| 编号 | 运输费用项目 | 运输起讫地点 | 运输距离/km | 计算公式 | 合计/元 |
|---|---|---|---|---|---|
| A 钢厂 | 水路运杂费 | | | | |
| | 场内运杂费 | 总库至分库 | 10 | 1.6×1.5＋9.44＋1.6 | 13.44 |
| | 综合运杂费 | | | (576.60＋11.80＋13.44)×35% | 210.64 |
| B 钢厂 | 铁路运杂费 | B 钢厂至火车站 | 2770 | 1.8＋(303.91＋2770×0.033)×90%÷0.9＋329×10%＋1.15×90%÷0.9＋0.04×10%＋2770×0.033×10% | 440.32 |
| | 公路运杂费 | 火车站至总库 | 9 | 1.6×1.5＋7.8＋1.6 | 11.80 |
| | 水路运杂费 | | | | |
| | 场内运杂费 | 总库至分库 | 10 | 1.6×1.5＋9.44＋1.6 | 13.44 |
| | 综合运杂费 | | | (440.32＋11.80＋13.44)×21% | 97.77 |
| C 钢厂 | 铁路运杂费 | A 钢厂至火车站 | 3160 | 3.67＋(344.08＋3160×0.033)×90%÷0.9＋373×10%＋1.15×90%÷0.9＋0.04×10%＋3160×0.033×10% | 500.91 |
| | 公路运杂费 | 火车站至总库 | 9 | 1.6×1.5＋7.8＋1.6 | 11.8 |
| | 水路运杂费 | | | | |
| | 场内运杂费 | 总库至分库 | 10 | 1.6×1.5＋9.44＋1.6 | 13.44 |
| | 综合运杂费 | | | (500.91＋11.8＋13.44)×14% | 73.66 |
| D 公司 | 铁路运杂费 | D 公司至火车站 | 723 | 1.6＋(93.07＋723×0.033)×90%÷0.9＋102×10%＋1.15×90%÷0.9＋0.04×10%＋(1.5＋0.5)×90%÷0.9＋723×0.033×10%＋(1.5＋0.5)×10% | 134.47 |
| | 公路运杂费 | 火车站至总库 | 9 | 1.6×1.5＋7.8＋1.6 | 11.80 |
| | 水路运杂费 | | | | |
| | 场内运杂费 | 总库至分库 | 10 | 1.6×1.5＋9.44＋1.6 | 13.44 |
| | 综合运杂费 | | | (134.47＋11.80＋13.44)×30% | 47.91 |
| 每吨运杂费 | | | | | 429.98 |

A、B、C、D 4 个来源地材料的综合运杂费为：210.64＋97.77＋73.66＋47.91＝429.98（元/t）。

（3）用现行概算附件规定的材料预算价格计算表计算钢筋的综合预算单价，见表 4.21。

普工圆钢＝（429.98＋4585.8）×2.8％＝140.44（元/t）

合金钢＝（429.98＋5727.8）×2.8％＝172.42（元/t）

表 4.21　主要材料预算价格计算表

| 编号 | 名称及规格 | 单位 | 原价依据 | 单位毛重/t | 每吨运费/元 | 价　格/元 | | | | | | |
| --- | --- | --- | --- | --- | --- | --- | --- | --- | --- | --- | --- | --- |
| | | | | | | 原价 | 运杂费 | 保险费 | 运到工地仓库价格 | 采购及保管费 | 包装品回收值 | 预算价格 |
| 1 | A₃ φ15～18mm | t | | 1.00 | 326.10 | 4585.8 | 429.98 | 不计 | 5015.78 | 140.44 | 不计 | 5156.22 |
| 2 | 20MnSi φ19～24mm | t | | 1.00 | 326.10 | 5727.8 | 429.98 | 不计 | 6157.78 | 172.42 | 不计 | 6330.20 |
| 3 | 综合价 | 元 | | | | 5156.22×40％＋6330.20×60％ | | | | | | 5860.61 |

## 4.3　施工用电、水、风预算单价的编制

### 4.3.1　施工用电价格

#### 4.3.1.1　供电方式及施工用电的分类

水电工程施工用电一般有两种来源，即外购电和自发电。外购电是由国家及地方电网或其他企业电厂供电，所以外购电也称电网供电；自发电（厂供电）是施工企业或建设单位自建发电厂供电。施工用电按用途可分为生产用电和生活用电。生产用电直接进入工程成本，构成工程的基本直接费，包括施工机械用电、施工照明用电和其他生产用电。生活用电是指职工的生活、文化娱乐、福利设施的室内外照明和其他生活用电。需要说明的是，水电工程概算中电价的计算范围仅包括生产用电，生活用电在间接费中开支或由职工自己负担。

#### 4.3.1.2　施工用电单价的组成及计算

1. 施工用电单价的组成

施工用电的单价由基本电价、电能损耗摊销费和供电设施维修摊销费三部分组成。

（1）基本电价。外购电的基本电价指按国家或工程供电所在省（自治区、直辖市）规定的电网电价和规定的加价，需支付给供电单位的供电费用；自发电的基本电价是指发电设备的单位发电成本。

规定的加价主要有以下几种：

1）电力建设基金。指经国务院批准的在全国范围内向电力用户征收的专门用于电力建设的资金，征收标准为每千瓦时 0.02 元。

2）重大水利建设基金。在除西藏自治区以外的全国范围内筹集，按照各省（自治区、直辖市）扣除国家扶贫开发工作重点县农业排灌用电后的全部销售电量和规定征收标准计征。

3）农网改造还贷资金。按社会用电量每千瓦时 0.02 元标准并入电价收取。

（2）电能损耗摊销费。指从外购电接入点（自发电指从发电设备出线侧）到现场各施工点最后一级降压变压器低压侧止，在所有变配电设备和输电线路上所发生的电能损耗摊销费。

需要说明的是，最后一级降压变压器低压侧至施工用电点的施工设备和低压配电线路损耗包括在各用电施工设备、工器具的台时耗电定额中。

1）电能损耗计算范围。电能损耗计算范围因供电方式不同而有所区别：

a. 外购电损耗的起算点应是供电部门按表收费的计量点。如外购电损耗的起算点从施工主变压器的高压侧按表计量收费，则损耗的计算范围应包括主变压器在内的所有施工用变配电设备和配电线路损耗。

如外购电损耗的起算点为电网干线点，则损耗的计算范围还应包括电网干线至施工主变压器高压侧一段高压输电线路损耗。

b. 建设单位或施工单位自建电厂，其损耗均从电厂变电站的出线侧起算。

2）电能损耗计算。

a. 单台变压器电能损耗计算：

$$\Delta A = \Delta P_0 t + \Delta P_e t \left[ W_e / (S_e t \cos\phi) \right]^2 \qquad (4.24)$$

式中：$\Delta A$ 为变压器有功电能损耗，$kW \cdot h$；$\Delta P_0$ 为空载损耗，$kW$；$\Delta P_e$ 为额定负载损耗，$kW$；$t$ 为变压器运行小时数（日历天数×24h）；$W_e$ 为出线侧电能表读数，$kW \cdot h$；$S_e$ 为变压器额定容量，$kVA$；$\cos\phi$ 为出线侧功率因数，一般可取 0.8。

b. 每段输电线路损耗计算：

$$\Delta A = (I\cos\phi)^2 Rt = P^2 / (3U^2)\rho L / St \qquad (4.25)$$

式中：$\Delta A$ 为变压器有功电能损耗，$kW \cdot h$；$I$ 为线路电流，$kA$；$\cos\phi$ 为功率因数；$R$ 为线路电阻，$k\Omega$；$t$ 为运行小时数；$P$ 为线路输送功率，$kW$；$U$ 为线路电压等级，$kV$；$\rho$ 为导线电阻系数；$L$ 为导线长度，$m$；$S$ 为导线截面面积，$mm^2$。

可忽略不计线损的线路：长 200m 以内的 400V 线路、长 600m 以内的 10kV 线路、长1000m 以内的 35kV 线路。

在设计概算阶段计算施工电价时，因计算参数难以确定，一般不要求电能损耗具体计算。其损耗可按占供电量的百分率（即损耗率）指标确定，高压输电线路损耗率可按4%～6%，变配电设备及高压配电线路损耗率可按 5%～8%的指标计取。线路短、用电负荷集中取小值，反之取大值。

（3）供电设施维修摊销费。指应摊入电价的变配电设备的折旧费、大修理折旧费、安装拆卸费，设备及输配电线路的运行维护费。

2. 施工用电单价的计算

施工用电单价根据施工组织设计确定的供电方式、供电电源以及不同电源的电量所占比例，按国家或工程供电所在省（自治区、直辖市）规定的加价，以及供电过程中发生的费用进行计算，且应按照非工业用电和普通工业用电来计算价格。

（1）电网供电单价。

$$电网供电单价 = \frac{基本电价}{(1-高压输电线路损耗率)(1-变配电设备及配电线路损耗率)}$$
$$+ 供电设施维修摊销费 \qquad (4.26)$$

（2）柴油发电机采用水泵供水冷却时的供电价格。

$$柴油发电机供电价格 = \left[\frac{柴油发电机组（台）时总费用}{柴油发电机额定容量之和 \times k} + \frac{水泵组（台）时总费用}{柴油发电机额定容量之和 \times k}\right]$$
$$\div（1-厂用电率）\div（1-变配电设备及配电线路损耗率）$$
$$+ 供电设施维护摊销费 \tag{4.27}$$

$$供电单价 = \frac{基本电价}{（1-厂用电率）（1-变配电设备及配电线路损耗率）}$$
$$+ 供电设施维修摊销费 \tag{4.28}$$

（3）柴油发电机采用循环水冷却时的供电价格。

$$柴油发电机供电价格 = \frac{柴油发电机组（台）时总费用}{柴油发电机额定容量之和 \times k} \div（1-厂用电率）$$
$$+（1-变配电设备及配电线路损耗）+ 单位循环冷却水费$$
$$+ 供电设施维修摊销费 \tag{4.29}$$

以上式中：$k$ 为发电机出力系数。

**【例 4.7】** 隔河岩工程是清江流域三级开发中第一个修建的水电工程，该工程于 1987 年开工。根据初步设计，施工用电高峰负荷为 3200kW，其中 95％的用电量由地区系统供给（电网），在津洋口接线到工地；5％由工地 2 台 400kW 柴油机自发电供给；基本电价为 0.08 元/（kW·h），同时，根据国务院有关规定，增加电价是基本电价一半的 6％，高压损耗为 6％，低压损耗为 10％，供电设施维修摊销费为 0.025 元/（kW·h）。同时已知柴油发电的有关条件：厂用电率为 5％，电机冷却水摊销费为 0.03 元/（kW·h），班作业时间利用系数为 0.8，发电机能力利用系数为 0.8，发电机台班费为 496.26 元。试计算当时的电价。

**解：**（1）根据已知条件，电网供电的价格为

基本电价 $= 0.08 + 0.08/2 \times 6％ = 0.824$ ［元/（kW·h）］

基本电价 $= \dfrac{1007}{600} = 1.68$ ［元/（kW·h）］

（2）柴油发电机电价。

发电机台班发电量 $= 400 \times 8 \times 0.8 \times 0.8 \times 2 = 4096$（kW·h/台班）

基本电价 $= \dfrac{1007}{600} = 1.68$ ［元/（kW·h）］

（3）综合电价 $= 0.122 \times 95％ + 0.285 \times 5％ = 0.13$ ［元/（kW·h）］

**【例 4.8】** 某工程自备柴油发电机，装机容量共 1000kW，其中 200kW 1 台，400kW 2 台，配备 5kW 水泵 3 台供给冷却水。同时已知：台时小时利用系数为 0.75，发电机出力系数为 0.80，厂用电率为 5％，200kW 发电机的台时费为 220 元/台时，400kW 发电机的台时费为 380 元/台时，5kW 水泵台时费为 9 元/台时。试求基本电价。

**解：**台时总费用 $= 1 \times 220 + 2 \times 380 + 3 \times 9 = 1007$（元/台时）

台时总发电量 $=（200 + 2 \times 400）\times 0.75 \times 0.8 = 600$（kW·h）

基本电价 $= \dfrac{1007}{600} = 1.68$ ［元/（kW·h）］

## 4.3.2 施工用水单价

大中型水电工程施工给水对主体工程施工起着重要作用，直接影响工程进度和工程质量。如给水中断或不正常，就会使职工生活和正常施工中断。所以慎重地考虑施工给水是大中型工程不可忽视的问题。水电工程一般远离城镇，不能利用城镇的自来水系统供水，需要自设供水系统供水。

### 4.3.2.1 施工用水

水电工程中的施工用水包括生产用水、生活用水和消防用水等。生产用水是指直接进入工程成本的施工用水，其费用在直接费用中计列。生产用水又可细分为主体工程用水和辅助企业用水。主体工程用水是指土石方工程中的施工和设备用水，如混凝土施工中的浇筑、养护、凿毛、冲洗和基础处理工程中的灌浆等；辅助企业用水是指混凝土拌和用水、制冷厂用水、砂石料加工用水、空压机和柴油发电机冷却用水、修配厂机械加工和房屋建筑用水等。生活用水是指职工及其家属的洗涤、洗澡、生活区的公共事业用水。另外，工地附近的小镇用水经有关部门批准协商亦可列入，但不计算在水价中。消防用水是指按有关规定设置的用于工程消防的用水。水电工程中对水的要求主要有水压、水质和水量。

### 4.3.2.2 水价的组成及计算

施工用水的单价由基本水价、供水损耗摊销费和供水设施维护摊销费组成。基本水价是根据施工组织设计所配置的供水系统设备（不包括备用设备）按台时总费用除以台时总供水量计算的单位水量的价格。其计算公式为

$$基本水价 = \frac{供水系统台时总费用}{台时总供水量} \tag{4.30}$$

式中：供水系统台时总费用为供水系统各水泵台时费的和（不包括备用设备）。

$$台时总供水量 = \sum QTK_1K_2 \tag{4.31}$$

式中：$\sum Q$ 为各水泵容量之和，$m^3/h$；$T$ 为水泵台时时间，$1h$；$K_1$ 为水泵利用系数，取 $0.7\sim0.8$；$K_2$ 为水泵出力系数，取 $0.75\sim0.85$。

供水损耗摊销费是指施工用水在储存、输送、处理过程中所造成的水量损失摊销费。损耗率一般可按出水量的 $15\%\sim20\%$ 计算。供水范围大、扬程高、采用二级以上泵站的供水系统取大值，反之取小值。损耗水量的计算公式为

$$损耗水量 = 总出水量 \times 损耗率 \tag{4.32}$$

供水设施维修摊销费是指摊入水价的水池和供水管道等供水设施的维护修理费用。

水价的计算公式为

$$水价 = \frac{基本水价}{1-损耗率} + 摊销费 \tag{4.33}$$

1. 单级供水情况

$$施工用水价格 = \frac{水泵组（台）时总费用}{水泵容量之和 \times K} + (1-供水损耗率) + 供水设施维修摊销费 \tag{4.34}$$

式中：$K$ 为能量利用系数。

2. 多级供水情况

$$施工用水价格 = \sum_{i=1}^{n}\left[\frac{第\,i\,个抽水点的水泵组（台）时总费用}{第\,i\,个抽水点的水泵额定容量之和 \times K}\right.$$

$$\left.\times \frac{第\,i\,个抽水点及以后的供水量之和}{总供水量}\right]$$

$$\div(1 - 综合供水损耗率) + 供水设施维修摊销费 \qquad (4.35)$$

式中：$K$ 为能量利用系数；$n$ 为多级抽水的总级数。

采用多个供水系统时，施工用水价格应依据各供水系统供水比例和相应的施工用水价格加权平均计算。

水价计算中应注意以下几个问题：

（1）供水系统为一级供水时，总出水量按全部工作水泵的总出水量计算。

（2）供水系统为多级供水，且全部通过最后一级时，总出水量按最后一级工作水泵的出水量计算，且台时总费用应包括所有各级工作水泵的台时费。

（3）供水系统为多级供水，但有一部分水不通过最后一级，由其他各级分别供水时，台时总出水量为各级出水量之和。

（4）生产和生活采用同一多级供水系统，最后一级全部供生活用水时，∑台时费不包括最后一级水泵，但∑Q 应包括最后一级。

（5）在计算台时总出水量和总费用时，在总出水量中如不包括备用水泵的出水量，则台时费中也不应包括备用水泵的台时费；反之，如计入备用水泵的出水量，则在台时总费用中也应计入备用水泵的台时费。一般不计备用水泵。

（6）水泵台时总出水量宜根据施工组织设计配备的水泵型号、系统的实际扬程和水泵性能曲线确定。对施工组织设计提出的台时出水量，也应按上述方法进行验证，如相差较远，应在出水量或设备型号、数量上做适当调整（反馈到施工设计调整），使之基本一致、合理。

**【例 4.9】** 隔河岩工程施工期给水工程的供水为主体工程混凝土施工用水、各类施工企业的生产用水、工区施工人员的生活用水和工区的消防用水。按各类用户的生产规模和用水定额计算，设计提出包括水泵能量损耗在内，每小时总供水量为 3302m³，供给各级用水系统。其他已知条件是：台班总费用为 4076.49 元，台班小时利用系数为 0.75，水泵能量利用系数在设计中已考虑，损耗率按 15% 计算，摊销费为 0.02 元/m³。试求水价。

**解：** 台班总出水量 = 3302 × 8 × 0.75 = 19812（m³）

损耗水量 = 19812 × 15% = 2971.80（m³）

水价 = 4076.49 ÷ (19812 − 2671.8) + 0.02 = 0.26（元/m³）

或  水价 $= \dfrac{4076.49}{19812} \div (1 - 15\%) + 0.02 = 0.26$（元/m³）

**【例 4.10】** 某工程施工用水按施工组织设计共设两个供水系统，均为一级供水。一个设 4DA8×5 型号的水泵 3 台，其中备用 1 台，包括管路损失在内扬程为 80m；另一个设 4DA8×8 型号的水泵 3 台，包括管路损失在内扬程为 120m；水泵出力系数为 0.8，损耗率为 15%，摊销费为 0.01 元/m³，台时利用系数为 0.75。试计算水价。

**解：** 查台时费定额：4DA8×5 水泵的台时费为 3.16 元/台时，4DA8×8 水泵的台时费为 5.79 元/台时。

查水泵-扬程流量关系曲线：80m 时，4DA8×5 出流量是 54m³/台时；120m 时，4DA8×8 出流量是 65m³/台时。

则台时总出水量=（54×3+65×3）×0.75×0.8=214.20 （m³/台时）

∑台时费=3.16×3+5.79×3=26.90 （元）

基本水价=26.9÷214.25=0.126 （元/m³）

$$水价=\frac{基本水价}{1-损耗率}+摊销费=\frac{0.126}{1-15\%}+0.01=0.16 （元/m³）$$

**【例 4.11】** 某工程施工用水设一个取水点，分三级供水。各级泵站出水口处均设有调节水池，供水系统主要技术指标见表 4.22，已知水泵出力系数为 0.75，供水综合损耗率为 10%，供水设施维修摊销费为 0.035 元/m³。试计算施工用水综合单价。

表 4.22　　　　　　　　　　　　供水系统主要技术指标表

| 位　　置 | 台数 | 设计扬程/m | 水泵定额流量 /（m³/h） | 各级水泵 出水量/亿 m³ | 台时费 /（元/台时） | 备　注 |
|---|---|---|---|---|---|---|
| 一级泵站 | 5 | 43 | 972 | 2.4 | 150 | 备用 1 台 |
| 二级泵站 | 4 | 35 | 892 | 1.7 | 120 | 备用 1 台 |
| 三级泵站 | 2 | 140 | 155 | 0.095 | 98 | 备用 1 台 |

**解：**（1）求各级泵站水池水价。

1）一级泵站：

台时总费用=第 1 级抽水点水泵台时费合计=150 元/台时×4 台=600 （元/m³）

水泵额定容量之和×水泵出力系数=972m³/h×4 台×0.75=2916 （m³/h）

2）二级泵站：

台时总费用=第 2 级抽水点水泵台时费合计=120 元/台时×3 台=360 （元/m³）

水泵额定容量之和×水泵出力系数=892m³/h×3 台×0.75=2007 （m³/h）

3）三级泵站：

台时总费用=第 3 级抽水点水泵台时费合计=98 元/台时×1 台=98 （元/m³）

水泵额定容量之和×水泵出力系数=155m³/h×1 台×0.75=116.25 （m³/h）

（2）综合水价。

总供水量=240 万 m³

综合水价=（600÷2916×240÷240+360÷2007×170÷240+98÷116.25×9.5

　　　　÷240）÷（1-10%）+供水设施维修摊销费

　　　　= 0.407+0.035

　　　　= 0.442 （元/m³）

## 4.3.3　施工用风单价

### 4.3.3.1　水电工程中的风动机械设备及供风方式

水电工程中使用压缩空气的工程项目和工作面主要有石方开挖、混凝土拌和系统、水泥输送系统、混凝土冲毛、混凝土冲洗、混凝土振捣等。相应的用风机械有风钻、风镐、潜孔钻、振捣器、水泥系统中的水泥输送机等。

根据空气压缩机的集中程度，供风方式可以分为集中供风和分散供风。集中供风是指由多台固定式空气压缩机组成压气站来供风；分散供风是指在大坝的上下游、左右岸和厂房等区段分别布置供风系统供风。

#### 4.3.3.2 施工用风价格的组成及计算

施工用风价格由基本风价、供风损耗摊销费、供风设施维修摊销费组成。基本风价是根据施工组织设计所配置的供风系统设备（不包括备用设备），按台时费用除以台时供风量计算的单位风量价格。其计算公式为

$$基本风价 = \frac{供风系统设备组（台）时总费用}{空气压缩机组（台）时总供风量} \qquad (4.36)$$

$$台时总供风量 = 空气压缩机额定容量之和 \times 60min \times K_1 \times K_2 \qquad (4.37)$$

式中：$K_1$ 为时间利用系数，取 0.7～0.8；$K_2$ 为出力系数，取 0.7～0.85。

供风损耗摊销费指由从空压站到用风工作面的固定供风管道，在输送压气过程中所发生的风量损耗摊销费用。损耗率可按总风量的 15%～20% 计算，若有多种损耗，要将其加起来计算。供风管道较短者取小值，反之取大值。需要说明的是，风动机械本身的用风及移动供风管道损耗已包括在该机械的台时耗风定额内，不在风价中计算。

供风设施维修摊销费指摊入风价的供风管道及其他设施的维护修理费用。此项费用在初步设计阶段可不进行具体计算，一般按 0.001～0.002 元/m³ 的指标摊入风价，用风量大的工程取小值，反之取大值。支管和活动管道不摊销。

风价计算的基本公式为

$$施工用风价格 = \frac{空气压缩机组（台）时总费用 + 水泵组（台）时总费用}{空气压缩机额定容量之和 \times K \times 60min}$$
$$\div (1 - 供水损耗率) + 供风设施维修摊销费 \qquad (4.38)$$

空气压缩机系统如采用循环冷却水，不用水泵，则风价计算公式为

$$施工用风价格 = \frac{空气压缩机组（台）时总费用}{空气压缩机额定容量之和 \times 60min \times K}$$
$$\div (1 - 供风损耗率) + 循环冷却水费$$
$$+ 供风设施维修摊销费 \qquad (4.39)$$

以上式中：$K$ 为能量利用系数。

采用多个供风系统时，施工用风价格应依据各供风系统供风比例和相应的施工用风价格加权平均计算。

【例 4.12】 清江隔河岩工程施工设计用风的高峰负荷为 900m³/min，空气压缩机的额定容量为 40m³/min，台班时间利用系数为 0.75，出力系数为 0.75，管漏损耗率为 20%，管道维护摊销费为 0.003 元/m³，冷却水费为 0.002 元/m³。供风设备的台时费用为 213.8 元。试求施工用风价格。

**解**：台班产风量 = 40m³/min × 60min × 0.75 × 0.75 = 1350（m³）

损耗风量 = 1350 × 20% = 270（m³）

$$风价=\frac{213.8}{1350-270}+0.003+0.002=0.20（元/m^3）$$

**【例 4.13】** 某工程施工用风共设置厂坝区 3 个压气系统，总容量为 176m³/min，配置 40m³/min 固定式空气压缩机 1 台，20m³/min 固定式空气压缩机 5 台，9m³/min 移动式空气压缩机 4 台，5kW 冷却水泵 3 台。其中，40m³/min 空气压缩机的台时费为 25 元/台时；20m³/min 空气压缩机的台时费为 13.8 元/台时；9m³/min 空气压缩机的台时费为 7.5 元/台时；5kW 水泵的台时费为 1 元/台时；台班小时利用系数为 0.75，空气压缩机能量利用系数为 0.8，漏气损耗率为 15%，气流阻力损耗率为 15%，摊销费为 0.002 元/m³。试求施工用风的综合风价。

**解：** 台时总费用=25×1+13.8×5+7.5×4+1×3=127（元）

台时总供风量=(40×1+20×5+9×4)×60×0.75×0.8=6336（m³/台时）

$$风价=\frac{127}{6336}×\frac{1}{1-0.15-0.15}+0.002=0.03（元/m^3）$$

## 4.4 施工机械台时费的编制

### 4.4.1 水电工程中常用施工机械的分类

水电工程中常用的施工机械可分为八大类，分别是土石方机械、基础处理设备、混凝土机械、运输机械、起重机械、工程船舶、辅助设备和加工机械。水电工程中常用的大型设备一般是指大型挖掘机械、拌和楼、铁路堆轨机车、50t 以上的起重机、摇臂式堆料机，200kW 以上的柴油发电机、制氧机、冷冻设备和工程船舶等。

### 4.4.2 水电工程施工机械台时费的构成

施工机械台时费是指一个台时中为保证机械正常运转所必须支出和分摊的各项费用之和。施工机械台时费构成如图 4.4 所示。

### 4.4.3 水电工程施工机械台时费的计算

水电工程施工机械台时费根据定额及有关规定计算。其中，一类费用直接采用台时费定额数值，若水电工程定额管理机构发布了一类费用调整系数，则应按调整系数进行调整；二类费用按台时费定额中的消耗量乘以相应预算单价计算；三类费用根据设备类型按国家和工程所在省（自治区、直辖市）的有关规定和水电工程定额管理机构发布的有关标准计算。

对于定额缺项的施工机械，可补充编制

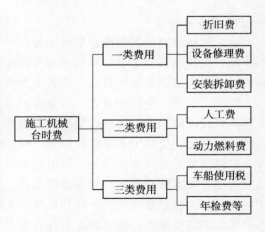

图 4.4 施工机械台时费构成

台时费。

对于一些特殊的,该工程摊销不完、其他工程又不适用的大型施工设备,可在相应工程单价中计入摊销费。摊销费由设计单位根据施工组织设计提出的设备采购清单确定其原值,扣除工程实际摊销的折旧费及余值后计算,且此摊销费不再计取其他直接费、间接费、利润和税金。

#### 4.4.3.1　一类费用组成

施工机械台时费的一类费用包括折旧费、设备修理费和安装拆卸费。依据《关于建筑业营业税改征增值税后水电工程计价依据的调整实施意见》,一类费用中的折旧费除以1.13 的调整系数,设备修理费除以 1.09 的调整系数,安装拆卸费不做调整。它是一种相对固定的费用,不论机械开动的情况怎样,不管施工的特点和条件,都需要支出。实际使用时,应按定额主管部门逐年发布的调整系数进行调整后使用。

**1. 折旧费**

折旧费指机械在规定使用期内收回原值的台时折旧摊销费。其计算公式为

$$折旧费 = \frac{机械预算价格 \times (1 - 残值率)}{机械规定使用台时} \tag{4.40}$$

国产机械的预算价格＝设备出厂价＋综合运杂费＋车辆购置附加税;综合运杂费按具体机械和有关文件规定测算,没有时可参照使用 5%;公路运输机械的预算价格＝出厂价＋运杂费＋购置附加费;国产和国内组装车辆购置附加费为出厂价的 10%;残值率指机械使用后的残余价值,在编制初步设计概算时,应根据上级主管部门的有关规定和工程的具体情况确定,无资料时,大型施工机械可取 5%,中小型机械可取 4%,运输机械可取 6%。

$$使用总台时 = 使用周期 \times 大修理间隔台时 \tag{4.41}$$

或

$$使用总台时 = 年工作台时 \times 使用年限 \tag{4.42}$$

**【例 4.14】**　已知某机械的预算价格为 130000 元,使用年限为 15 年,年使用台班为 320 台班,残值率为 5%,求该机械的台时折旧费。

**解:**台时折旧费 $= \dfrac{130000 \times (1 - 5\%)}{15 \times 320 \times 8} = 3.22$（元/台时）

**2. 设备修理费**

施工机械修理是指为保持机械设备在平均寿命期限内处于完好的使用状态而进行的局部零部件更换或修复工作。对机械进行修理的目的是为了消除设备经常性的有形磨损和排除机械运行中遇到的各种故障,使其发挥正常的效用。根据内容和目的的不同,修理可分为日常维护、小修、中修和大修。日常维护是指与拆除和更换设备中被磨损的零部件无关的工作,如设备的润滑与保洁、定期检验与调整等;小修是指为保证机械设备工作能力而进行的调整修复、更换个别零件的修理工作;中修是进行机械设备部分解体的计划性修理工作,中修时要更换或修复部分不能用到下次计划修理时的磨损零部件,通过修理调整使规定修理部分基本恢复到出厂时的功能水平,修理后应保证机械设备在一个中修间隔期内能正常使用;大修是最大的一种计划修理,大修时要对设备全部解体,修理耐久的部分,更换全部损坏的零部件,修复所有不符合要求的零部件,全面消除缺陷,使设备修理后基本达到原设备修理的出厂标志。以上从理论上对机械设备的划分是相对的,难以严格限定彼

此间的界限。

修理费指施工机械使用过程中，为了使机械保持正常的功能而进行修理所需的摊销费用和机械正常运转及日常保养所需的润滑油料、擦拭用品以及保管机械所需的费用。施工机械的修理费包括大修理费、经常性修理费、日常保养费和保管费等。

$$设备修理费＝大修理费＋经常性修理维护费＋替换设备费 \qquad (4.43)$$

（1）大修理费指当机械达到大修理间隔为使机械恢复其功能必须进行大修理所需的费用。其计算公式为

$$台时大修理费＝\frac{一次大修理费×大修理次数}{使用总台时}＝\frac{一次大修理费×（使用周期－1）}{使用总台时}$$

$$(4.44)$$

式中：一次大修理费为机械进行一次全面大修理所消耗的费用。

【例 4.15】 某机械大修间隔台班为 1600 台班，使用年限为 15 年，每年使用 320 台班。一次大修费用为 34544 元，场内运输费为 304 元，大修期内有一次中修，每次中修费用为 16351 元，求其台时大修理折旧费。

**解：** 大修次数 $＝\frac{15×320}{1600}－1＝2$（次）

台时大修理摊销费 $＝\frac{34544×2＋304×2}{15×320×8}＝1.82$（元/台时）

（2）经常性修理维护费指机械中小修、定期保养及日常例行保养所需的费用，包括机械中修及定期保养的费用和润滑及擦拭材料费。台时经常性修理维护费的计算公式为

$$台时经常性修理维护费＝台时经常性修理费＋台时润滑及擦拭材料费 \qquad (4.45)$$

$$台时经常性修理费＝\frac{一次中修费×中修次数＋\sum（各级保养一次费用×次数）}{大修间隔台时} \qquad (4.46)$$

$$台时润滑及擦拭材料费＝某润滑材料台时供应量×相应单价 \qquad (4.47)$$

式中：大修间隔台时为相邻两次大修之间机械运转的台时。

【例 4.16】 已知某机械在大修理间隔期内，大修间隔台班为 1600 台班，发生下列保养次数、润滑及擦拭材料：三级保养 3 次，每次费用为 3856.36 元；二级保养 6 次，每次费用为 662.04 元；一级保养 36 次，每次费用为 163.78 元。其中，机油单价为 1.1 元/kg，每台班需消耗 1.2kg；黄油单价为 2.4 元/kg，每台班需消耗 0.5kg；柴油单价为 0.82 元/kg，每台班需消耗 0.1kg；棉纱单价为 2.35 元/kg，每台班需消耗 0.2kg。试计算该机械的台时经常性修理维护费。

**解：** （1）台时经常性修理费。

三级保养 3 次：$3856.36×3＝11569.08$（元）

二级保养 6 次：$662.04×6＝3972.24$（元）

一级保养 36 次：$163.78×36＝5896.08$（元）

合计 21437.4 元，则

台时经常性修理费 $＝21437.4/(1600×8)＝1.67$（元/台时）

（2）润滑及擦拭材料费。

$1.2×1.1＝1.32$（元/台班）、$0.5×2.4＝1.2$（元/台班）、$0.1×0.82＝0.082$（元/台

班）、$0.2×2.35＝0.47$（元/台班）

合计 3.07 元/台班，则

台时润滑及擦拭材料费＝3.07 元/台班÷8＝0.38（元/台时）

经常性修理维护费＝1.67＋0.38＝2.05（元/台时）

（3）台时替换设备费指机械正常运转时，所耗用的设备及随机使用的工具附具等的摊销费用。其计算公式为

$$替换设备台时摊销费＝\frac{\sum\left[某替换设备一次使用量×单价×（1－该设备残值率）\right]}{该替换设备规定使用总台时}$$

$$(4.48)$$

**【例 4.17】**　已知某机械消耗的替换设备及相应寿命台班如下。

斗牙：143 台班消耗 4 个，其单价是 209.60 元/个；绷绳：724 台班消耗 32 个，其单价是 2.76 元/个；钢丝绳：143 台班消耗 48kg，其单价是 2.76 元/kg；开斗：143 台班消耗 10.67kg，其单价是 2.26 元/kg；蓄电池：330 台班消耗 2 个，其单价是 276 元/个；随机工具：1600 台班消耗 1 套，其单价是 1456 元/套。求该机械的台时替换设备费（不考虑设备的残值）。

**解：**（1）$(4×209.6)÷(143×8)＝0.73$（元/台时）

（2）$(32×2.76)÷(724×8)＝0.02$（元/台时）

（3）$(48×2.76)÷(143×8)＝0.12$（元/台时）

（4）$(10.67×2.76)÷(143×8)＝0.03$（元/台时）

（5）$(2×276)÷(330×8)＝0.21$（元/台时）

（6）$(1×1456)÷(1640×8)＝0.11$（元/台时）

合计 1.22 元/台时。

3. 安装拆卸费

安装拆卸费指机械进出工地的安装、拆卸、试运转和场内转移及辅助设施的摊销费用。主要内容包括安装前准备工作的费用；设备开箱、检查、清扫、润滑及电器设备烘干等的费用；设备自仓库至安拆地点的往返运输费用和现场范围内的运输费用；设备安装调试以及拆除清理、清扫、润滑等的费用；设备的基础土石方开挖、混凝土浇筑和固定锚桩等的费用，但属于地形条件和施工布置需进行的大量土石方开挖及混凝土浇筑等，应计算在临时工程项内；为设备的安装拆卸所搭设的平台、脚手架和缆风索等临时设施和现场清理等的费用；相应的施工管理费。安装拆卸费可简称安拆费，其计算公式为

$$安装拆卸费＝台时折旧费×安装拆卸及辅助设施费占台时大修理费率 \qquad (4.49)$$

或

$$安装拆卸费＝\frac{一次安装拆卸费用×每年平均拆卸次数}{年工作台时} \qquad (4.50)$$

部分大型施工机械，按规定单独计算安装拆卸费的，台时费中不再计算。其费用列在项目划分第一部分"施工辅助工程"的第 11 个一级项目"其他施工辅助工程"项下。

**4.4.3.2　二类费用组成**

1. 人工费

人工费指机械使用时机上操作人员的人工费。机上工人如司机、司炉以及其他操作机械的工人，机下辅助的人工不包括在内。机上人工预算单价与机下人工预算单价的计算方法相同。机上人工数量配备应根据机械性能、操作需要、工作性质和连续作业等的特点确

定。具体而言，机械定员由下面 3 类工人组成。

第一类：直接操纵和看管机械的工人，如司机、水泵工、空压机工等。

第二类：给机械装入材料、卸去产品的工人，如拌和机下料的工人，给起重机吊运打旗、指挥及挂钩卸钩的工人。

第三类：做辅助工作的工人，如挖土机移动时修路、拉电缆的工人等。

（1）拟定第一类工人定员人数。在拟定第一类工人定员人数时，用岗位定员的方法最为简单。因为操纵机械需要的人数是很直观的，如驾驶汽车、开拖拉机的司机都只有一个人，凡是机手并动的机械操纵人员，都可直接按操纵岗位定员。

操纵人员只做开、关简单动作的机械（如皮带机、空压机、水泵等），定员人数则不是固定不变的，这种机械可一个人看管一台，也可一个人同时看管几台，这要视机械集中的程度而定。某些台时费较大的机械很紧缺时，为了充分利用机械，可多配一个司机，以避免因工人吃饭休息所造成的中断，如缆式起重机等。在规定第一类工人定员人数的同时，还必须确定他们的熟练等级。

（2）拟定第二类工人定员人数，分以下两种情况：

1）循环性机械的上料和卸除产品的工人定员人数用效率定员的方法来确定。

2）连续动作的机械上料和卸除产品的工人定员人数也用效率定员的方法来确定。用公式表示为

$$定员人数 = \frac{机械 1h 净工作生产率}{工人每小时的产量} \tag{4.51}$$

（3）拟定第三类工人定员人数。在拟定第三类定员人数时，应以测定资料为依据。同时应注意下列几个问题：

1）每项辅助工作的最少人数。

2）当辅助工作不是同时进行时，要检查同一工人是否可做两项或多项辅助工作。如三方电铲移动工作面拉电缆时，记录、修路的工人都可以兼做拉电缆的工作。

3）要考虑是否可以把某些辅助工作交给看管机械和供给机械材料的工人去做。如三方电铲拉电缆时，司机助手也可帮助拉电缆。

机上人工定员确定后，就可以计算机上人工费，其计算公式为

$$机上人工费 = 机上人工数 \times 人工预算单价 \tag{4.52}$$

式中人工预算单价的计算方法同 4.1 节人工预算单价的编制。

2. 动力燃料费

动力燃料费指使机械正常运转所需的风（压缩空气）、水、电、油、煤、木材等的费用。机械除本身在运转时所消耗的能量外，还包括电动机械与施工现场最后一级降压变压器之间的线路电损及辅助用电，机械启动时所用燃料和附加用的燃料及油料过滤损耗等。动力燃料费的计算公式为

$$动力燃料费 = 机械台时动力燃料消耗量 \times 动力燃料预算单价 \tag{4.53}$$

机械台时动力燃料消耗量按动力不同介绍如下：

（1）电动机械台时电力消耗量：

$$Q_d = NK = N \frac{K_1 K_2 K_3}{K_4} \tag{4.54}$$

式中：$Q_d$ 为台时电力消耗量，kW·h；$N$ 为电动机额定功率，kW；$K$ 为电动机综合利用系数，$K=K_1K_2K_3/K_4$；$K_1$ 为电动机时间利用系数，$K_1=t_1/t_2$；$t_1$ 为通电时间，即每一个循环电动机开动时间，$t_2$ 为每一个循环延续时间；$K_2$ 为电动机能力利用系数，即出力系数；$K_3$ 为低压线路电力损耗系数，初步设计概算中取 $1.05\sim1.10$；$K_4$ 为平均负荷时电动机有效利用系数。

$K_4$ 可与 $K_2$ 比较求得。$K_4$ 和 $K_2$ 变化规律见表 4.23。

表 4.23　　　　　　　　　　　　　$K_4$ 和 $K_2$ 变化规律表

| 负荷程度 | 空载 | 1/4 荷载 | 1/2 荷载 | 3/4 荷载 | 1 荷载 |
|---|---|---|---|---|---|
| $K_2$ | 0.2 | 0.5 | 0.78 | 0.85 | 0.88 |
| $K_4$ | 0 | 0.78 | 0.85 | 0.88 | 0.89 |

（2）燃油机械台时耗油量：

$$Q_r=\frac{NK_1K_2K_3K_4}{1000}G \tag{4.55}$$

式中：$Q_r$ 为台时耗油量，kg/台时；$N$ 为发动机额定功率，kW；$K_1$ 为时间利用系数；$K_2$ 为能力利用系数；$K_3$ 为车速油耗系数；$K_4$ 为油料损耗系数，取 $1.04\sim1.05$；$G$ 为额定千瓦耗油量，kg/(kW·h)。

（3）蒸汽机械台时燃料消耗量：

$$Q_z=NK_1K_2K_3G \tag{4.56}$$

式中：$Q_z$ 为台时煤、木、柴、水的消耗量；$N$ 为蒸汽机械额定功率，kW；$K_1$ 为时间利用系数；$K_2$ 为能力利用系数；$K_3$ 为损耗系数，煤取 1.1，水取 1.15；$G$ 为额定煤、木、柴、水的消耗量，kg/(kW·h)。

（4）风动机械台时耗风量：

$$Q_f=60Q_mK_1K_2 \tag{4.57}$$

式中：$Q_f$ 为台时耗风量；60 为每台时工作分钟数；$Q_m$ 为每分钟消耗空气量，m³/min；$K_1$ 为时间利用系数；$K_2$ 为空气损耗系数。

### 4.4.3.3　三类费组成

施工机械中的运输机械在工程建设过程中，可能发生公路运输管理费、车船使用税、年检费、牌照税等［根据国务院《关于实施成品油价格和税费改革的通知》（国发〔2008〕37 号）精神，自 2009 年 1 月 1 日起编制的水电工程设计概（估）算，施工运输机械使用费中取消养路费〕。以上各项费用，可根据工程实际情况按工程所在省（自治区、直辖市）的有关规定和水电工程定额管理机构发布的有关标准计入施工机械台时费的三类费用中。

　　　　三类费用＝∑（汽车计量吨位×年工作月数×三类费月标准）÷年工作台时

或　　　　三类费用＝∑（汽车计量吨位×三类费年标准）÷年工作台时　　　　(4.58)

　　　　　　计算吨位＝载重量×应征价格　　　　　　　　　　　　　　(4.59)

#### 4.4.3.4 施工机械台时费

现行水电工程施工机械台时费定额组成如下式：

$$施工机械台时费＝一类费用＋二类费用＋三类费用 \tag{4.60}$$

**【例4.18】** 某中型水电工程混凝土所需砂石骨料为人工砂石料。骨料运输采用 $3m^3$ 轮胎式装载机配 20t 柴油自卸汽车，骨料料堆距拌和站 5km，其中 3km 为国家干线公路，试计算装载机、自卸汽车的台时费。已知台时费编制所需的基础资料如下：

半熟练工 8.23 元/工时，熟练工 10.37 元/工时，柴油预算单价为 2.54 元/kg，车船使用税为 30.00 元/(t·年)，车辆运输管理费为 10.00 元/(t·月)，公路货运附加费为 25.00 元/(t·月)。

**解：**（1）求 $3m^3$ 轮胎式装载机台时费。根据 $3m^3$ 轮胎式装载机的斗容量查 1042 号定额子项，得该设备台时费定额参数为：一类费用中，折旧费为 22.20 元/台时，设备修理费为 20.12 元/台时，安装拆卸费为 1.78 元/台时；熟练工 1.6 工时/台时，半熟练工 1.6 工时/台时；柴油 22.00kg/台时。

1）一类费用：$22.20÷1.13＋20.12÷1.09＋1.78＝39.88$（元/台时）

2）二类费用：机上人工费 $＝1.6×8.23＋1.6×10.37＝29.76$（元/台时）

动力燃料费 $＝22×2.54＝55.88$（元/台时）

二类费用小计：$29.76＋55.88＝85.64$（元/台时）

3）三类费用：在水电工程砂石料加工中，装载机通常只承担装载任务，不涉及运输，故装载机不计算三类费用。

4）$3m^3$ 轮胎式装载机台时费：$39.88＋85.64＝125.52$（元/台时）

（2）求 20t 柴油自卸汽车台时费。根据 20t 柴油自卸汽车的载重吨位查 1550 号定额子项，得该设备台时费定额参数为：一类费用中，折旧费为 41.23 元/台时，设备修理费为 71.82 元/台时；熟练工 1.80 工时/台时；柴油 16.00kg/台时。

1）一类费用：$41.23÷1.13＋71.82÷1.09＝102.38$（元/台时）

2）二类费用：机上人工费 $＝1.8×10.37＝18.67$（元/台时）

动力燃料费 $＝16×2.54＝40.64$（元/台时）

二类费用小计：$18.67＋40.64＝59.31$（元/台时）

3）三类费用：$[30×20＋(10＋25)×20×12]÷3000＝3.00$（元/台时）

4）20t 柴油自卸汽车台时费：$102.38＋59.31＋3.00＝164.69$（元/台时）

### 4.4.4 常用的几种补充台时费编制方法

在水电工程建设中，经常遇到一些新型设备，其台时费不能直接使用台时定额编制，常采用一些近似、简易的方法，如直线内插法、占折旧费比例法、图解法等来编制补充台时费。

#### 4.4.4.1 直线内插法

当所求设备的容量、吨位、动力等设备特征指标在"施工机械台时费定额"范围之内时，常采用"直线内插法"编制补充台时费。

计算公式为

$$X=(B-A)\times(x-a)\div(b-a)+A \qquad (4.61)$$

式中：$X$ 为所求设备的定额指标；$A$ 为在定额表中，较所求设备特征指标小且最接近的设备的定额指标；$B$ 为在定额表中，较所求设备特征指标大且最接近的设备的定额指标；$x$ 为所求设备的特征指标，如容量、吨位、动力等；$a$ 为 $A$ 设备的特征指标，如容量、吨位、动力等；$b$ 为 $B$ 设备的特征指标，如容量、吨位、动力等。

**【例 4.19】**　求功率为 320kW 的固定式柴油发电机的补充台时费定额指标。

**解：**所求设备容量位于定额 2015 号与 2016 号之间，符合"直线内插法"使用条件，故采用"直线内插法"求该设备的补充台时费定额指标。从定额中查得相应的指标列入表4.24 内。

表 4.24　　　　　　　　　固定式柴油发电机台时费定额指标

| 定额 | 功率/kW | 一类费用小计/(元/台时) | 熟练工/工时 | 半熟练工/工时 | 柴油/kg | 设备 |
|------|---------|------------------------|-------------|----------------|---------|------|
| 2015 | 250 | 27.12 | 1.6 | 1.6 | 45 | A |
| 2016 | 400 | 50.73 | 1.6 | 1.6 | 69 | B |

（1）一类费用指标。

一类费用小计：$(50.73-27.12)\times(320-250)\div(400-250)+27.12=38.14$（元/台时）

（2）二类费用指标。

熟练工数量$=(1.6-1.6)\times(320-250)\div(400-250)+1.6=1.6$（工时/台时）

半熟练工数量$=(1.6-1.6)\times(320-250)\div(400-250)+1.6=1.6$（工时/台时）

柴油数量$=(69-45)\times(320-250)\div(400-250)+45=56$（工时/台时）

#### 4.4.4.2　占折旧费比例法

当所求设备的容量、吨位、动力等设备特征指标在"施工机械台时费定额"范围之外，或者是新型设备时，常采用"占折旧费比例法"编制补充台时费。

所谓"占折旧费比例法"就是借助已有设备定额资料来推算所求设备的台时费定额指标，即利用定额中某类设备的设备修理费、替换设备费和安装拆卸费分别占其折旧费的比例，推算同类型所求设备的台时费一类费用，并根据有关动力消耗参数确定二类费用指标，计算出所求设备的台时费定额指标。

**【例 4.20】**　试按"占折旧费比例法"计算 2YA2160 圆振动筛设备的补充台时费定额指标。有关资料如下：2YA2160 圆振动筛设备原价为 157500 元，运杂费率为 5%，残值率为 3%，经济寿命台时为 13800 台时，额定功率为 22kW，动力台时消耗综合系数为 0.95。

**解：**（1）计算 2YA2160 圆振动筛设备的折旧费。

折旧费＝机械预算价格×（1−机械残值率）÷机械经济寿命台时

　　　　$=157500\times(1+5\%)\times(1-3\%)\div13800=11.62$（元/台时）

（2）借用定额子项 1325 号圆振动筛一类费中的设备修理费和安装拆卸费分别占其折旧费的比例，计算 2YA2160 圆振动筛一类费用，并计算动力消耗，人工按 1325 号定额人工数量考虑。计算过程见表 4.25。

表 4.25 　　　　　　　　　　2YA2160 圆振动筛补充定额计算表

| 项　　目 | | 参考定额 1325 号 | | 补充定额 |
| --- | --- | --- | --- | --- |
| | | 定额数量 | 占折旧费比例/% | |
| (1) | 折旧费 | 6.19 元 | | 11.62 元 |
| | 设备修理费 | 17.65 元 | 285.14 | 33.13 元 |
| | 安装拆卸费 | 0.22 元 | 3.55 | 0.41 元 |
| (2) | 熟练工 | 1.4 工时 | | 1.4 工时 |
| | 电 | 12kW·h | | 22kW×1h×0.95=20.90kW·h |

#### 4.4.4.3 　图解法

图解法是借助现成的定额资料，计算一系列与所求设备同类的设备的台时费，并点绘成曲线，根据曲线的趋势求所求设备的台时费，此法相对上述两种方法要繁琐些，故不常采用。

【例 4.21】 　根据现行定额子项 1714～1719 号点绘 20t 平移式缆机台时费随跨度变化的关系曲线。试根据此曲线求跨度为 1200m 的缆机台时费。

解：分别计算跨度为 500m、600m、650m、700m、870m、1000m 的缆机台时费，计算结果见表 4.26。

表 4.26 　　　　　　　　　　20t 平移式缆机台时费计算表

| 缆机跨度 | 1714 号 $L=500m$ | 1715 号 $L=600m$ | 1716 号 $L=650m$ | 1717 号 $L=700m$ | 1718 号 $L=870m$ | 1719 号 $L=1000m$ |
| --- | --- | --- | --- | --- | --- | --- |
| 一类费用/(元/台时) | 502.99 | 630.36 | 709.15 | 735.42 | 840.48 | 893.01 |
| 二类费用/(元/台时) | 239.40 | 239.40 | 239.40 | 239.40 | 239.40 | 239.40 |
| 台时费/(元/台时) | 742.39 | 869.76 | 948.55 | 974.82 | 1079.88 | 1132.41 |

将表 4.26 所列缆机跨度、台时费两行数据点绘成曲线，如图 4.5 所示。根据曲线查得缆机跨度为 1200m 时台时费为 1260 元/台时。

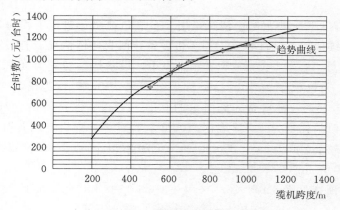

图 4.5 　缆机台时费曲线图

#### 4.4.4.4　其他情况下要注意的问题

**1. 动用永久设备作为施工机械的情况**

概算编制中主要考虑动用的永久设备为厂房桥机，施工期动用该设备仅需考虑人工、动力燃料消耗费用，若施工期较长，可适当在一类费用中考虑设备修理费。投标报价时，若业主在合同文件中有约定的，则按合同文件分析后，考虑计算哪些费用。

**2. 租赁设备的台时费计算**

对于租赁的施工设备，要研究租赁合同，主要有以下两种情况：

（1）租赁设备在租赁期间仍处在经济寿命期内，设备出租期内发生的一切费用均由租赁者承担，则可将租赁费直接折算成台时租赁费作为设备的折旧费，其他费用参照台时定额执行。

（2）出租者承担设备租赁期间的一切费用，同时保证设备的正常运转，则可将租赁费折算成台时费后作为台时费计算设备的机械费。

**【例 4.22】**　某工程公司从设备租赁公司租用 5 辆全新 27t 自卸汽车，每辆汽车年租赁费用为 30 万元，租赁者承担租赁期间的一切费用，试计算该设备的台时费（年工作小时数为 3000h）。

**解：**新设备，租赁者承担租用期间的一切费用，按第（1）条原则处理。

折旧费＝300000 元/3000h＝100 元/台时。其他费用参考台时费定额 1552 号：设备修理费为 110.37 元/台时，人工（熟练工）1.8 工时，柴油 24kg。

**【例 4.23】**　某工程公司从设备租赁公司租用 5 辆全新 27t 自卸汽车，每辆汽车年租赁费用为 30 万元，出租者承担租赁期间的一切费，试计算该设备的台时费（年工作小时数为 3000h）。

**解：**新设备，出租者承担租用期间的一切费用，按第（2）条原则处理。

$$设备台时费＝300000 元/3000h＝100 元/台时$$

**3. 特殊大型施工设备**

对于一些特殊的，该工程摊销不完、其他工程又不适用的大型施工设备，可在相应工程单价中计入摊销费。摊销费由设计单位根据施工组织设计提出的设备采购清单确定其原值，扣除工程实际摊销的折旧费及余值后计算，且此摊销费不再计取其他直接费、间接费、利润和税金。

**【例 4.24】**　某工程大坝混凝土浇筑采用 3 台进口缆机运输，工程完建后，该缆机不能移至其他工程继续使用，试计算该工程缆机设备费回收摊销情况，有关资料如下：设备到岸价为 400 万美元，汇率 1 美元＝6.3 元人民币，设备运杂费率为 3%，残值率为 3%，增值税率为 17%，关税税率为 15%，银行手续费率为 0.4%，进出口公司手续费率为 1%，商检费率为 0.25%，港口费为到岸价的 0.15%，设备经济寿命台时为 24000 台时，缆机浇筑混凝土台时消耗量为 1.332 台时/100m³。经计算，缆机浇筑大坝混凝土的单价为（未摊销）：C15 混凝土 200 万 m³，350 元/m³；C20 混凝土 60 万 m³，370 元/m³；C25 混凝土 40 万 m³，380 元/m³。

**解：**（1）设备预算单价＝400×6.3×（1＋3%＋17%＋15%＋0.4%＋1%＋0.25%＋0.15%－3%）＝3371.76（万元）

（2）每经济寿命台时折旧费 $=\dfrac{3270.61\times10000}{24000}=1362.75$ （元/台时）

（3）可用价值 $=3371.76\times(1-3\%)\times3=9811.83$ （万元）

（4）实际消耗价值 $=(200+60+40)\times10000\times\dfrac{1.332}{100}\times1362.75=5445.55$ （万元）

（5）由于可用价值大于实际消耗价值，此时机械价值尚未用尽，存在需摊销的价值。

（6）需摊销的价值：可用价值－实际消耗价值 $=4366.28$ （万元）

（7）每立方米混凝土需摊销的费用 $=\dfrac{4366.28}{9811.83}\times3371.76\times\dfrac{1}{200+60+40}=5.00$ （元/m³）

（8）该设备的预算单价 $=400\times6.3\times(1+3\%+17\%+15\%+0.4\%+1\%+0.25\%+0.15\%-3\%)=3371.76$ （万元）

　缆机浇筑混凝土总台时消耗量 $=(200+60+40)\times100\times1.332=39960$ （台时）

　设备寿命剩余 $=24000\times3-39960=32040$ （台时）

（9）应摊销到工程单价中的单价 $=\dfrac{3040}{24000\times3}\times3371.76\times\dfrac{1}{200+60+40}=5$ （元/m³），摊销后的混凝土单价为：C15 混凝土 355 元/m³，C20 混凝土 375 元/m³，C25 混凝土 385 元/m³。

## 4.4.5　使用台时费定额应注意的几个问题

（1）大型机械设备的安拆费应计在枢纽工程的其他施工辅助工程中。

（2）有些机械的中修费合并在大修费中。例如，单斗挖掘机、拌和楼、推轨机车、8t 履带起重机、柴油 5t 以上履带起重机、摇臂堆料机等。

（3）只有自行式机械才有三类费用。

（4）施工机械台时费中的一类费用是以金额表示的。其价格按照机械台时费定额编制时的物价水平编制，使用时应依据当时当地造价管理部门公布的调整系数进行调整。

（5）手风钻、振捣器的二类费用中没有列人工费，原因是人工消耗已计入有关的土石方开挖混凝土浇筑费用中。

（6）自行式机械不存在安拆费。

（7）选用设备的容量、吨位、动力等在定额范围内时，按定额相应设备种类中各项费用占折旧费的比例计算。

（8）选用设备的容量、吨位、动力等大于定里的数据时，按定额相应设备种类计算各项费用占折旧费的比例后，再乘以 0.8～0.95 的系数，设备容量、比例或动力接近定额的取大值，反之，取小值。

## 4.5　砂石料单价的编制

### 4.5.1　砂石料的一般常识

砂石料的基本知识见表 4.27。

表 4.27 砂石料基本知识一览表

| 项 目 | 名 称 | 规 格 标 准 说 明 |
|---|---|---|
| 砂石料名称及规格标准的说明 | 砂 石 料 | 砂砾料、砾石、碎石、砂、骨料等的统称 |
| | 砂 砾 料 | 未经加工的天然砂卵石料 |
| | 骨 料 | 加工分级后的砾石、碎石和砂的统称 |
| | 砂 | 粒径不大于 5mm 的骨料 |
| | 砾 石 | 砂砾料经筛洗分级后，粒径大于 5mm 的骨料 |
| | 碎 石 | 经加工破碎分级后，粒径大于 5mm 的骨料 |
| | 超 径 石 | 砂石料中大于设计骨料最大粒径的砾石 |
| | 碎石原料 | 已经钻孔爆破但未经加工破碎的岩石开采料 |
| | 片 石 | 每块体积为 0.01~0.05m³，厚度大于 15cm，无一规则形状的石块 |
| | 块 石 | 厚度大于 20cm，长度、宽度各为厚度的 2~3 倍，上下两面平行且大致平整无尖角薄边的石块 |
| | 毛 条 石 | 一般长度大于 60cm 的长条形四棱方正的石料 |
| | 粗 石 料 | 毛条石经过修边打荒加工，外露面方正，各相邻面正交，表面凹凸不超过 10mm 的石料 |
| | 细 石 料 | 毛条石经过修边打荒加工，外露面四棱见线，表面凹凸不超过 5mm 的石料 |
| | 细 骨 料 | 砂子 |
| | 粗 骨 料 | 粒径大于 5mm 的骨料 |
| 计量单位 | 自 然 方 | 开采前未经扰动的砂石料体积 |
| | 堆 方 | 堆存的砂石料体积 |
| | 成 品 方 | 专指成品料（骨料）的堆存体积 |
| 分类 | 天然砂石料 | 从河（海）内采挖的砂石料或山砂 |
| | 人工砂石料 | 人工钻爆开采的岩石（体）经机械破碎而成的碎石和人工砂 |
| 骨料的作用 | 混凝土是由水、水泥、砂、卵石（碎石）等按适当比例配合拌制而成的，砂石占 80% 以上，是基本的组成材料，在混凝土中起骨架的作用。水泥浆充填砂子的空隙，并形成砂浆，砂浆又充填石子的空隙，由于水泥浆的胶结作用，将牢固胶结成为一个整体，逐渐硬化而形成水泥石——混凝土。因此，砂石的规格质量与混凝土的各种性能以及水泥的用量都有密切的关系 | |

## 4.5.2　砂石料生产工艺流程及其工序单价的组成

水电工程砂石料考虑由承包人自行采备时，砂石料单价应根据料源情况、开采条件和生产工艺流程，计算其最基本直接费。其他直接费、间接费、利润及税金不计入砂石料单价，应在混凝土单价或后续工序使用砂石料的单价中综合计算。

料场覆盖层、无用层、夹泥层清除等有关费用，在施工辅助工程中单独列项计算，相关费用不以摊销形式计入砂石料单价。

砂砾料天然级配和设计级配之间的差异经平衡后的弃料处理等有关费用，均应摊销计入砂石料单价。

采用水电建筑工程概算定额编制砂石料单价时，砂石料加工体积变化，加工、运输、堆存损耗等因素已以砂石料加工工艺流程单价系数的形式计入，不得重复计算其他系数和损耗。

外购的成品砂石料单价应按调查价格加上从采购地点至工地的运杂费计算。若需进行二次加工，则需按设计的加工工艺计算加工费，并计入加工损耗摊销费用。

### 4.5.2.1 天然砂石料生产工艺流程及其工序单价的组成

1. 毛料开采运输及堆存

（1）陆上开采运输。开采设备与方法和一般工程相同，主要采用索铲、装载机、挖掘机挖装。运输设备可选用汽车、皮带机等。

（2）水上开采运输。用采砂船采挖，机船拖驳船运输，也可用索铲采挖。

（3）毛料堆存。为调节砂砾料开采运输与加工之间的不平衡，设置调节料堆或储备料堆。

毛料开采运输费用指毛料（原料）从料场开采、运输至砂石料加工厂的毛料堆场的费用。该费用根据施工组织设计确定的开采和运输方案，按相应工程项目的定额子目计算。

2. 预筛分

该工序主要包括超径石隔离、超径石破碎和半成品料堆存。超径石隔离是指条筛将毛料中的超径石（粒径大于120mm或150mm）隔离出来，被隔离出的超径石进行一次或两次破碎后与过筛的毛料一起进入下一流程或直接堆存，超径石也可作为弃料弃掉。

3. 筛分冲洗

砂石料经过筛分楼的筛分和冲洗，就可按不同粒径分级堆存。筛分楼是由若干个"组"组成的。按照砂石料在筛分楼上的流程，给料机、上下两台振动筛、螺旋分级机组合起来为"一组"，每台振动筛有上下两层筛网，这样每组就有4层筛网，将砂石料分为5种成品骨料。同时，振动筛振动过程中使用高压水喷洒冲洗，冲掉砂石料中夹带的泥土，冲洗还能降低温升，减少筛网磨损。

4. 弃料处理

弃料指砂石料加工过程中，由于生产或级配平衡需要，在进行中间工序加工处理砂石料的过程中所产生的级配弃料和超径石弃料。弃料的数量应根据砂石料场的勘探试验资料和施工组织设计级配平衡计算结果确定。计算单价时，按照每一工艺流程的弃料量与成品骨料量的比例摊入骨料单价。若弃料经挖装运输至指定地点时，其费用按清除的施工方法，采用相应的定额计算，则同样按照弃料比例摊入砂石单价。

5. 成品料运输

成品料运输指从砂石料生产系统的成品料堆场运至混凝土拌和楼前的运输。运距近使用皮带机，运距较远使用汽车、机车。整个运输过程所发生的装卸、运输、堆存费用即为成品料运输费。

#### 4.5.2.2　人工砂石料生产工艺流程及其工序单价的组成

1. 碎石原料开采运输

碎石原料开采运输的单价按本书第 5 章石方工程单价的编制方法进行计算。

2. 碎石粗碎

由于破碎机性能限制，应将碎石毛料粗碎，使粒径适应下一工序加工半成品粒径要求。

3. 碎石中碎筛分

将粗碎后的碎石原料进行再次破碎，并经过筛分冲洗，分级堆存成为粗骨料。工作内容包括进料、预筛分、中碎、筛洗、堆存。该工序不同于天然砂石料，把预筛分专门作为一道工序，选定额时需要注意，如果筛分机上、下层型号不同，选定额时应以上层筛分机型号为准计算台时量，但计算台时费时，上、下层筛分机应分开算，以各自型号筛分机的台时费为准。

4. 制砂

将骨料粒径为 5～20mm 的碎石经机械加工成粒径小于 5mm 的细骨料。制砂这一工序所使用的主要机械是棒磨机。三峡工程下岸溪人工砂石料加工系统的制砂工序使用从德国进口的"巴马克"制砂机，具有噪声小、产量高等优点，并已经取得了使用经验。

5. 骨料运输

骨料运输指将成品骨料从砂石料加工系统的成品料场运至拌和楼前。

### 4.5.3　编制砂石料单价时应收集的基本资料

为保证砂石料单价计算准确可靠，在编制单价前必须通过勘探、试验和施工组织设计搜集和掌握以下资料：

（1）料场的位置、地形、水文地质特性，岩石类别及物理力学特性。

（2）料场的储量与可开采数量，料场的天然级配，骨料的设计级配，料场覆盖层的清理厚度、数量、清除方式等。

（3）毛料的开采、运输、加工、筛洗、废料处理及成品料的运输与堆存方式。

（4）砂石料生产系统的工艺流程及设备配置，各生产环节的设计生产能力，级配平衡计算成果及其相互间的衔接方式。

（5）人工、电、水、风的单价及组成系统的各机械设备的台时费等基础资料。

（6）相关的定额和手册。

### 4.5.4　砂石料单价计算中要使用的几个参数

1. 虚（松）实系数自然方与堆方的折算系数

虚（松）实系数的计算公式为

$$虚（松）实系数 = \frac{自然方容重}{堆方容重} \tag{4.62}$$

根据料场勘探试验报告提供的砂石料的自然方容重和堆方容重，换算砂石料的虚（松）实系数。当无实测资料时，按现行定额查用。砂方的虚（松）实系数为 1.07，混合料（砂砾石）的虚（松）实系数为 1.19。

2. 弃料（处理）摊销率

弃料（处理）摊销率即弃料（处理）量与成品骨料生产量的比值，计算公式为

$$弃料（处理）摊销率 = \frac{弃料（处理）量}{成品骨料生产量} \times 100\% \qquad (4.63)$$

天然砂石料生产过程中弃料在每道工序都可能发生，弃料运到指定地点应摊入的装车、运输及其他费用。

（1）超径石弃料。应增加原料在每道工序发生的费用，一般在预筛分车间设置重型振动筛剔除超径石（如采用格筛剔除超径石，这必然增加一次转运费用或增加地笼、格筛等设施费用）。

（2）级配弃料。由于毛料天然级配与设计骨料级配不一致，必须增加毛料开采量才能满足设计用量要求。增加毛料开采必然造成弃料发生，这样就增加了毛料开采至弃料处理过程中发生的费用。

（3）颗粒粒径小于 0.15mm 的细颗粒不能全部利用，多余部分的特细砂粒需要有处理措施。

3. 获得率

获得率即设计利用量（设计成品骨料量）与毛料开采量的比值，计算公式为

$$获得率 = \frac{设计利用量（设计成品骨料量）}{毛料开采量} \times 100\% \qquad (4.64)$$

设计利用量可根据勘测资料由施工组织设计提供。

【例 4.25】 某水电工程设计混凝土用量为 125 万 $m^3$，砂卵石天然混合级配见表 4.28，设计需要的各种级配的混凝土百分比见表 4.29，设计选用的骨料级配见表 4.30，求获得率。

表 4.28　　　　　　　　　　　砂卵石天然混合级配表　　　　　　　　　　　　　　%

| 项　目 | 骨　料　粒　径 | | | | | | | |
| --- | --- | --- | --- | --- | --- | --- | --- | --- |
| | <0.15 mm | 0.15～5 mm | 5～20 mm | 20～40 mm | 40～80 mm | 80～150 mm | >150 mm | 合计 |
| 料场加权平均混合级配 | 1.0 | 27.5 | 20.2 | 15.9 | 17.7 | 13.2 | 4.5 | 100 |
| 加碎石机后的混合级配 | 1.0 | 27.5 | 20.5 | 16.4 | 18.9 | 15.6 | | 99.9 |
| 剔除粒径小于 0.15mm 料后的混合级配 | 0 | 27.5 | 20.7 | 16.5 | 19.1 | 15.8 | | 99.6 |

表 4.29　　　　　　　　　　　　各级配混凝土用量表

| 混凝土级配标号 | 砾石大粒径/mm | 占浇筑体积百分比/% |
| --- | --- | --- |
| 二级配 C30 | 40 | 7 |
| 三级配 C15 | 80 | 13 |
| 四级配 C10 | 150 | 80 |

**表 4.30**　　　　　　　　　　　　　　　**设计选用的骨料级配表**

| 混凝土级配 | 砂 | 5～20mm | 20～40mm | 40～80mm | 80～150mm |
|---|---|---|---|---|---|
| 二级配 | 0.49 | 0.42 | 0.42 | | |
| 三级配 | 0.43 | 0.28 | 0.28 | 0.38 | |
| 四级配 | 0.42 | 0.25 | 0.25 | 0.25 | 0.28 |

**解：**（1）每立方米混凝土综合用料量计算。

砂（0.15～5mm）：$0.42 \times 80\% + 0.43 \times 13\% + 0.49 \times 7\% = 0.43$（$m^3$）

小石（5～20mm）：$0.25 \times 80\% + 0.28 \times 13\% + 0.42 \times 7\% = 0.27$（$m^3$）

中石（20～40mm）：$0.25 \times 80\% + 0.28 \times 13\% + 0.42 \times 7\% = 0.27$（$m^3$）

大石（40～80mm）：$0.25 \times 80\% + 0.38 \times 13\% = 0.25$（$m^3$）

特大石（80～150mm）：$0.28 \times 80\% = 0.22$（$m^3$）

合计 1.44$m^3$。

（2）设计选用的骨料级配混合比例计算。

砂（0.15～5mm）：$0.43 \div 1.44 = 29.9\%$

小石（5～20mm）：$0.27 \div 1.44 = 18.8\%$

中石（20～40mm）：$0.27 \div 1.44 = 18.8\%$

大石（40～80mm）：$0.25 \div 1.44 = 17.4\%$

特大石（80～150mm）：$0.22 \div 1.44 = 15.3\%$

（3）砂石骨料需要总量计算。

砂石骨料需要总量$= 125 \times 1.44 = 180$（万 $m^3$）

（4）砂石料开采平衡计算。

根据表 4.28 中剔除粒径小于 0.15mm 料后混合级配各档料比重与设计选用的骨料级配混合比重相比较，不一定要一一计算，就可看出控制平衡的只有中石和砂两档料，再仔细分析控制平衡的应是中石。只要中石生产能满足 33.84 万 $m^3$，则其他各档料都有剩余。所以开采量应为 $18.8\% \div 16.5\% \times 180 = 205.09$（万 $m^3$），加上已被剔除的粒径小于 0.15mm 的废料，总需开采量$= \dfrac{205.09}{1-1\%} = 207.16$（万 $m^3$）。

（5）获得率计算。

$$获得率 = \frac{180}{207.16} \times 100\% = 86.89\%$$

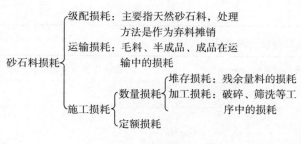

图 4.6　砂石料损耗图

**4. 损耗系数**

（1）砂石料的损耗（图 4.6）。

数量损耗：表现为通过某工序要求完成一定数量的合格产品，但由于在完成该工序的过程中，有损耗发生，要求上一道工序要多提供一定数量的产品，多提供的量即为数量损耗。

定额损耗：表现为某工序完成一定数量产品的过程中，由于数量损耗，该工序多完成一定数量的产品时所需要增加的人工、材料、机械的量。处理方法是在编制定额时，已综合考虑了这部分资源多消耗的量。

（2）施工损耗的处理。

1）综合系数法。按各工序计算出的加工产品的单价一次计入损耗。用公式表示为

$$成品骨料的综合单价＝不计损耗时的骨料单价×综合系数 \qquad (4.65)$$

这里的综合系数包含了各种数量损耗在内。这种方法的优点是方法简单；其缺点是综合系数较难确定，准确性差，缺乏合理的计算依据。

2）分段系数法。按施工工序分段计算损耗，每一个工序有一个损耗率，根据该工序的损耗率就可计算出其损耗系数。计算公式为

$$某工序的损耗率＝\frac{该工序的损耗量}{该工序的来料加工量} \qquad (4.66)$$

$$某工序的损耗系数＝\frac{1}{1－该工序的损耗率} \qquad (4.67)$$

【例 4.26】 某水电工程砂石料施工工序为毛料开采运输→预筛分运输→筛洗运输，施工损耗率为 3%～4%，求各工序损耗系数。

**解：** 毛料开采运输损耗系数 $＝\dfrac{1}{1－0.03}＝1.031$

预筛分运输损耗系数 $＝\dfrac{1}{1－0.04}＝1.042$

分段系数法计算各生产环节施工损耗率的参考值：砂子转运一次的损耗率为 1.5%，石子转运一次的损耗率为 1.0%，天然砂石料筛洗加工的损耗率为 1%～1.5%，砂子堆存损耗率为 4%，石子堆存损耗率为 2%。这种方法的优点是条理清晰、便于理解；缺点是仅考虑了加工过程中的数量损耗，对加工前后容重和体积的变化未考虑。

3）单价系数法。单价系数按设计确定的工序流程选定。系数中综合考虑了砂石料在加工过程中数量损耗和体积、容重的变化。下面以砂砾料加工的工艺流程为例，介绍单价系数的确定方法。

【例 4.27】 某水电工程砂砾料加工的工艺流程，各工序砂砾料的容重、体积比、加工运输损耗率及堆存损耗率见表 4.31，计算其单价系数。

**解：** Ⅰ-1 中各工序的单价系数如下：

筛洗及中间破碎运输单价系数 $＝\dfrac{1}{(1－0.03)×(1－0.01)}＝1.041$

$$预筛分运输单价系数＝\frac{1}{(1－0.03)×(1－0.01)}×\frac{1}{(1－0.07)×(1－0.01)}$$
$$÷1.09＝1.038$$

$$毛料开采运输单价系数＝\frac{1}{(1－0.03)×(1－0.01)}×\frac{1}{(1－0.07)×(1－0.01)}$$
$$÷1.09×\frac{1}{(1－0.04)×(1－0.02)}＝1.103$$

**表 4.31**　　　　　　　　　　　　　　　　砂砾料加工的工艺流程

| 项目 | 毛料开采运输 | 预筛分运输 | 筛洗及中间破碎运输 | 二次筛分运输 |
|---|---|---|---|---|
| 各工序容重/(kg/m³) | 1742 | 1742 | 1594 | 1594 |
| 体积比 | 1 | 1 | 1.09 | 1 |
| 加工运输损耗率/% | | 4 | 7 | 3 |
| 堆存损耗率/% | | 2 | 1 | 1 |
| 计算出的单价系数 | | | | |
| Ⅰ-1 | 1.103 | 1.038 | 1.041 | 1 |
| Ⅰ-2 | 1.058 | 1.000 | 1 | |
| Ⅰ-3 | 1.060 | 1 | | |
| Ⅰ-4 | 1 | | | |

## 4.5.5　骨料单价计算

### 4.5.5.1　计算步骤

（1）收集整理基本资料。

（2）了解熟悉生产流程和施工方法，包括工艺流程示意图、主要设备型号、数量等。

（3）确定并计算基本参数。

（4）用现行定额计算各工序单价，并确定各工序单价系数。

（5）按各料场或各砂石料场生产系统所担负生产量的比例，计算考虑弃料及各参数影响的骨料综合单价。

### 4.5.5.2　计算方法

（1）骨料单价是指从毛料开采运输开始，经预筛分破碎、筛洗加工、成品料运输等全部生产流程所发生的费用。因此，应按设计的工艺流程计算各工序的单价。

（2）严格按实际的工序流程运用工序单价系数，各工序单价计入工序单价系数之后的和即为骨料单价。

（3）只计算基本直接费。

### 4.5.5.3　工序单价系数的选用

天然砂石料及人工砂石料加工工序流程和工序系数［《水电建筑工程概算定额》（2007年版）］见表 4.32～表 4.43。

**表 4.32**　　　　　　　　　　　　　　　　工　序　流　程　Ⅰ

| 序号 | 工　序　流　程　Ⅰ | | | |
|---|---|---|---|---|
| | 开采运输 | 预筛分、超径石破碎运输 | 筛洗（中间破碎）运输 | 二次筛分运输 |
| Ⅰ-1 | 1.072 | 1.045 | 1.036 | 1 |
| Ⅰ-2 | 1.034 | 1.009 | 1 | |
| Ⅰ-3 | 1.026 | 1 | | |
| Ⅰ-4 | 1 | | | |

表 4.33                    工 序 流 程 Ⅱ

| 序号 | 工 序 流 程 Ⅱ | | | |
| --- | --- | --- | --- | --- |
| | 开采运输 | 预筛分、超径石破碎运输 | 筛洗（中间破碎）运输 | 二次筛分运输 |
| Ⅱ-1 | 1.046 | 1.020 | 1.036 | 1 |
| Ⅱ-2 | 1.010 | 0.984 | 1 | |
| Ⅱ-3 | 1.026 | 1 | | |
| Ⅱ-4 | 1 | | | |

表 4.34                    工 序 流 程 Ⅲ

| 序号 | 工 序 流 程 Ⅲ | | | |
| --- | --- | --- | --- | --- |
| | 开采运输 | 预筛分运输 | 筛洗（中间破碎）运输 | 二次筛分运输 |
| Ⅲ-1 | 1.047 | 1.045 | 1.036 | 1 |
| Ⅲ-2 | 1.011 | 1.009 | 1 | |
| Ⅲ-3 | 1.002 | 1 | | |
| Ⅲ-4 | 1 | | | |

表 4.35                    工 序 流 程 Ⅳ

| 序号 | 工 序 流 程 Ⅳ | | | |
| --- | --- | --- | --- | --- |
| | 开采运输 | 预筛分运输 | 开采运输 | 二次筛分运输 |
| Ⅳ-1 | 1.022 | 1.020 | 1.036 | 1 |
| Ⅳ-2 | 0.986 | 0.984 | 1 | |
| Ⅳ-3 | 1.002 | 1 | | |
| Ⅳ-4 | 1 | | | |

表 4.36                    工 序 流 程 Ⅴ

| 序号 | 工 序 流 程 Ⅴ | | | |
| --- | --- | --- | --- | --- |
| | 生产砂砾料 | | 生产砂 | |
| | 开采运输 | 筛洗运输 | 开采运输 | 筛洗运输 |
| Ⅴ-1 | 1.030 | 1 | 1.076 | 1 |
| Ⅴ-2 | 1 | | 1 | |

表 4.37                    工 序 流 程 Ⅵ

| 序号 | 工 序 流 程 Ⅵ | | | | | |
| --- | --- | --- | --- | --- | --- | --- |
| | 原料开采 | 原料运输 | 粗碎运输 | 预筛分中碎运输 | 碎石筛分运输 | 二次筛分 |
| Ⅵ-1 | 1.005 | 0.995 | 0.993 | 0.946 | 1.019 | 1 |
| Ⅵ-2 | 0.986 | 0.976 | 0.974 | 0.929 | 1 | |
| Ⅵ-3 | 1.062 | 1.051 | 1.049 | 1 | | |
| Ⅵ-4 | 1.012 | 1.002 | 1 | | | |
| Ⅵ-5 | 1.010 | 1 | | | | |
| Ⅵ-6 | 1 | | | | | |

表 4.38　　　　　　　　　　　　工 序 流 程 Ⅶ

| 序号 | 工 序 流 程 Ⅶ | | | | | |
|---|---|---|---|---|---|---|
| | 原料开采 | 原料运输 | 粗碎运输 | 预筛分中碎运输 | 碎石筛分运输 | 二次筛分 |
| Ⅶ－1 | 0.994 | 0.984 | 0.982 | 0.936 | 1.019 | 1 |
| Ⅶ－2 | 0.975 | 0.965 | 0.964 | 0.918 | 1 | |
| Ⅶ－3 | 1.062 | 1.051 | 1.049 | 1 | | |
| Ⅶ－4 | 1.012 | 1.002 | 1 | | | |
| Ⅶ－5 | 1.010 | 1 | | | | |
| Ⅶ－6 | 1 | | | | | |

表 4.39　　　　　　　　　　　　工 序 流 程 Ⅷ

| 序号 | 工 序 流 程 Ⅷ | | | | | | |
|---|---|---|---|---|---|---|---|
| | 原料开采 | 原料运输 | 粗碎运输 | 预筛分中碎运输 | 碎石筛分运输 | 制砂、运输 | |
| | | | | | | 棒磨机制砂 | 破碎机制砂 |
| Ⅷ－1 | 1.097 | 1.086 | 1.084 | 1.033 | 1.112 | | 1 |
| Ⅷ－2 | 1.159 | 1.147 | 1.145 | 1.091 | 1.175 | 1 | |
| Ⅷ－3 | 0.986 | 0.976 | 0.974 | 0.929 | 1 | | |
| Ⅷ－4 | 1.062 | 1.051 | 1.049 | 1 | | | |
| Ⅷ－5 | 1.012 | 1.002 | 1 | | | | |
| Ⅷ－6 | 1.010 | 1 | | | | | |
| Ⅷ－7 | 1 | | | | | | |

表 4.40　　　　　　　　　　　　工 序 流 程 Ⅸ

| 序号 | 工 序 流 程 Ⅸ | | | | | | |
|---|---|---|---|---|---|---|---|
| | 原料开采 | 原料运输 | 粗碎运输 | 预筛分中碎运输 | 碎石细碎筛分运输 | 制砂、运输 | |
| | | | | | | 棒磨机制砂 | 破碎机制砂 |
| Ⅸ－1 | 1.109 | 1.098 | 1.096 | 1.044 | 1.112 | | 1 |
| Ⅸ－2 | 1.172 | 1.160 | 1.158 | 1.103 | 1.175 | 1 | |
| Ⅸ－3 | 0.997 | 0.987 | 0.985 | 0.939 | 1 | | |
| Ⅸ－4 | 1.062 | 1.051 | 1.049 | 1 | | | |
| Ⅸ－5 | 1.012 | 1.002 | 1 | | | | |
| Ⅸ－6 | 1.010 | 1 | | | | | |
| Ⅸ－7 | 1 | | | | | | |

表 4.41　　　　　　　　　　　　　　　　工 序 流 程 Ⅹ

| 序号 | 工 序 流 程 Ⅹ | | | | | | |
| --- | --- | --- | --- | --- | --- | --- | --- |
| | 原料开采 | 原料运输 | 粗碎运输 | 预筛分运输 | 碎石筛分运输 | 制砂、运输 | |
| | | | | | | 棒磨机制砂 | 破碎机制砂 |
| Ⅹ-1 | 1.085 | 1.074 | 1.072 | 1.021 | 1.112 | | 1 |
| Ⅹ-2 | 1.146 | 1.135 | 1.132 | 1.079 | 1.175 | 1 | |
| Ⅹ-3 | 1.022 | 0.965 | 0.964 | 0.918 | 1 | | |
| Ⅹ-4 | 1.062 | 1.051 | 1.049 | 1 | | | |
| Ⅹ-5 | 1.012 | 1.002 | 1 | | | | |
| Ⅹ-6 | 1.010 | 1 | | | | | |
| Ⅹ-7 | 1 | | | | | | |

表 4.42　　　　　　　　　　　　　　　　工 序 流 程 Ⅺ

| 序号 | 工 序 流 程 Ⅺ | | | | | | |
| --- | --- | --- | --- | --- | --- | --- | --- |
| | 原料开采 | 原料运输 | 粗碎运输 | 预筛分运输 | 碎石细碎筛分运输 | 制砂、运输 | |
| | | | | | | 棒磨机制砂 | 破碎机制砂 |
| Ⅺ-1 | 1.096 | 1.085 | 1.083 | 1.032 | 1.112 | | 1 |
| Ⅺ-2 | 1.158 | 1.146 | 1.144 | 1.090 | 1.175 | 1 | |
| Ⅺ-3 | 0.985 | 0.975 | 0.973 | 0.928 | 1 | | |
| Ⅺ-4 | 1.062 | 1.051 | 1.049 | 1 | | | |
| Ⅺ-5 | 1.012 | 1.002 | 1 | | | | |
| Ⅺ-6 | 1.010 | 1 | | | | | |
| Ⅺ-7 | 1 | | | | | | |

表 4.43　　　　　　　　　　　　　　　　工 序 流 程 Ⅻ

| 序号 | 工 序 流 程 Ⅻ | | | | |
| --- | --- | --- | --- | --- | --- |
| | 原料开采 | 原料运输 | 粗碎运输 | 颚式破碎机破碎筛分运输 | 二次筛分运输 |
| Ⅻ-1 | 1.006 | 0.996 | 0.994 | 1.019 | 1 |
| Ⅻ-2 | 0.986 | 0.977 | 0.975 | 1 | |
| Ⅻ-3 | 1.012 | 1.002 | 1 | | |
| Ⅻ-4 | 1.010 | 1 | | | |
| Ⅻ-5 | 1 | | | | |

工序单价系数选用的原则是按工程设计的砂石料加工工序流程选用，下面举例说明。

【例 4.28】　已知某水电工程砂石料加工的工艺流程及各工序单价如图 4.7 所示，查表选用工序单价系数分别填在括号内。

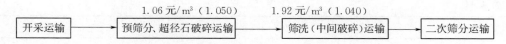

图 4.7 砂石料加工的工艺流程及各工序单价

则骨料单价 $= 4.55 \times 1.083 + 1.06 \times 1.050 + 1.92 \times 1.04 + 0.82 \times 1 = 8.86$ （元/m³）

**【例 4.29】** 已知某水电工程砂石料加工的工艺流程及各工序单价如图 4.8 所示，弃料摊销率为 12%，求骨料单价。

图 4.8 砂石料加工的工艺流程及各工序单价

**解：**（1）成品料单价 $W_1 = 3.48 \times 0.997 + 0.88 \times 0.992 + 2.28 \times 1 = 6.62$ （元/m³）

弃料单价 $W_2 = 3.48 \times 0.997 \div 0.992 + 0.88 \times 1 + 1.27 = 5.65$ （元/m³）

则骨料单价 $W = W_1 + W_2 \times 12\% = 6.62 + 5.65 \times 12\% = 7.30$ （元/m³）

（2）若弃料不运输，则不计 1.27 元/m³ 的运输费用，即

$W_2 = 3.48 \times 1.005 + 0.88 \times 1 = 4.38$ （元/m³）

则 $W = 6.62 + 4.38 \times 12\% = 7.15$ （元/m³）

（3）若弃料的 50% 运走，另 50% 不运走，即

$W_2 = 3.48 \times 1.005 + 0.88 \times 1 + 1.27 \times 50\% = 5.01$ （元/m³）

则 $W = 6.62 + 5.01 \times 12\% = 7.22$ （元/m³）

#### 4.5.5.4 应用定额的几点说明

（1）定额的计量单位除注明外均以成品堆方计。

（2）砂石料单价应按各节定额计算出的工序单价分别乘以各工序单价系数后相加组成。单价系数按设计的工序流程选定，系数包含下道工序的加工损耗、加工中体积变化、运输损耗和堆存损耗等因素。工序单价系数未包含原料开采中的覆盖层、无用夹层、夹泥等废弃料因素。

（3）砾石制砂单价 = 砾石骨料单价 × 1.175 + 砾石制砂工序单价（棒磨机制砂）。

（4）计算二次筛分工序时，先按不同粒径分别计算，再按相应粒径骨料量占混凝土骨料总需要量的比例加权平均计算二次筛分工序综合单价。

（5）砂石料加工过程中，由于生产或级配平衡需要进行中间工序处理的砂石料，包括级配弃料、超径石弃料，应以料场勘测试验资料和施工组织设计级配平衡计算结果为依据。弃料单价应为选定处理工序处的砂石料单价与相应的工序单价系数组价计算，按处理量与骨料总需要量的比例摊入相应骨料单价。

（6）砂石料开采加工单价不包括地方政府和有关部门收取的资源费、植被补偿费、砂石料管理费、航道养护费、航运管理费、航标设置费、高边坡预裂及支护费等。

### 4.5.6 外购成品砂石料单价计算

针对地方兴建的小型水利水电工程，因砂石料用量较少，不宜自采砂石料或当地砂石料缺乏储量远远不能满足工程需要，这时便可到附近砂石料场另外采购。

对外采购的成品砂石料单价，按调查价格加从采购地点至工地的运杂费计算。若需进行二次加工，应按设计的加工工艺计算加工费用，并计入加工损耗摊销费用。

在一般情况下，外购成品砂石料单价由原价、运杂费、损耗、采购保管费组成，计算公式为

$$外购成品砂石料单价 = (原价 + 运杂费) \times (1 + 损耗率) \times (1 + 采购保管费率) \quad (4.68)$$

原价为砂石料生产企业销售价；运杂费为砂石料从销售地点运到工地混凝土系统受料仓（或指定地点）所发生的运输费、装卸费；损耗为运输损耗、堆存损耗，运输损耗与运输工具和运输距离有关，堆存损耗与堆存次数和堆料场的设施有关；采购保管费为采购、保管砂石料所发生的相关费用。

### 4.5.7 砂石料单价编制实例

【例 4.30】 某水电工程混凝土骨料需用量为 120 万 m³，毛料由天然料场开采；砂石料加工的工艺流程由施工组织设计确定（概算单价工序流程为Ⅱ-2，弃料单价工序流程为Ⅱ-3）；级配弃料量为 12 万 m³，其中 70% 需运至弃料场。预筛分后超径石要破碎，筛分系统产量为 400t/h；电价为 1.77kW·h/元，柴油价为 8790 元/t。人工预算单价：高级熟练工为 9.46 元/工时，熟练工为 6.99 元/工时，半熟练工为 5.44 元/工时，普通工为 4.46 元/工时。原料开采用 1m³ 挖土机、8t 自卸汽车运 2.5km，预筛分发生的弃料用 1m³ 挖土机、8t 自卸汽车运 2km 到弃料场，筛洗后的骨料用 1m³ 挖土机、8t 汽车运 2.5km 至拌和楼前。砂石料加工系统的机械设备及其台时费见表 4.44。

表 4.44　　　　　　　　砂石料加工系统的机械设备及其台时费

| 序号 | 设备名称、规格 | 单位 | 数量 | 台时费/元 |
|---|---|---|---|---|
| 1 | 挖掘机　液压反铲　1m³　PC220 | 台 | 1 | 239.79 |
| 2 | 推土机　162kW | 台 | 1 | 349.62 |
| 3 | 推土机　132kW | 台 | 1 | 268.78 |
| 4 | 自卸车　8t | 台 | 1 | 128.30 |
| 5 | 给料机　槽式 K3～500t/h | 台 | 1 | 24.97 |
| 6 | 给料机　电磁式 45DA | 台 | 1 | 20.06 |
| 7 | 重型振动筛　1500×3600 | 台 | 1 | 37.51 |
| 8 | 自定中心筛分机　1250×3000 | 台 | 8 | 25.20 |
| 9 | 破碎机　颚式 600×900 | 台 | 1 | 238.93 |
| 10 | 堆料机　摇臂 | 台 | 1 | 219.37 |
| 11 | 螺旋分级机（单）φ1000 | 台 | 4 | 26.20 |

续表

| 序号 | 设备名称、规格 | 单位 | 数量 | 台时费/元 |
|---|---|---|---|---|
| 12 | 胶带输送机 | | | |
| | 1 号　$B=1000$　$L=75$ | | | 90.44 |
| | 2 号　$B=1000$　$L=50$ | | | 74.89 |
| | 3 号　$B=800$　$L=50$ | | | 65.35 |
| | 4 号　$B=800$　$L=50$ | | | 65.35 |
| | 5 号、11 号、13 号、15 号、17 号、19 号　$B=650$　$L=50$ | | | 49.20 |
| | 6~9 号、10 号、12 号、14 号、16 号、18 号　$B=650$　$L=30$ | | | 34.36 |

**解：**

**工 程 单 价 表**

毛料开采运输　　　　　　　　　　　　　　　　　　　　　　定额单位：100m³ 成品堆方

定额编号：（2007）概 60447＋60450×0.5

施工方法：1m³ 挖掘机装料，8t 自卸车运 2.5km

| 序号 | 名　称　及　规　格 | 单位 | 数量 | 单价/元 | 合价/元 |
|---|---|---|---|---|---|
| 一 | 基本直接费 | 元 | | | 1041.50 |
| 1 | 人工费 | 元 | | | 14.09 |
| | 普工 | 工时 | 3.16 | 4.46 | 14.09 |
| 2 | 材料费 | 元 | | | 16.00 |
| | 零星材料费 | 元 | 16.00 | 1 | 16.00 |
| 3 | 机械使用费 | 元 | | | 1011.40 |
| | 挖掘机 液压反铲 1m³ | 台时 | 0.66 | 239.79 | 158.26 |
| | 推土机　162kW | 台时 | 0.22 | 349.62 | 76.92 |
| | 自卸车　8t | 台时 | 6.05 | 128.30 | 776.23 |

**工 程 单 价 表**

预筛分、超径石破碎运输　　　　　　　　　　　　　　　　　定额单位：100m³ 成品堆方

定额编号：（2007）概 60203

施工方法：自卸汽车进料，超径石一次破碎

| 序号 | 名　称　及　规　格 | 单位 | 数量 | 单价/元 | 合价/元 |
|---|---|---|---|---|---|
| 一 | 基本直接费 | 元 | | | 466.82 |
| 1 | 人工费 | 元 | | | 53.11 |
| | 高级熟练工 | 工时 | 1 | 9.46 | 9.46 |
| | 熟练工 | 工时 | 1 | 6.99 | 6.99 |
| | 半熟练工 | 工时 | 1 | 5.44 | 5.44 |
| | 普工 | 工时 | 7 | 4.46 | 31.22 |

定额编号：（2007）概 60203

施工方法：自卸汽车进料，超径石一次破碎

| 序号 | 名 称 及 规 格 | 单位 | 数量 | 单价/元 | 合价/元 |
|---|---|---|---|---|---|
| 2 | 材料费 | 元 | | | 14.00 |
| | 零星材料费 | 元 | 14.00 | 1 | 14.00 |
| 3 | 机械使用费 | 元 | | | 399.71 |
| | 给料机　槽式 | 组时 | 0.45 | 24.97 | 11.23 |
| | 胶带输送机 5 条 | 组时 | 0.45 | 345.25 | 155.36 |
| | 1 号　B＝1000　L＝75 | | | 90.43 | |
| | 2 号　B＝1000　L＝50 | | | 74.88 | |
| | 3 号　B＝800　L＝50 | | | 65.35 | |
| | 4 号　B＝800　L＝50 | | | 65.35 | |
| | 5 号　B＝650　L＝50 | | | 49.20 | |
| | 重型振动筛 | 组时 | 0.45 | 37.51 | 16.88 |
| | 破碎机　颚式 600×900 | 台时 | 0.45 | 238.93 | 107.52 |
| | 堆料机　摇臂 | 台时 | 0.45 | 219.37 | 98.71 |
| | 其他机械使用费 | 元 | | 10.00 | 10.00 |

工 程 单 价 表

筛洗运输　　　　　　　　　　　　　　　　　　　　　定额单位：100m³ 成品堆方

定额编号：（2007）概 60214

施工方法：经预筛分的砂砾料筛洗，筛分系统产量为400t/h

| 序号 | 名 称 及 规 格 | 单位 | 数量 | 单价/元 | 合价/元 |
|---|---|---|---|---|---|
| 一 | 基本直接费 | 元 | | | 911.24 |
| 1 | 人工费 | 元 | | | 62.18 |
| | 高级熟练工 | 工时 | 1.30 | 9.46 | 12.30 |
| | 熟练工 | 工时 | 2.61 | 6.99 | 18.24 |
| | 半熟练工 | 工时 | 2.61 | 5.44 | 14.20 |
| | 普工 | 工时 | 3.91 | 4.46 | 17.44 |
| 2 | 材料费 | 元 | | | 11.00 |
| | 水 | m³ | 75.00 | | 0.00 |
| | 其他材料费 | 元 | 11.00 | 1 | 11.00 |
| 3 | 机械使用费 | 元 | | | 838.06 |
| | 自定中心筛分机 8 台，4 组 | 组时 | 0.72 | 201.57 | 145.13 |
| | 螺旋分级机 4 台 | 组时 | 0.72 | 104.78 | 75.44 |

续表

定额编号：（2007）概 60214

施工方法：经预筛分的砂砾料筛洗，筛分系统产量为 400t/h

| 序号 | 名 称 及 规 格 | 单位 | 数量 | 单价/元 | 合价/元 |
|---|---|---|---|---|---|
| | 给料机 电磁式 4 台 | 组时 | 0.72 | 80.22 | 57.76 |
| | 胶带运输机 14 条 | 组时 | 0.72 | 555.25 | 399.78 |
| | 6～9 号　$B=650$　$L=30$ | | | 137.43 | |
| | 10 号、12 号、14 号、16 号、18 号 $B=650mm$　$L=30m$ | | | 171.80 | |
| | 11 号、13 号、15 号、17 号、19 号 $B=650mm$　$L=50m$ | | | 246.02 | |
| | 堆料机　摇臂 | 台时 | 0.72 | 219.37 | 157.94 |
| | 其他机械使用费 | 元 | 2.00 | 1 | 2.00 |

## 工 程 单 价 表

骨料运输　　　　　　　　　　　　　　　　　　　　定额单位：100m³ 成品堆方

定额编号：（2007）概 60442＋60445×0.5

施工方法：1m³ 挖掘机装料，8t 自卸车运 2.5km

| 序号 | 名 称 及 规 格 | 单位 | 数量 | 单价/元 | 合价/元 |
|---|---|---|---|---|---|
| 一 | 基本直接费 | 元 | | | 848.13 |
| 1 | 人工费 | 元 | | | 11.55 |
| | 普工 | 工时 | 2.59 | 4.46 | 11.55 |
| 2 | 材料费 | 元 | | | 14.00 |
| | 零星材料费 | 元 | 14.00 | 1 | 14.00 |
| 3 | 机械使用费 | 元 | | | 822.58 |
| | 挖掘机 液压反铲 1m³ | 台时 | 0.54 | 239.79 | 129.49 |
| | 推土机 132kW | 台时 | 0.18 | 268.78 | 48.38 |
| | 自卸车 8t | 台时 | 5.03 | 128.30 | 644.72 |

## 工 程 单 价 表

级配弃料运输　　　　　　　　　　　　　　　　　　定额单位：100m³ 成品堆方

定额编号：（2007）概 60442

施工方法：1m³ 挖掘机装料，8t 自卸车运 2km，弃料摊销 12 万 m³/120 万 m³＝10%

| 序号 | 名 称 及 规 格 | 单位 | 数量 | 单价/元 | 合价/元 |
|---|---|---|---|---|---|
| 一 | 基本直接费 | 元 | | | 783.34 |
| 1 | 人工费 | 元 | | | 11.55 |
| | 普工 | 工时 | 2.59 | 4.46 | 11.55 |

定额编号：(2007) 概 60442

施工方法：1m³ 挖掘机装料，8t 自卸车运 2km，弃料摊销 12 万 m³/120 万 m³＝10%

| 序号 | 名 称 及 规 格 | 单位 | 数量 | 单价/元 | 合价/元 |
|------|------|------|------|------|------|
| 2 | 材料费 | 元 | | | 14.00 |
| | 零星材料费 | 元 | 14.00 | 1 | 14.00 |
| 3 | 机械使用费 | 元 | | | 757.79 |
| | 挖掘机 液压反铲 1m³ | 台时 | 0.54 | 239.79 | 129.49 |
| | 推土机 132kW | 台时 | 0.18 | 268.78 | 48.38 |
| | 自卸车 8t | 台时 | 4.52 | 128.30 | 579.93 |

经计算各工序单价如下（图 4.9）：

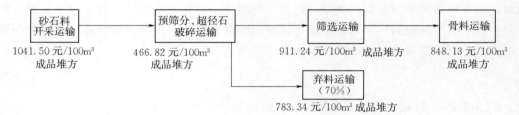

图 4.9 各工序单价

成品料单价＝1041.50×1.010＋466.82×0.984＋911.24×1＋848.13

 ＝3270.64（元/100m³ 成品堆方）

弃料摊销＝1041.50×1.026＋466.82×1＋783.34×70%

 ＝2083.74（元/100m³ 成品堆方）

骨料单价＝3270.64＋2083.74×12÷120＝3479.01（元/100m³ 成品堆方）

则骨料单价为 34.79（元/m³ 成品堆方）。

# 4.6 混凝土材料用量及其单价的计算

## 4.6.1 混凝土材料用量计算

### 1. 混凝土标号

混凝土标号一般是以龄期 28d 时的抗压强度来表示的。当设计或资料提供的龄期不是 28d 时，应用表 4.45 和式（4.69）将混凝土的标号换算成 28d。

表 4.45 混凝土不同龄期与标号对照表

| 龄 期/d | 28 | 60 | 90 | 180 | 360 |
|------|------|------|------|------|------|
| 标号调整系数 | 1.00 | 0.85 | 0.80 | 0.70 | 0.65 |

混凝土换算标号（28d）＝设计标号×调整系数 (4.69)

2. 混凝土配合比

混凝土配合比是指单位体积混凝土中各种材料的组成比例。混凝土配合比应能满足水工建筑物不同部位及施工中的强度、容重、抗渗、抗裂、耐久性、和易性等要求。混凝土配合比应通过试验确定，当缺乏资料时可参照概算定额提供的配合比。确定混凝土配合比主要考虑的因素有工程部位、混凝土强度、龄期、级配、水泥标号、水灰比等。这些指标一般由水工设计或施工组织设计提供。混凝土配合比是计算混凝土材料费的主要依据。

## 4.6.2　混凝土材料单价计算

1. 混凝土基价

混凝土基价指组成混凝土的水泥、砂、石料、掺合料、外加剂、水、块石等各种材料按配合比计算的费用之和。混凝土材料费指按定额混凝土消耗量计算的混凝土费用，该费用包括按混凝土材料配合比计算的混凝土基价以及考虑施工中不可避免的操作损耗、施工超填量、施工附加费等因素后的费用。因此，混凝土基价与混凝土材料费不完全相同。混凝土基价和混凝土材料费计算的依据除了混凝土的配合比外，还有设计和施工允许的损耗量、超填量、附加量等计算标准。混凝土基价可用式（4.70）计算：

$$C_{bc} = \sum_{i=1}^{n} Q_i U_i \qquad (4.70)$$

式中：$C_{bc}$ 为混凝土的基价；$Q_i$ 为第 $i$ 种材料的数量；$U_i$ 为第 $i$ 种材料的单价。

混凝土材料费可用式（4.73）计算：

$$C_{mc} = C_{bc} Q_{cm} \qquad (4.71)$$

式中：$C_{mc}$ 为混凝土材料费；$C_{bc}$ 为混凝土基价；$Q_{cm}$ 为混凝土消耗量，指完成一定数量的成品混凝土所需混凝土的计价数量，包括按结构物设计尺寸计算的工程量及规范允许的超填量、施工附加量和场内操作损耗量。

混凝土消耗量可用式（4.72）计算：

$$Q_{cm} = 设计断面工程量 + 超填量 + 施工附加量 + 场内操作损耗量 \qquad (4.72)$$

式中：$Q_{cm}$ 为混凝土消耗量。

概算定额中，"混凝土运输量"表示为完成设计要求的混凝土断面而运到浇筑现场的混凝土量，包括了施工附加量和超填量。所以式（4.72）又可表示为

$$Q_{cm} = 混凝土运输量 + 场内操作损耗量 \qquad (4.73)$$

如果用 $E_s$（%）表示场内操作损耗率，用 $Q_{ct}$ 表示混凝土运输量，则式（4.72）和式（4.73）又可写为

$$Q_{cm} = Q_{ct}(1 + E_s) \qquad (4.74)$$

2. 块石混凝土材料用量计算

块石混凝土是指大体积混凝土浇筑时加入块石，以节约混凝土的用量。由于加入了块石，这样混凝土的材料用量就减少了。因此，块石混凝土材料用量可以用式（4.75）计算：

$$块石混凝土材料量 = 配合比表列材料量 \times [1 - 埋石率（%）] \qquad (4.75)$$

埋石率可按下列公式计算：

$$埋石率（\%）=\frac{块石埋量（t）}{混凝土配合比材料量（t）}\times100\% \qquad (4.76)$$

其中　　　混凝土配合比材料量（t）＝水泥量（t）＋砂量（t）＋石子量（t）　　(4.77)

因此，块石埋量（t）＝混凝土配合比材料量（t）×埋石率（％）

块石体积的计算单位有码方、自然方等，它们之间的换算关系为

$$1 块石自然方＝1.67 码方 \qquad (4.78)$$

$$块石体积（码方）=\frac{自然方重量}{自然容重}\times1.67 \qquad (4.79)$$

在埋石混凝土中计算混凝土材料用量时，应列入大块石数量（码方）。块石数量（码方）应考虑施工运输损耗和施工附加量的要求，因此埋石混凝土中块石数量（码方）又可用式（4.80）来表示：

块石数量（码方）＝块石埋量（码方）×[1＋施工运输损耗系数＋施工附加量（％）]

$$(4.80)$$

埋石混凝土基价的计算原理与纯混凝土相似，可参考式（4.72）计算。

3. 掺粉煤灰混凝土材料用量及基价计算

掺粉煤灰混凝土及掺合料混凝土中，加入掺合料的目的是为了降低水化热，同时也可以减少混凝土中水泥用量。加入的掺合料有活性掺合料与非活性掺合料之分，活性掺合料有炉渣、火山灰、粉煤灰等；非活性掺合料有黏土、石灰石等。水电工程应用较多的掺合料是粉煤灰，因此这里重点介绍粉煤灰混凝土材料用量及基价的计算。其计算的基础是纯混凝土配合比表。

（1）水泥取代百分比 $f$。水泥取代是指因掺入粉煤灰而减少水泥用量，水泥取代百分比的计算公式为

$$f=\frac{C_0-C}{C_0}\times100\% \qquad (4.81)$$

式中：$f$ 为水泥取代百分比；$C_0$ 为与掺粉煤灰混凝土标号相同的纯混凝土中水泥的用量，kg；$C$ 为掺粉煤灰混凝土中水泥的用量，kg。

水泥取代百分比的参考数值见表 4.46。

表 4.46　　　　　　　　　　　水泥取代百分比的参考数值表

| 混凝土标号 | 取代普通硅酸盐水泥时 | 取代硅酸盐水泥时 |
|---|---|---|
| ≤C15 | 15％～25％ | 10％～20％ |
| C20 | 10％～15％ | 10％ |
| C25～C30 | 15％～20％ | 10％～15％ |

（2）粉煤灰取代系数 $k$。粉煤灰取代系数是指粉煤灰掺入量与取代水泥量的比值，即

$$k=\frac{F}{C_0-C} 或 F=K(C_0-C) \qquad (4.82)$$

式中：$k$ 为粉煤灰取代系数；$F$ 为粉煤灰掺入量，kg；$C_0-C$ 为因掺入粉煤灰而减少的水泥量。

粉煤灰取代系数的参考数值见表 4.47。

表 4.47　　　　　　　　　　　　粉煤灰取代系数的参考数值表

| 粉煤灰级别 | $k$ |
|---|---|
| Ⅰ 级 | 1.0～1.4 |
| Ⅱ 级 | 1.2～1.7 |
| Ⅲ 级 | 1.5～2.0 |

（3）砂、石用量计算。

$$砂用量：S = \gamma_s \times N_{sg} \tag{4.83}$$

或
$$S = S_0 - \left( \frac{C}{\Gamma_C} + \frac{F}{\Gamma_F} - \frac{C_0}{\Gamma_0} \right) \times \Gamma_S \tag{4.84}$$

$$石用量：G = N_{sg} - S \tag{4.85}$$

式中：$S_0$ 为纯混凝土中砂的用量，kg；$\gamma_s$ 为砂率；$N_{sg}$ 为掺粉煤灰混凝土中砂、石用量之和，kg；$C$ 为掺粉煤灰混凝土中水泥用量；$C_0$ 为纯混凝土中水泥用量；$F$ 为粉煤灰掺入量；$\Gamma_C$ 为掺粉煤灰混凝土的密度；$\Gamma_F$ 为粉煤灰的密度；$\Gamma_0$ 为纯混凝土的密度；$\Gamma_S$ 为砂的密度。

若用 $U_0$ 表示混凝土材料用量，则 $N_{sg}$ 可用下式计算：

$$N_{sg} = U_0 - (C + F + W + C \times 0.2\%) \tag{4.86}$$

其中
$$U_0 = C_0 + S_0 + G_0 + W_0 \tag{4.87}$$

（4）水及外加剂用量计算。若用 $W$ 和 $W_0$ 分别表示掺粉煤灰混凝土和纯混凝土中水的用量，则

$$W = W_0 \tag{4.88}$$

若用 $Y$ 表示外加剂用量，则

$$Y = C \times (0.2～0.3) \tag{4.89}$$

（5）掺粉煤灰混凝土基价计算。计算出掺粉煤灰混凝土材料用量后，即可根据各材料单价，参照式（4.72）计算出掺粉煤灰混凝土基价。

# 思　考　题

1. 人工预算单价由哪些费用组成？影响人工预算单价的因素有哪些？

2. 材料预算价格包含哪些费用？主要材料最高限价的意义是什么？

3. 什么是高压输电线路损耗？高压输电线路损耗与线路的长短是否存在关系？

4. 施工机械台时费包含哪些费用？其中大型机械设备的安拆费应怎样计取？

5. 砂石料有哪些分类？其主要的来源有哪些？人工砂石料的生产工艺流程有哪些？

6. 混凝土的原材料有哪些？混凝土的配合比设计应考虑哪些因素？混凝土浇筑与运输的费用应该怎样计取？

# 第5章 水电工程工程单价编制

本章首先简要介绍工程单价的相关概念，在此基础上对水电工程中常见的土方工程、石方工程、混凝土工程、基础处理工程及安装工程分别具体介绍，通过本章的学习要求熟练掌握工程单价的构成要素和计算方法。其中，混凝土工程的构成要素较多，涉及的工作程序较多，为本章内容的难点和重点，学习时要尤为注意。

## 5.1 概述

### 5.1.1 工程单价的概念

工程单价是指完成单位建筑安装工程量所需消耗的各种资源的费用、利税等的价格体现。工程单价由直接费、间接费、利润和税金组成。水电工程的建筑工程包括土方工程、石方工程、混凝土工程、基础处理工程等，内容较多，本节将重点介绍。安装工程单价的编制有它自身的特点，为了保持安装工程的完整性，有关安装工程的表列式、取费等内容，一并在 5.6 节介绍。

### 5.1.2 工程单价组成的三要素

编制工程单价的三要素即"量、价、费"。"量"指的是建筑工程量、完成一定数量合格建筑或安装工程产品所需的资源消耗量；"价"指的是单位资源的价格；"费"指的是完成单位合格建筑安装工程量所需的费用。它们之间的关系表现为，"费"等于"量"与"价"的乘积。

### 5.1.3 工程单价的构成

#### 5.1.3.1 建筑工程单价的组成

1. 直接费

（1）基本直接费。

$$\text{人工费} = \sum(\text{定额劳动消耗量} \times \text{人工预算单价}) \tag{5.1}$$

$$\text{材料费} = \sum[\text{定额材料消耗量} \times \text{材料预算单价限额价（或材料预算单价）}] \tag{5.2}$$

$$\text{机械使用费} = \sum(\text{定额机械消耗量} \times \text{施工机械台时费}) \tag{5.3}$$

（2）其他直接费。

$$\text{其他直接费} = \text{基本直接费} \times \text{其他直接费率之和} \tag{5.4}$$

2. 间接费

$$\text{间接费} = \text{直接费} \times \text{间接费率} \tag{5.5}$$

**3. 利润**

$$利润＝（直接费＋间接费）×利润率 \tag{5.6}$$

**4. 税金**

$$税金＝（直接费＋间接费＋利润）×计算税率 \tag{5.7}$$

**5. 单价合计**

$$单价合计＝直接费＋间接费＋利润＋税金 \tag{5.8}$$

**6. 存在材料补差时的单价合计**

当材料运输距离较远或建筑材料价格发生较大幅度变动导致主要材料预算价格超过规定的最高限额价格时，按最高限额价格计算工程直接费、间接费和利润，超过最高限额价格部分以补差形式计入相应工程单价。

$$材料补差＝\sum[定额材料消耗量×（材料料预算单价$$
$$-材料预算单价限额价）] \tag{5.9}$$

$$税金＝（直接费＋间接费＋利润＋材料补差）×计算税率 \tag{5.10}$$

$$建筑工程单价合计＝直接费＋间接费＋利润＋材料补差＋税金 \tag{5.11}$$

### 5.1.3.2　建筑工程的取费

**1. 其他直接费**

其他直接费包括冬雨季施工增加费、特殊地区施工增加费、夜间施工增加费、小型临时设施摊销费、安全文明生产措施费及其他费用。

（1）冬雨季施工增加费。根据不同地区，按建筑安装工程基本直接费的百分率计算。

1）中南、华东地区：0.5%～1.0%。

2）西南地区：1.0%～1.5%。

3）华北地区：1.0%～2.5%。

4）西北、东北地区：2.5%～4.0%。

西南、中南、华东地区中，按规定不计冬季施工增加费的地区取小值，计算冬季施工增加费的地区可取大值；华北地区的内蒙古等较为严寒的地区可取大值，一般取中值或小值；西北、东北地区中的陕西、甘肃等省取小值，其他省（自治区）可取中值或大值。

（2）夜间施工增加费。按基本直接费的百分率计算，其中建筑工程为 0.8%～1.0%，安装工程为 1.0%～1.2%。在此说明一点，有地下厂房和长引水洞的项目取大值，反之取小值。

（3）小型临时设施摊销费。按基本直接费的百分率计算，其中建筑工程为 1.5%，安装工程为 2%。

（4）安全文明生产措施费。按基本直接费的百分率计算，其中建筑工程为 2%，安装工程为 2%。

（5）其他费用。按基本直接费的百分率计算，其中建筑工程为 1.6%，安装工程为 2.4%。

其他直接费费率汇总见表 5.1。

**表 5.1**　　　　　　　　　　　　　　其他直接费费率汇总表

| 序号 | 地　区 | 计算基础 | 费　率/% | |
|---|---|---|---|---|
| | | | 建筑工程 | 安装工程 |
| 1 | 中南、华东 | 基本直接费 | 5.9～6.6 | 7.4～8.1 |
| 2 | 西南 | 基本直接费 | 6.4～7.1 | 7.9～8.6 |
| 3 | 华北 | 基本直接费 | 6.4～8.1 | 7.9～9.6 |
| 4 | 西北、东北 | 基本直接费 | 7.9～9.6 | 9.4～11.1 |

**注**　不含特殊地区施工增加费。

2. 间接费

间接费的取费主要有以下 3 种情况，下面逐一加以论述。

（1）以直接费为计算间接费的基数。此方法应用最广，一般工业与民用建筑工程、交通工程、水运工程、冶金建筑工程、水利水电建筑工程、铁路工程、矿山井巷工程等，均以直接费为计算间接费的基数，其优点有以下几个方面：

1）有利于技术进步，能鼓励施工企业采用先进技术、先进机具和新工艺。事实上越是技术密集，装备程度越高，直接生产人工是减少了，但管理工作难度却增大了，人均间接费的开支必然增加 ，以直接费作为取费基础，可以从宏观上促进水利水电施工企业提高机械化、现代化水平。

2）有利于促进企业提高劳动生产率。以直接费为计算基础，实质上就是将间接费的取费与劳动生产率直接挂钩，而劳动生产率是代表企业生产经营水平的主要综合指标之一，便于对企业的考核，也便于企业之间和各个时期的比较。

3）有利于经济核算，可以很容易地了解总投资中究竟有多少间接费，便于企业加强对间接费使用的控制和管理，也便于提高指标考核的准确性。

但是，建筑工程间接费以直接费为计算基础，虽然计算很方便，但从理论上讲并不很科学，材料和构件越昂贵，在建筑工程成本中所占比重越大，则间接费也越多，这就形成了同类工程（如钢管道铺设与钢筋混凝土管道、铸铁管道、陶瓦管道铺设）的"肥瘦"之别，此为其一；其二，这种算法没有考虑企业资金占用情况；其三，此法不利于专业化协作的发展。专业化程度越高，计取间接费的次数也越多，前一工序（如构件制作）计价成为下一工序（如构件安装）计算间接费的基础，从而使建筑工程造价也水涨船高。这也是导致我国建筑专业化程度不高，大而全、小而全的建筑安装企业很多的原因之一。

（2）以定额人工费为计算间接费的基数。此法大多用于劳动密集型的人力土石方工程，如公路工程中的辅助生产工程、水运工程中的大型土石方工程、冶金业大型人力土石方工程等，由于间接费内容中有相当一部分与企业人数有密切的关系，在以人力为主的工程中，该法是合理的。但是，该法以预算人工费为计取间接费的唯一敏感因素，遇到定额项目中既可用人工也可用机械作业的工程项目时，机械施工往往不被使用，这不利于建筑业摆脱繁重体力劳动，影响整个行业的技术进步和机械化程度的提高。

（3）以定额人工费加机械使用费之和为计算间接费的基数。在一般的建筑工程中，许多工程项目的技术水平不高，表现为手工劳动密集型，而许多中小型机械工程项目也往往可用人工来代替，人工和机械的出现较为均衡。有些工程项目将人工和机械费之和作为计算间接费的基数从理论上讲是比较合理的。在吉林省延边地区一般工业与民用建筑工程，江苏省、江西省一般包工不包料的建筑工程，云南省、贵州省、四川省一般建筑工程中使用此法。

现行水力发电工程的建筑工程间接费是以直接费为取费基数，根据《关于建筑业营业税改征增值税后水电工程计价依据调整实施意见》规定，间接费费率按不同工程项目分别按表 5.2 取费。

**表 5.2**　　　　　　　　　　　　　间　接　费　费　率　表

| 序号 | 工程类别 | 计算基础 | 间接费费率/% |
|---|---|---|---|
| 一 | 建筑工程 | | |
| 1 | 土方工程 | 直接费 | 13.30 |
| 2 | 石方工程 | 直接费 | 22.40 |
| 3 | 混凝土工程 | 直接费 | 16.90 |
| | 混凝土工程① | 直接费 | 13.02 |
| 4 | 钢筋制作安装工程 | 直接费 | 8.41 |
| 5 | 基础处理工程 | 直接费 | 19.04 |
| 6 | 喷锚支护工程 | 直接费 | 21.46 |
| 7 | 疏浚工程 | 直接费 | 20.14 |
| 8 | 植物工程 | 直接费 | 21.53 |
| 9 | 其他工程 | 直接费 | 18.29 |
| 二 | 设备安装工程 | 人工费 | 138 |

①　如说明外购砂石料，其间接费费率采用该数据。

建筑工程的间接费标准中，各项工程具体内容如下：

（1）土方工程。包括土方开挖、土方填筑等工程。

（2）石方工程。包括石方开挖、石方填筑、浆砌石、干砌石、抛石等工程。

（3）混凝土工程。包括现浇和预制各种混凝土，碾压混凝土，沥青混凝土，伸缩缝、止水、防水层等工程以及温控措施等。

（4）钢筋制作安装工程。包括钢筋制作安装及小型钢结构等工程。

（5）基础处理工程。包括各种类型的钻孔灌浆、地下连续墙、振冲桩、高喷灌浆等工程。

（6）喷锚支护工程。包括各种锚杆、锚索、喷混凝土等工程。

（7）疏浚工程。指用大型船舶疏浚河、湖的工程。

（8）植物工程。包括栽植、苗木、铺草皮等工程。

（9）其他工程。指除上述工程以外的其他工程。

3. 利润

前面介绍过，工程造价由 $C$、$V$、$M$ 三部分构成，$C$ 为物质消耗支出，$V$ 为劳动者为自己的劳动所获得的报酬，$M$ 为剩余劳动，$C+V$ 构成工程成本，$M$ 形成施工利润。工程造价的确定要以价值为基础，必须包括施工利润，其原因在于建筑安装企业不仅要能够补偿施工过程的物质消耗支出和劳动报酬支出，而且只有获得施工利润才能获得进行扩大再生产的资金。无利或微利，不仅企业无法向国家交税，而且企业无法加快技术进步和提高施工机械化水平，更是违背了价值规律。现行的施工利润称利润，建筑工程的利润按直接费与间接费之和的 7% 计算。

4. 税金

根据《关于建筑业营业税改征增值税后水电工程计价依据调整实施意见》规定，建筑安装工程费用的税金是指按国家有关规定应计入建筑安装工程费用内的增值税销项税额，不包含城市维护建设税、教育费附加以及地方教育费附加等。

## 5.1.4　工程单价计算的依据与步骤

编制建筑工程单价的依据主要有勘察设计报告、工程设计方案、施工组织设计、国家及地方有关部门制定的法律法规、国家及地方主管部门颁布的各种定额、基础单价及编制工程单价需要收集的其他有关资料。

步骤：编制建筑工程单价首先要了解工程概况、熟悉设计图纸、弄清工程地质情况；然后根据施工组织设计确定的施工方案、施工工艺及施工机械的配备情况，正确选择定额；再根据已经计算确定的基础单价、费用定额等计算工程单价。

## 5.1.5　编制建筑工程单价时应注意的问题

（1）采用单价法编制建筑工程单价时，应该严格执行定额，一般情况下不能随意调整。

（2）编制工程单价时，对于现行水电工程定额中没有的工程项目，可以参照水利或其他专业的相应定额，没有参考定额时应编制补充定额，但应注意使补充定额与现行定额的水平保持一致。

（3）必须按照施工组织设计确定的施工工序和施工方法选用相应的定额。选择定额时应注意定额中注明的"工作内容"。当实际工作内容与定额中规定的工作内容不一致时，应对定额中的资源消耗量进行调整，使定额能真实地反映工程的实际情况。

（4）水电工程的建筑工程定额分为单项定额和综合定额。如果施工组织所安排的施工方法、施工工序、施工机械的型号等均与定额相同时，可采用综合定额，即从第一道工序到最后一道工序的全部工作内容及应考虑的因素均包括在定额中。以土石坝堆筑单价为例，如果采用综合定额则不必单独计算覆盖层清除的工序单价，也不需要分别计算原料开采、运输、碾压等工序的单价，只需直接套用概算定额中相应的综合定额，即可编制土石坝堆筑的概算单价。若施工组织设计采用的施工方法、施工工序、主要施工机械的规格型号等与定额不同，则需要按单项定额分别编制各工序单价，然后再根据工序单价编制工程单价。

（5）施工中的超挖、超填、施工损耗及施工附加量的处理。施工中的超挖、超填、施工损耗及施工附加量是工程施工过程中不可避免的，处理方法分两种情况：一种是定额中已按现行规范和有关规定计入了不构成建筑工程实体的各种施工操作损耗、允许的超挖超填量和合理的施工附加量及体积变化而多耗用的人工、材料、机械台时数量，在编制建筑工程的造价时应直接按设计结构工程量作为编制工程造价的依据。例如，现行概算定额中隧洞的石方超挖及混凝土超填量均已考虑在定额中，工程量只需按设计断面尺寸计算即可。另一种是定额中没有考虑施工中的超挖、超填、施工损耗及施工附加量，在编制工程造价时应根据有关的编制办法予以考虑。

（6）选择定额子目时，若建筑物尺寸、运距等"定额标志"介于定额两子目之间，则可用插入法补充得到所需定额。

$$A=B+\frac{(C-B)(a-b)}{c-b}\tag{5.12}$$

式中：$A$ 为所求定额；$B$ 为小于且最接近 $A$ 项的定额；$C$ 为大于且最接近 $A$ 项的定额；$a$ 为 $A$ 项定额尺寸或运距等标志；$b$ 为 $B$ 项定额尺寸或运距等标志；$c$ 为 $C$ 项定额尺寸或运距等标志。

（7）定额中的"工作内容"仅扼要说明主要施工过程及施工工序，对次要的施工过程、施工工序和必要的辅助工作虽未列出，但已包括在定额内。如挖掘机挖土定额中，实际已经包含推土机推土集料等工作内容。

（8）材料、机械定额中每种材料、机械名称之后，同时并列了几种型号、规格的，表示这种材料、机械只能选用其中一种型号、规格进入计价。如石方爆破定额中，在起爆材料一栏，列有电雷管和火雷管、导电线和导火线，在选用定额时应根据施工组织设计确定的起爆方式选用，当采用电起爆时选用电雷管和导电线，当采用火花起爆时选用火雷管和导火线。

（9）建筑工程定额中的运输定额仅用于水电工程的施工场内运输。除人工（挑抬、胶轮车等）在有坡度的施工场地运输按实际斜距乘以系数外，其他运输项目的定额在使用时不计高差折平和路面等级系数。

（10）定额中数字表示的适用范围。用一个数字表示的，仅适用于该数字本身。数字后用"以上""以外""大于""超过"表示的，都不包括数字本身。数字后用"以下""以内""小于或等于""不大于"表示的，都包括数字本身。数字用"××～××"表示的，是用于这两个数字区间的范围，相当于"××以上至××以下"。

（11）定额中用金额表示的"其他材料费""零星材料费""其他机械使用费"等条目中的金额，系按定额编制年的价格水平计算的，在编制工程单价时应根据造价管理部门颁布的调整系数进行调整。

（12）在使用建筑或安装工程定额时，应先看定额的总说明和各章的说明，搞清定额的使用范围和条件，注意各种调整系数。

（13）各定额章节说明或附注有关的定额的调整系数，除注明外，一般均按连乘计算。

（14）注意定额是单项定额还是综合定额。

### 5.1.6　编制工程单价的方法

工程单价编制的方法采用定额法。定额法是将各个建筑安装单位工程按工程性质、部位划分为若干个分部分项工程（划分的粗与细与所采用的定额相适应），各分部分项工程的造价由各分部分项工程数量分别乘以相应的工程单价求得。工程单价所需的人工、材料、机械台班的数量乘以相应的人工、材料、机械价格，求得人工、材料、机械的金额，再按规定加上相应的有关费用（其他直接费、间接费、利润）和税金后构成。工程单价所需的人工、材料、机械的耗用量，按工程性质、部位和施工方法选取有关定额确定。

### 5.1.7 建筑安装工程量的计算

水力发电工程涉及面广、技术复杂，由此决定了工程量计算具有量大、项多的特点。因此，工程量计算是编制工程造价预测文件的一个重要环节，是关系到工程造价预测成果可靠性的关键因素之一。同时，水电工程不同的设计阶段有不同的造价文件，工程量计算的要求也不完全一样。因此熟练、准确地掌握工程量计算规则，直接关系到编制预测文件的速度和质量。这里主要介绍工程量计算的依据和设计阶段系数。建筑安装工程不同单项工程量计算的有关问题，在相应内容中介绍。

#### 5.1.7.1 工程量计算依据

1. 设计图纸

每个设计阶段的图纸都是进行相应造价预测、计算工程量的直接依据。计算工程量时，应依据图纸设计尺寸，采用科学的计算公式，按照定额规定的项目，分门别类地计算出准确的工程量。水电工程涉及面广，图纸繁多，计算前一般要对图纸进行分类、编号，防止遗漏。此外，水电工程是一个庞大的系统工程，往往涉及如房屋建筑、道路工程等，这些单项工程造价的编制，应采用相关部门标准图集、定额、编制办法等编制其造价。

2. 施工组织设计

施工组织设计是为指导施工而编制的文件，是以拟建的水电工程为对象，对施工总进度、施工方法、施工机具的选择、劳动力的配备、施工现场的布置以及现场临时建筑设施等，提出明确的要求。同时也为工程量的计算提供了依据。如土石方开挖，就必须根据施工组织设计提供的施工方法（人工开挖或机械开挖等）计算其工程量；再如临时设施（道路、桥梁、涵洞等）工程量计算也需根据施工组织设计的要求进行计算。

3. 定额

各个设计阶段相应的定额或不同工程采用的不同部门的定额都是工程量计算的主要依据之一。工程量的计算并不是目的，最终需要的是工程造价，而造价的计算，必须按定额的数量标准，即依据计算出的工程量，准确地套用相应的定额才能最终得出工程的造价。因此，工程量的计算单位必须与定额的计算单位相一致。换句话讲，在计算工程量之前，首先必须搞清楚定额单位，然后据此计算工程量。如混凝土以"$m^3$"为单位，帷幕灌浆以"m"为单位，接缝灌浆以"$m^2$"为单位，金属结构以"t"为单位等。

#### 5.1.7.2 阶段系数

1. 阶段系数的概念

水电工程的特点是综合性、复杂性、不可预见性。其设计阶段分为：预可行性研究、可行性研究、招标设计、施工详图设计。可以看出，各阶段设计的深度不同，工程量计算必然会有差异。而且随着设计的深入，工程量越加精确，与之相应的预测造价的精度也与之相适应。国外不同阶段的工程量对各阶段的造价影响都有严格的规定，超过了规定，便对建设项目本身产生怀疑甚至被否定。我国采用的是调整各阶段工程量的方法，即为了使各设计阶段不因为研究设计的深度不同，而使工程造价产生较大的变幅，对各阶段工程乘以适宜的系数，以保证各阶段的预测造价更加贴近实际造价。

2. 阶段系数的使用

编制概算造价所用的工程量应由各专业设计人员按现行工程量计算规则和概算编制办

法中的工程项目划分的要求进行计算。按设计几何轮廓尺寸计算的工程量，乘以设计阶段系数予以调整。设计阶段系数见表 5.3～表 5.5。

表 5.3　　　　　　　　　　　　混凝土阶段工程量阶段系数表

| 类　别 | 项　目 | 混　凝　土 | | | |
|---|---|---|---|---|---|
| | 设计阶段工程量/万 m³ | ＞300 | 300～100 | 100～50 | ＜50 |
| 永久水工建筑物 | 可行性研究 | 1.02～1.04 | 1.04～1.06 | 1.06～1.8 | 1.08～1.10 |
| | 初步设计 | 1.01～1.02 | 1.02～1.03 | 1.03～1.04 | 1.04～1.05 |
| 施工临时建筑物 | 可行性研究 | 1.04～1.07 | 1.07～1.10 | 1.10～1.13 | 1.13～1.16 |
| | 初步设计 | 1.02～1.05 | 1.05～1.08 | 1.08～1.11 | 1.11～1.14 |
| 金属结构 | 可行性研究 | | | | |
| | 初步设计 | | | | |

表 5.4　　　　　　　　　　　　土石方阶段工程量阶段系数表

| 类　别 | 项　目 | 土石方开挖 | | | |
|---|---|---|---|---|---|
| | 设计阶段工程量/万 m³ | ＞500 | 500～200 | 200～50 | ＜50 |
| 永久水工建筑物 | 可行性研究 | 1.02～1.04 | 1.04～1.06 | 1.06～1.8 | 1.08～1.10 |
| | 初步设计 | 1.01～1.02 | 1.02～1.03 | 1.03～1.04 | 1.04～1.05 |
| 施工临时建筑物 | 可行性研究 | 1.04～1.07 | 1.07～1.10 | 1.10～1.13 | 1.13～1.16 |
| | 初步设计 | 1.02～1.05 | 1.05～1.08 | 1.08～1.11 | 1.11～1.14 |
| 金属结构 | 可行性研究 | | | | |
| | 初步设计 | | | | |

表 5.5　　　　　　　　土方土填筑、干砌石、浆砌石阶段工程量阶段系数表

| 类别 | 项目 | 土方土填筑、干砌石、浆砌石 | | | | 钢筋 | 钢材 | 灌浆 |
|---|---|---|---|---|---|---|---|---|
| | 设计阶段工程量/万 m³ | ＞500 | 500～200 | 200～50 | ＜50 | | | |
| 永久水工建筑物 | 可行性研究 | 1.02～1.04 | 1.04～1.06 | 1.06～1.8 | 1.08～1.10 | 1.05 | 1.051.15 | |
| | 初步设计 | 1.01～1.02 | 1.02～1.03 | 1.03～1.04 | 1.04～1.05 | 1.03 | 1.03 | 1.1 |
| 施工临时建筑物 | 可行性研究 | 1.04～1.07 | 1.07～1.10 | 1.10～1.13 | 1.13～1.16 | 1.1 | 1.11.2 | |
| | 初步设计 | 1.02～1.05 | 1.05～1.08 | 1.08～1.11 | 1.11～1.14 | 1.05 | 1.05 | 1.15 |
| 金属结构 | 可行性研究 | | | | | | 1.15 | |
| | 初步设计 | | | | | | 1.1 | |

注　1. 表中各栏工程量系指枢纽总工程量。

　　2. 各设计阶段的工程系数应在分项工程量（相当于概算编制的"三级项目"）中乘以阶段系数。在总工程量中不再乘以阶段系数，以免重复。

　　3. 土方土填筑工程量系在已包括沉陷的基数中乘以阶段系数，沉陷量可取坝高的 0.5%～1.00%。

　　4. 截流工程的工程量阶段系数可取 1.25～1.35。

　　5. 阶段系数按工程地质条件及建筑物结构复杂程度取值，复杂的取大值，简单的取小值。

## 5.2 土方工程

### 5.2.1 概述

土方工程包括水电工程建筑物和构筑物的土方开挖、运输、回填、压实等项目。水电工程中的渠道、基坑、沟槽和一般土方开挖等工程项目，只有挖和运 2 个工序。水电工程中的堤、坝和土方回填等工程项目则需要开挖、运输、填筑 3 个工序。水电工程中涉及的土方工程有厂房、船闸、水闸的基础开挖，土（石）坝的填筑以及临时工程建筑物的开挖等。土方工程按施工方法，可以分为人力施工和机械施工，这两种施工方法在工程实践中往往是联合使用。即使纯粹的机械化施工项目，也缺少不了人工的配合。

水电工程中将岩石划分为 16 类，前 4 类为土，分别为Ⅰ～Ⅳ类；Ⅴ～Ⅹ类为岩石，不同类别的土，在使用定额时应套用不同的子目。

### 5.2.2 土方工程的计量单位

土方工程的计量单位有自然方、压实方和松方。自然方指未经扰动的自然状态的土方，渠道、基坑、地槽和一般的挖及运输均按自然方计量；压实方指填筑（回填）并进行过压实后的成品方，堤坝填筑和回填土方均按实方计量；松方指自然状态下的土经过机械或人工开挖松动过的土方，一般不作为定额计量单位，但可作为土方工程单价编制中换算不同计量单位的过渡单位。由于各施工工序土方状态不同，编制土方单价必然会遇到自然方、松方和实方相互换算的问题，土方工程单价编制的重点和难点也在于此。自然方、松方和实方之间的相互换算关系称为虚实系数，可按该工程的实际试验资料测定。若无试验资料，可以参照表 5.6 计算。

表 5.6　　　　　　　　　　　　　土 石 方 虚 实 系 数

| 项目 | 自然方 | 松方 | 实方 |
| --- | --- | --- | --- |
| 土方 | 1 | 1.33 | 0.85 |
| 砂 | 1 | 1.07 | 0.94 |
| 混合料 | 1 | 1.19 | 0.88 |
| 石方 | 1 | 1.53 | 1.31 |

### 5.2.3 土方工程单价

#### 5.2.3.1 编制土方工程单价的基本资料

编制土方工程的基本资料包括土方工程本身的有关资料、工程设计资料、施工方案和土方工程的定额指标等。土方工程本身的有关资料包括土的类别、土的物理力学特性等；工程设计资料包括设计断面尺寸、结构型式等；施工方案包括施工机械的规格、型号、容量或功率，施工机械之间的搭配，运输机械的运输距离，主要工作内容等；土方工程的定额指标主要指与土方工程有关的定额、指标、编制办法等。

**5.2.3.2　土方工程单价的编制**

1. 土方开挖

土方开挖的方式有人工开挖和机械开挖。影响土方工程开挖单价的因素主要有土的级别和施工条件。土的级别高，开挖时就要消耗更多的资源，产量定额就降低。施工条件主要是指开挖工作面的大小和土方所处的自然状态，土方的自然状态有可能是冻土、砂砾土、淤泥、流沙等。土方开挖后的处理方式表现为：一种情况是土方开挖后堆放在一边，更多的情况是土方的开挖与运输是一个连续施工过程的两个工序，即土方的"挖运"。编制土方工程开挖单价时，要注意定额的选择与实际施工过程一致。

2. 土方运输

土方运输的内容包括装土、运土、卸土、空回、场地平整等工序。运输的方式有人工运输和机械运输。在使用运输定额时，人工运输定额均以水平运距计算，如实际工程中遇有上坡或下坡，要用定额中规定的坡度系数进行调整；机械运输定额综合考虑了上下坡与施工场地的路况，使用时不再调整。土方运输定额的选择应考虑土的级别、运土距离和施工条件等因素。

3. 土方填筑

水电工程中的围堰、路堤、土石坝等单项工程都有大量的土方填筑。土方填筑由土料采运和回填压实两个主要工序组成。土方填筑单价的确定要考虑下列因素：

（1）覆盖层清除。覆盖层清除是指清除土料场表面的腐殖土、杂草、障碍物等。清除的费用应按覆盖层清除摊销率摊销到每一成品土方中去。覆盖层清除摊销率按式（5.13）计算：

$$覆盖层清除摊销率 = \frac{覆盖清除层工程量}{填筑工程的设计工程量（实方）} \tag{5.13}$$

（2）土料采运。土料采运即填筑原料的开挖与运输，单价编制的方法与上述讲到的方法相同。

（3）土料处理。影响填筑料压实度的主要因素有土料的含水量、铺土厚度、压实机具的重量和压实遍数等。其中，含水量太大或太小都不能得到要求的压实度，因此施工现场经常需要根据最佳含水量的要求，当土料的含水量偏大时，在料场挖排水沟或对采挖的填筑料进行翻晒，当土料的含水量偏小时，向土料洒水，以调节土料的含水量。所有这些措施的费用即土料处理的费用。

（4）土方填筑定额。

1）土料在开挖、运输和压实过程中，不可避免有损耗产生。这些损耗如运输过程中洒落的土料、粘在车厢上的土料、土料转运时垫底的土料等，这些损耗就是定额编制时所说的操作损耗。已经压实的土方工程，经过一定时间后会产生沉降，一般要半年到一年才能达到沉降稳定。这样，原来填筑的土方体积就会减小，即土方体积的变化。上面谈到的操作损耗、体积变化等，在编制定额时已充分考虑，在编制土方工程单价时就不必再考虑。

2）由于工程质量和施工的需要，土方工程在填筑时有施工附加量和超填量，这些增加的数量也已包含在土方工程定额中。

3）土方工程的填筑定额有综合定额和单项定额，如果施工组织设计所安排的施工方法，施工工序，主要施工机械名称、规格、型号均与定额相符，一般要求选用综合定额。综合定额中已综合考虑了上面提到的损耗、体积变化、施工附加量、超填量等。采用综合定额计算土石坝堆筑单价时，不需分别计算原材料开采、运输、碾压等各工序单价，即直接套用概算定额的综合定额编制概算单价。如不能采用综合定额，则应选用单项定额。单项定额中除压实定额外，取土备料、运输等各施工工序均应按式（5.14）增计综合损耗：

$$成品方定额数量＝自然方定额数量×(1＋A)×\frac{设计干容重}{天然干容重} \qquad (5.14)$$

综合系数 $A$ 考虑了开挖、上坝运输、削坡、施工沉陷、超填及施工附加量等损失因素。其大小取表 5.7 规定的数值，一般不得调整。

表 5.7　　　　　　　　　　　　综 合 系 数 A 取 定 表

| 项　　　目 | A/% |
|---|---|
| 机械填筑混合坝体土料 | 6.86 |
| 机械填筑均质坝体土料 | 5.93 |
| 机械填筑心（斜）墙土料 | 6.7 |
| 人工填筑坝体土料 | 4.43 |
| 人工填筑心（斜）墙土料 | 4.43 |

其中，设计干容重和天然干容重之比表示体积的换算，即从自然方折算为坝体实方。在编制单价时，一般先算出自然方（定额中列出的）情况下的工程单价，再进一步求出成品方的单价，即乘上规定的换算系数，而不是每一工序单价乘以换算系数，这一问题请参看例 5.1。

4）土方填筑（或开挖）工程定额，一般情况下除包括规定的工作内容外，还包括挖排水沟、修坡、清理场地、交通指挥、安全设施及土场道路修筑与维护等辅助工序所需的工料费用。在编制土方填筑（或开挖）单价时，不能再增加这些工作的费用。

## 5.2.4　土方工程概算编制中常见的项目列项

依据《水电建筑工程概算定额》（2007 年版），土方工程常见的定额列项如下：

（1）土方开挖。包括人工挖一般土方，人工挖运砂砾土，人工挖运淤泥、流沙，人工挖沟槽，人工挖柱坑，人工挖土隧洞胶轮车运土，人工开挖土竖井，液压反铲挖掘机挖沟槽，挖掘机挖土。

（2）土方运输。包括人工挖土双胶轮车运输，人工挖土轻轨斗车运输，液压反铲挖掘机挖沟槽自卸汽车运土，液压反铲挖掘机装土自卸汽车运输，挖掘机装土自卸汽车运输。

（3）土方压实。包括机械压实土料、机械压实心（斜）墙土料、蛙夯夯实土料等。

## 5.2.5　土方工程量计算

（1）土方设计概算工程量包括土方开挖工程（如渠道、梯形基坑等）和填筑工程（如心墙、斜墙、堤、坝等），其工程量应按设计断面计算。槽形基坑开挖，其工程量应按设计断面并按照土方施工规范规定的加宽增放坡度计算。对于增放边坡、设计沉陷所增加的方量均按设计提供的计算工程量（成品方）计入成品方工程量中。

（2）分析计算出来的工程量必须乘以《水电水利工程工程量计算规定》（DL/T 5088—1999）规定的"水电水利工程设计阶段工程量阶段系数"。

（3）土方开挖施工中的超挖量及施工附加量，应根据施工方法、土壤性质、工程部位等工程技术特征，分不同情况，按实计算增加量：采用现行《水电建筑工程预算定额》时，超挖量及施工附加量，应作为施工增加量一并计入水工设计工程量中；采用现行《水电建筑工程概算定额》时，超挖量及施工附加量已计入定额中，水工设计工程量不再加计该部分工程量；用"实物分析法"编制工程造价文件时，超挖量及施工附加量只作为分析计算人工、材料、机械、费用等的耗用量的计算基数，不计入工程量清单中。

（4）土方填筑工程中的土料开采、备料、运输、雨后清理、边坡及接缝削坡、施工期沉陷、不可避免的压坏、施工质量检查的取土试坑、超填量、施工附加量等项的损耗量及增加量的计算，也应根据施工方法、填筑料物的性质、工程部位等工程技术特征，分不同情况，按实分析计算。

### 5.2.6　土方工程单价编制的步骤

#### 5.2.6.1　土方开挖

（1）收集本工程技术资料、工程设计资料。

（2）了解施工组织设计资料，重点掌握施工强度、设备配置、运输条件。

（3）根据掌握的以上资料和本工程基础资料，合理选用定额。

（4）根据选用定额和掌握的现场条件资料，对与定额工程内容等不相符的部分进行调整，并结合整个项目工程单价费率取费标准，最终算出土方开挖单价。

#### 5.2.6.2　土方填筑

（1）收集本工程技术资料、工程设计资料（与土方开挖不同的是要增加了解料场勘测试验资料内容）。

（2）了解施工组织设计资料，重点掌握施工强度、设备配置、料场至填筑点的运输条件。

（3）根据掌握的以上资料和本工程基础资料，合理选用定额。

（4）根据选用定额和掌握的现场条件资料，对与定额工程内容等不相符的部分进行调整，并结合整个项目工程单价费率取费标准，最终算出土方填筑单价。

### 5.2.7　土方工程定额的使用

本章土方工程单价的编制依据《水电建筑工程概算定额》（2007 年版）。对于定额的使用要注意以下几点：

（1）土方工程定额包括土方开挖、运输、压实等。

（2）土方工程定额的计量单位，除注明外均按自然方计。

（3）土方工程定额土质级别的划分，除砂砾土、淤泥、流沙、冻土外，按土石 16 级分类法的前 4 类划分土类级别。

（4）土方工程定额中的土方开挖和填筑工程，除规定的工作内容外，还包括挖小排水沟、修坡、清除场地草皮及杂物、伐树、挖树根、交通指挥等工作。

（5）土方工程定额中推土机推土距离指取土中心至卸土中心的平均距离，推土机推土定额推运松土时定额乘以 0.8 的系数。

（6）土方工程定额中挖掘机装土自卸汽车运输、装载机装土自卸汽车运输定额用于挖装土时，人工和挖装机械定额乘以 0.85 的系数。

（7）土方工程定额中坝体、堤、堰的压实定额，计量单位均按压实成品方计。根据技术要求和施工必须增加的损耗，在计算压实工程的开挖量和运输量时，按公式（5.14）计算。

（8）编制坝体填筑综合单价无土料设计资料时，可按表 5.8 计算运输量（土料运输量已考虑填筑压实过程中的所有损耗率）。

表 5.8 土料运输量计算表

| 项　　目 | 运　输　量 |
|---|---|
| 机械填筑均质坝坝体 | 1 压实方＝1.25 自然方 |
| 机械填筑心（斜）墙土料 | 1 压实方＝1.26 自然方 |

## 5.2.8　土方工程单价编制举例

【例 5.1】　某工程处于四类地区，其挡水建筑物为黏土心墙堆石坝，坝长 1.0km，设计心墙填筑量为 115 万 m³，心墙宽 8m，设计选用大坝上、下游两个土料场。上游料场距坝址 5km，供心墙所需土料的 87%。上游料场的土料级别为 Ⅲ 级，含水量为 27%，含水量高且防渗性能差，为降低其含水量并改善其抗渗性能，需与下游料场土料掺合使用。上游土料开采用 5m³ 挖掘机配合 32t 自卸汽车运至翻晒场，土料翻晒场设在坝址上游 1km 处。土料翻晒用三铧犁，合格后，就地与下游土料掺合。掺合采用 74kW 推土机混合，推运距离为 50m，推两遍。

下游料场距坝址 40km，供心墙所需土料的 13%，土料湿容重为 1.8t/m³。土料供应价格为 15 元/m³（车上交货），公路运价为 0.412 元/(t·km)，回程加价为运价的 20%，汽车装载率为标重的 90%。翻晒、掺合后的土料采用 5m³ 挖掘机配 32t 自卸汽车运输上坝，并采用 12～18t 的羊足碾碾压。心墙土料的设计干容重为 1.70t/m³，天然干容重为 1.55t/m³。

该工程的基础资料见表 5.9 和表 5.10；其他直接费费率为 4.6%，间接费费率为 13.3%，利润率为 7%，税金率为 9%。根据已知条件编制该堆石坝黏土心墙单价。

表 5.9 人工、材料预算单价一览表

| 人工预算单价/(元/工时) | | | | 材料预算单价 | | | | |
|---|---|---|---|---|---|---|---|---|
| 高级熟练工 | 熟练工 | 半熟练工 | 普工 | 风/<br>(元/m³) | 水/<br>(元/m³) | 电/<br>[元/(kW·h)] | 汽油/<br>(元/kg) | 柴油/<br>(元/kg) |
| 14.95 | 11.24 | 8.92 | 7.45 | 0.094 | 1.259 | 0.556 | | 5.44 |

表 5.10　　　　　　　　　　　　施工机械台时费一览表　　　　　　　　　单位：元/台时

| 推土机 74kW | 三铧犁 | 拖拉机 59kW | 缺口耙 | 拖拉机 55kW | 推土机 59kW | 挖掘机 5m³ |
|---|---|---|---|---|---|---|
| 115.19 | 2.39 | 85.16 | 3.04 | 71.67 | 89.69 | 702.99 |
| 推土机 88kW | 羊足碾 5~7t | 自卸汽车 32t | | 羊足碾 12~18t | 拖拉机 74kW | 蛙式夯实机 2.8kW |
| 137.03 | 1.92 | 394.81 | | 3.41 | 103.34 | 31.83 |

**解：**（1）题意分析。本题欲求黏土心墙的单价，显然这是一个综合单价。黏土心墙是通过一道道的工序而完成的，这些工序如用框图表达，如图 5.1 所示。

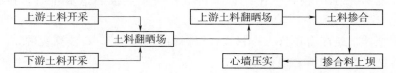

图 5.1　某心墙土料采运、处理、压实工序框图

因此，我们只要求出各工序的单价，再相加即可求出心墙的综合单价。但应注意以下 3 个问题：

1）工序单价的单位是否一致，如不一致应进行换算。

2）下游料场的土料不是开采来的，而是买来的，应该用计算材料预算单价的方法求。

3）土料运到土料翻晒场的预算费用应作为基本直接费。

上游料场覆盖层剥离的费用应摊销到心墙单价中去。

（2）解答。覆盖层清除率：5÷115＝0.043。

下游料场土料运到翻晒场的费用：

15 元/m³＋1.80t/m³×0.412 元/(t·km)×41km÷0.9×1.20＝55.54 元/(m³ 自然方)

根据已知资料用单价分析表查 2007 年水电建筑工程概算定额计算各工序单价（其中土料翻晒单价查的是 2004 年水电建筑工程预算定额），计算结果见表 5.11～表 5.17。

表 5.11　　　　　　　　　　　堆石坝黏土心墙综合单价表　　　　　　　定额单位：1m³ 实方

| 编号 | 项目 | 单位 | 系数 | 单价/元 | 合计/元 |
|---|---|---|---|---|---|
| 1 | 上游土料开采、运输 | 元/m³（自然方） | 0.87 | 17.84 | 15.52 |
| 2 | 土料翻晒 | 元/m³（自然方） | 0.87 | 9.03 | 7.86 |
| 3 | 下游土料采购、运输 | 元/m³（自然方） | 0.13 | 76.77 | 9.98 |
| 4 | 土料掺合 | 元/m³（自然方） | 1.00 | 6.02 | 6.02 |
| 5 | 掺合土料上坝 | 元/m³（自然方） | 1.00 | 10.69 | 10.69 |
| | 1~5 项小计 | | | | 50.07 |
| 折算成品方系数：（1+5.7%）×（1.70÷1.55）＝1.16 | | | | | |
| | 1~5 项小计折合成实方 | 元/m³（实方） | 1.16 | 50.07 | 58.08 |
| | 心墙土料压实 | 元/m³（实方） | 1.00 | 11.37 | 11.37 |
| | 心墙综合单价 | 元/m³（实方） | | | 69.45 |

**表 5.12**　　　　　　　　　　**上游土料开采、运输单价分析表**

定额编号：[10417]　　　　　　　　　　　　　　　　定额单位：100m³ 自然方

| 施工方法 | 5m³ 挖掘机装土，32t 自卸汽车运 4km，土类级别为Ⅲ级 | | | | |
|---|---|---|---|---|---|
| 编号 | 名 称 及 规 格 | 单位 | 数量 | 单价/元 | 合价/元 |
| 一 | 直接费 | | | | 1350.17 |
| （一） | 基本直接费 | | | | 1290.79 |
| 1 | 人工费 | | | | 5.96 |
| | 普工 | 工时 | 0.80 | 7.45 | 5.96 |
| 2 | 零星材料费 | 元 | 30.00 | 1.00 | 30.00 |
| 3 | 机械费 | | | | 1254.83 |
| | 挖掘机　液压反铲　5m³ | 台时 | 0.26 | 702.99 | 182.78 |
| | 推土机　88kW | 台时 | 0.08 | 137.03 | 10.96 |
| | 自卸汽车　32t | 台时 | 2.68 | 394.81 | 1058.09 |
| | 其他机械费 | 元 | 3.00 | 1.00 | 3.00 |
| （二） | 其他直接费 | % | 4.60 | | 59.38 |
| 二 | 间接费 | % | 13.30 | | 179.57 |
| 三 | 利润 | % | 7.00 | | 107.08 |
| 四 | 税金 | % | 9.00 | | 147.31 |
| 五 | 合计 | | | | 1784.13 |

**表 5.13**　　　　　　　　　　**下游土料采购、运输单价分析表**

定额编号：[10417]　　　　　　　　　　　　　　　　定额单位：100m³ 自然方

| 编号 | 名 称 及 规 格 | 单位 | 数量 | 单价/元 | 合价/元 |
|---|---|---|---|---|---|
| 一 | 直接费 | | | 58.09 | 5809.48 |
| （一） | 基本直接费 | | | 55.54 | 5554.00 |
| （二） | 其他直接费 | % | 4.60 | 2.55 | 255.48 |
| 二 | 间接费 | % | 13.30 | | 772.66 |
| 三 | 利润 | % | 7.00 | | 460.75 |
| 四 | 税金 | % | 9.00 | | 633.86 |
| 五 | 合计 | | | | 7676.77 |

**表 5.14**　　　　　　　　　　　　　　**土料翻晒单价分析表**

定额编号：[11300]　　　　　　　　　　　　　　　　定额单位：100m³ 自然方

| 施工方法 | 三铧犁翻晒，土类级别为Ⅲ级 | | | | |
|---|---|---|---|---|---|
| 编号 | 名 称 及 规 格 | 单位 | 数量 | 单价/元 | 合价/元 |
| 一 | 直接费 | | | | 683.64 |
| (一) | 基本直接费 | | | | 653.58 |
| 1 | 人工费 | | | | 245.85 |
| | 普工 | 工时 | 33.00 | 7.45 | 245.85 |
| 2 | 零星材料费 | 元 | 15.00 | 1.00 | 15.00 |
| 3 | 机械费 | | | | 392.73 |
| | 三铧犁 | 台时 | 0.94 | 2.39 | 2.25 |
| | 拖拉机　59kW | 台时 | 0.94 | 85.16 | 80.05 |
| | 缺口耙 | 台时 | 1.87 | 3.04 | 5.68 |
| | 拖拉机　55kW | 台时 | 1.87 | 71.67 | 134.02 |
| | 推土机　59kW | 台时 | 1.87 | 89.69 | 167.72 |
| | 其他机械费 | 元 | 3.00 | 1.00 | 3.00 |
| (二) | 其他直接费 | % | 4.60 | | 30.06 |
| 二 | 间接费 | % | 13.30 | | 90.92 |
| 三 | 利润 | % | 7.00 | | 54.22 |
| 四 | 税金 | % | 9.00 | | 74.59 |
| 五 | 合计 | | | | 903.41 |

**表 5.15**　　　　　　　　　　　　　　**土料掺合单价分析表**

定额编号：[10244]×2×0.8　　　　　　　　　　　　定额单位：100m³ 自然方

| 施工方法 | 74kW 推土机推运 50m，推两遍，Ⅲ类土 | | | | |
|---|---|---|---|---|---|
| 编号 | 名 称 及 规 格 | 单位 | 数量 | 单价/元 | 合价/元 |
| 一 | 直接费 | | | | 455.74 |
| (一) | 基本直接费 | | | | 435.70 |
| 1 | 人工费 | | | | 36.95 |
| | 普工 | 工时 | 4.96 | 5.84 | 36.95 |
| 2 | 材料费 | | | | 33.60 |
| | 零星材料费 | 元 | 33.60 | 1.00 | 33.60 |
| 3 | 机械费 | | | | 365.15 |
| | 推土机　74kW | 台时 | 3.17 | 115.19 | 365.15 |
| (二) | 其他直接费 | % | 4.60 | | 20.04 |
| 二 | 间接费 | % | 13.30 | | 60.61 |
| 三 | 利润 | % | 7.00 | | 36.15 |
| 四 | 税金 | % | 9.00 | | 49.73 |
| 五 | 合计 | | | | 602.28 |

**表 5.16** 掺合土料运输上坝单价分析表

定额编号：[10414]                     定额单位：100m³ 自然方

| 施工方法 | 5m³ 挖掘机装土，32t 自卸汽车运 4km，土类级别为Ⅲ级 | | | | |
|---|---|---|---|---|---|
| 编号 | 名 称 及 规 格 | 单位 | 数量 | 单价/元 | 合价/元 |
| 一 | 直接费 | | | | 809.18 |
| （一） | 基本直接费 | | | | 773.59 |
| 1 | 人工费 | | | | 5.96 |
| | 普工 | 工时 | 0.80 | 7.45 | 5.96 |
| 2 | 材料费 | | | | 30.00 |
| | 零星材料费 | 元 | 30.00 | 1.00 | 30.00 |
| 3 | 机械费 | | | | 737.63 |
| | 挖掘机 液压反铲 5m³ | 台时 | 0.26 | 702.99 | 182.78 |
| | 推土机 88kW | 台时 | 0.08 | 137.03 | 10.96 |
| | 自卸汽车 32t | 台时 | 1.37 | 394.81 | 540.89 |
| | 其他机械费 | 元 | 3.00 | 1.00 | 3.00 |
| （二） | 其他直接费 | % | 4.60 | | 35.59 |
| 二 | 间接费 | % | 13.30 | | 107.62 |
| 三 | 利润 | % | 7.00 | | 64.18 |
| 四 | 税金 | % | 9.00 | | 88.29 |
| 五 | 合计 | | | | 1069.29 |

**表 5.17** 机械压实心墙单价分析表

定额编号：[10414]                     定额单位：100m² 自然方

| 施工方法 | 12～18t 羊足碾碾压 | | | | |
|---|---|---|---|---|---|
| 编号 | 名 称 及 规 格 | 单位 | 数量 | 单价/元 | 合价/元 |
| 一 | 直接费 | | | | 1042.33 |
| （一） | 基本直接费 | | | | 996.49 |
| 1 | 人工费 | | | | 373.93 |
| | 熟练工 | 工时 | 4.00 | 11.24 | 44.96 |
| | 半熟练工 | 工时 | 16.00 | 8.92 | 142.72 |
| | 普工 | 工时 | 25.00 | 7.45 | 186.25 |
| 2 | 材料费 | | | | 30.00 |
| | 零星材料费 | 元 | 30.00 | 1.00 | 30.00 |
| 3 | 机械费 | | | | 592.56 |
| | 拖拉机（74kW）牵引羊足碾（12～18t） | 组时 | 4.05 | 106.75 | 432.34 |
| | 推土机 74kW | 台时 | 0.59 | 115.19 | 67.96 |

续表

| 施工方法 | 12~18t 羊足碾碾压 | | | | |
|---|---|---|---|---|---|
| 编号 | 名　称　及　规　格 | 单位 | 数量 | 单价/元 | 合价/元 |
| | 蛙式打夯机　2.8kW | 台时 | 0.81 | 31.83 | 25.78 |
| | 刨毛机 | 台时 | 0.59 | 90.64 | 53.48 |
| | 其他机械费 | 元 | 13.00 | 1.00 | 13.00 |
| （二） | 其他直接费 | % | 4.60 | | 45.84 |
| 二 | 间接费 | % | 13.30 | | 138.63 |
| 三 | 利润 | % | 7.00 | | 82.67 |
| 四 | 税金 | % | 9.00 | | 113.73 |
| 五 | 合计 | | | | 1377.36 |

## 5.3　石方工程

### 5.3.1　概述

　　水电工程中的石方工程包括建筑物、构筑物的石方开挖、运输、回填、压实、砌筑等内容。根据施工条件和施工方法将水电工程中的石方工程分为一般石方、一般坡面石方、沟槽石方、坑挖石方、基础坡面石方、洞井石方、地下厂房石方等的开挖、运输、填筑、堆砌等，其主要区别参照表 5.18。

表 5.18　　　　　　　　　　石方工程项目划分一览表

| 项目 | 分类 | 对石方工程各项目的解释 |
|---|---|---|
| 明挖石方 | 一般坡面石方 | 设计倾角大于 20°，垂直于设计面的平均厚度小于或等于 5m 的石方开挖工程 |
| | 沟槽石方 | 底宽小于或等于 7m，两侧呈垂直或有边坡的条形石方开挖工程，如渠道、截水槽、排水沟等 |
| | 坑挖石方 | 上口面积小于或等于 200m²，深度小于或等于上口短边长度或直径的石方开挖工程 |
| | 基础坡面石方 | 设计倾角大于 20°，垂直于设计面的平均厚度小于或等于 5m 的坡面基础石方开挖工程，如水闸、排砂闸等建造在非岩基上的两岸边坡石方开挖 |
| | 基础石方 | 综合了坡面和底部石方开挖，适用于不同开挖深度的基础开挖工程，如混凝土坝、水闸、厂房、溢流堰、消力池等基础石方 |
| | 一般石方 | 除一般坡面石方、沟槽石方、坑槽石方、基础坡面石方和基础石方以外的明挖石方均属一般石方，如岸边开敞式溢洪道、渠道时水口、护坦、海漫等石方开挖工程 |
| 暗挖石方 | 平洞石方 | 洞轴线与水平夹角小于或等于 6°的地下洞挖工程 |
| | 斜洞石方 | 洞轴线与水平夹角为 6°~25°的地下洞挖工程 |
| | 斜井石方 | 水平夹角为 25°~75°的地下洞挖工程 |
| | 竖井石方 | 水平夹角大于 75°，上口面积大于 4m²，深度大于上口短边长度或直径的洞挖工程，如调压井、闸门井等 |
| | 地下厂房 | 地下厂房或窑洞式厂房石方开挖工程 |

石方工程的计量单位有自然方、成品方、清料方、码方等。石方开挖、出渣以自然方计量；石方的堆筑、砌筑以砌体的成品方（砌体方）计量；块石、片石等的石方备料运输均以码方计量；条石、料石的备料运输以清料方计量。编制石方工程单价时，如需进行体积间的换算，应根据工程的实际情况并参照定额规定的系数进行换算。

## 5.3.2　石方工程单价

石方工程单价的编制，首先应确定建筑物各施工部位的岩石级别，确定开挖、运输、填筑等工序的施工方法，所采用的机械设备及运输距离，按照定额计算工程单价。石方工程的单价主要包括石方开挖单价、石方运输单价、石方填筑单价、砌石工程单价等。

### 5.3.2.1　石方开挖单价

石方开挖由钻孔、爆破、撬移、解小、翻渣、修整断面、安全处理、挖排水沟等工作内容组成。根据施工条件与施工方法不同，石方开挖单价可分为明挖石方单价和暗挖石方单价。明挖石方单价的编制要根据不同的岩石级别和不同的工程部位，按不同的施工方法来选择定额计算开挖单价。如大坝工程基础开挖，可分为覆盖层开挖、河床石方开挖、坡面石方开挖、基础石方开挖等。地下工程施工表现为施工作业空间狭小、工序交叉多、施工干扰大、地质条件不稳定、施工不受外界气候条件影响等特点。因此，暗挖石方单价的编制应考虑开挖断面、施工条件、施工方法等。在编制石方开挖工程单价时应考虑以下问题：

（1）一般石方和一般坡面石方开挖的主要区别是设计倾角的大小和开挖的平均厚度。一般坡面石方开挖适用于设计倾角在 20°以上，且开挖的平均厚度在 5m 以内；若设计倾角小于 20°或倾角大于 20°，但开挖平均厚度大于 5m 则属一般石方开挖。坡度小，开挖层影响工效，而且爆破后的岩石滞留在坡面上需要做大量的翻渣清理工作。

（2）保护层石方开挖是指设计不允许破坏岩石结构的石方开挖工程，如河床坝基、发电厂基础、船闸基础、消能坑等工程连接岩基部分。保护层石方开挖又分为底部保护层开挖和坡面保护层开挖。当自然地面与水平面的倾角大于 20°时，为底部保护层开挖；当自然地面倾角大于 20°时，为坡面保护层开挖。在编制石方工程单价时，如果定额中已经根据设计规范和工程量计算规则，考虑了石方开挖时对保护层所采取的措施，如预裂爆破、光面爆破等，则在编制工程单价时就无须单独计算保护层开挖单价。例如，现行石方开挖概算定额，均已按各部位的不同要求，根据规范的规定，分别考虑了保护层开挖、预裂爆破、光面爆破等因素，编制单价时不再调整。

（3）基础石方和坡面石方开挖定额应根据设计开挖线的垂直平均深度选用；明挖石方定额中的开挖梯段高度是综合考虑的，使用定额时无须调整。

（4）石方开挖定额中所列的"合金钻头"是指风钻（手持式、气腿式）用的钻头，"钻头"指凿岩台车用的钻头。合金钻头数量包括重复使用的次数在内，因此要把修磨费计入材料预算价格。

（5）水电工程石方定额的资源消耗量一般是按 XIV 级以下岩石制定的，如实际施工中遇到 XIV 级以上的岩石，可按相应定额中的 XIII～XIV 级岩石对应的定额乘以表 5.19 中的系数进行调整。如有新的规定，则应按新的规定执行。

**表 5.19**　　　　　　　　　　　　　　ⅩⅣ级以上岩石开挖定额调整系数

| 项　　目 | 调 整 系 数 | | |
| --- | --- | --- | --- |
| | 人工 | 材料 | 机械 |
| 风钻为主定额 | 1.30 | 1.10 | 1.40 |
| 潜孔钻为主定额 | 1.15 | 1.20 | 1.20 |
| 液压钻、多臂钻为主定额 | 1.18 | 1.10 | 1.20 |
| 地质钻为主定额 | 1.15 | 1.10 | 1.20 |

（6）石方开挖的计量，应按工程设计的几何轮廓尺寸，并考虑根据施工技术规范规定允许的超挖量及必要的施工附加量所消耗的资源数量。如果定额中已经考虑，如现行概算定额，则在编制石方开挖单价时无须再计；否则，编制石方开挖单价时应计算允许超挖量及必要的施工附加量所消耗的资源数量。

现行水电工程概算定额中超挖量是按《水工建筑物岩石基础开挖工程施工技术规范》（DL/T 5389—2007）和《水工建筑物地下开挖工程施工技术规范》（DL/T 5099—1999）的规定分析计算；施工附加量则主要是根据工程设计施工详图资料统计分析计列。

施工附加量是指为满足施工需要而必须额外增加的工作量。需要额外增加工程量的情况有：因洞井开挖断面小，运输不方便，需扩大洞井尺寸而增加的工程量；石方工程爆破时，为保证施工人员及设备安全而增加的工程量；地下工程施工中，存放工具需要挖洞而增加的工程量；地下工程照明及存放照明等设备扩大断面而增加的工程量；挖临时排水沟增加的工程量等。施工附加量的计算应根据建筑物的类别和形式确定，如断面小的隧洞施工附加量大，而大坝的施工附加量相对来说则很小，具体计算时，应根据实际资料进行分析确定。

石方明挖工程的超挖量及施工附加量根据 DL/T 5389—2007 的规定，最大允许误差应符合下列规定：

1）平面高程一般应不大于 20cm。

2）边坡规格开挖高度小于 8m 时，一般应不大于 20cm。

3）边坡规格开挖高度为 8～15m 时，一般应不大于 30cm。

4）边坡规格开挖高度为 16～30m 时，一般应不大于 50cm。

地下工程石方开挖的超挖量及施工附加量根据 DL/T 5099—1999 规定的范围为平均径向超挖值，平洞不大于 20cm，斜井、竖井不大于 25cm。

（7）石方开挖定额中的其他材料费指除定额中已列示的炸药、雷管、导电（火）线、导爆管（索）、钻头以外的零星材料，包括脚手架、排架、操作平台、棚架等的搭拆摊销费，冲击器、钻杆、空心钢的摊销费，炮泥、燃香、火柴等次要材料费等。其费用按占主材费用的百分数计算。

（8）石方开挖定额中的其他机械使用费是指为完成该定额子目工作内容所需的主要机械之外的次要机械的费用。主要机械的消耗量以台（组）时表示，次要机械以其他机械使用费的形式出现。其他机械使用费按占主要机械的百分数表示。其他机械指风钻施工中的修钎设备、用于场内运输的载重汽车及使用量不大的一些零星机械。

（9）按现行《水电工程设计概算编制规定》，地下工程通风不计入石方（洞井）开挖单价，应计入枢纽工程第一部分施工辅助工程中的其他施工辅助工程。

### 5.3.2.2　石方运输单价

水电工程中石方的运输方式可分为人力运输、机械运输、人力与机械混合运输。人力运输如人工挑抬、人工推斗车或胶轮车运输等，人力运输适用于工作面狭小、运输距离短的施工条件，但劳动强度大；水电工程中采用最广泛的运输方式是机械运输，如挖掘机或装载机配合自卸汽车运输；人力与机械混合运输如人工装斗车配合卷扬机牵引运输、装岩机装石渣人工推斗车运输等。在编制石方运输单价时，应做运输方案比较，选择最优方案以节省运输费用。石方工程运输定额中涉及的机械可分为挖装机械、运输机械和辅助机械。挖装机械有挖掘机、装载机等，运输机械主要是自卸汽车，辅助机械主要是推土机、铲运机等，用于集结石料，便于挖装运输。在编制石方工程运输单价时，应考虑下列几个因素：

（1）运输距离是指从取料中心至卸料中心的距离，如坝基开挖的运输距离指从坝基开挖面的中心至弃料场的中心的距离。

（2）一般石渣的汽车运输时坡度已考虑在内，人力运输时应考虑坡度折算系数。

（3）对一个开挖工作面有几条运输路线而运输长度又不一样时，可按工程量比例算出综合平均运输距离。

（4）地下工程的石渣运输，洞内部分执行洞内运输定额，洞外部分执行露天定额。如从洞内到洞外连续运输，洞外部分执行露天增运定额。洞内运距按工作面长度的一半计算运输距离。

（5）石方的汽车运输定额仅适用于距离小于 10km 的短途运输，当运距超过 10km 时，应按当地交通运输部门的运价规定或当地运输市场的收费情况计算运输费用。

【例 5.2】　某水电工程平洞开挖断面参照图 5.2，A、B、C、D 各段的出渣运输距离依次为 100m、400m、400m 和 200m；施工支洞长 150m，洞外运距为 100m；A、B 段洞外运距分别为 300m 和 100m；C、D 段洞外运距分别为 100m，200m；假定开挖断面面积为 50m² 。求该平洞出渣洞内外综合运距。

**解**：该工程平洞出渣洞内外综合运距计算见表 5.20。

表 5.20　　　　　　　　　　运 距 计 算 表

| 工作面 | 工程量各占比例 | 洞内平均运距/m | 洞外平均运距/m |
|---|---|---|---|
| A | 100÷1100＝9％ | 50×9％＝4.5 | 300×9％＝27 |
| B | 400÷1100＝36.5％ | 350×36.5％＝128 | 100×36.5％＝37 |
| C | 400÷1100＝36.5％ | 350×36.5％＝128 | 100×36.5％＝37 |
| D | 200÷1100＝18％ | 100×18％＝18 | 200×18％＝36 |
| 综合运距/m | | 279 | 137 |

则该工程平洞出渣洞内运距为 279m，洞外运距为 137m。需注意的是，因为洞内外的运输是连续进行的，洞外运输的定额应查"洞外增运定额"。

### 5.3.2.3　石方填筑单价

水电工程中的石方填筑主要是堆石坝的施工，其施工过程包括堆石原料的备料和压实两个主要工序。堆石原料的备料又由覆盖层清除、堆石原料的开采、运输 3 个子工序组成，其单价编制的方法在本节前面已经介绍，可以参照编制。这里主要介绍堆石原料开采与一般石方开挖的不同及编制石方回填压实单价时应该注意的问题。

（1）堆石坝的石料有一定的质量要求，因此石方开采之前要将料场表面的树木杂草以及风化岩石等杂物进行清理，即覆盖层清除。覆盖层清除的单价编制可套用土方及石方定额进行。覆盖层清除的费用应进行摊销，摊销方法和摊销率的计算方法可参照土方工程。

（2）堆石坝对石料的尺寸和级配有一定的要求，因此编制堆石原料开采单价时，应严格按照施工设计所选用的爆破方法选择定额。

（3）堆石坝的坝体有分区要求，各区块石的级配和尺寸大小是不同的，尽管爆破设计时已经尽可能考虑这方面的要求，但经爆破后的石料不可能完全满足设计要求，有些石料还必须经过人工或机械分级处理，方能获得要求的级配和尺寸。编制综合单价时，应注意增加这方面工序的费用。

（4）现行机械填筑土石坝概算定额中已计入从开采到堆石坝填筑以及压实过程中所有的损耗及超填量、施工附加量，单价编制时不另计任何系数；如施工方法与定额要求不同，可利用各单项定额编制补充定额，另按式（5.15）计算石料的定额数量。

$$成品方定额数量 = 自然方定额数量 \times (1 + A) \times \frac{设计干容重}{天然干容重} \qquad (5.15)$$

式中：$A$ 为综合系数，包括石料从开采、上坝运输、雨后清理、边坡削坡、接缝削坡、施工沉陷、不可避免的压坏等损耗及超填量、施工附加量。按现行定额，坝体砂石料、反滤料取 3.20%；坝体堆石料、垫层料取 2.40%，如有新规定，则应按新规定执行。

（5）堆石坝的填筑分为综合定额和单项定额，其使用方法可参照土方工程中的综合定额与单项定额的使用方法。使用过程中注意不同定额单位的换算。

（6）石方工程定额中的人工是指完成该项定额子目工作内容所需的总的人工消耗量，即综合人工，包括主要用工及辅助用工，按技术等级分别列示。这些人工包括风钻人工、爆破人工、翻渣清理人工、移风管人工、拉电缆人工、修整断面人工（主要是块石开挖）、安全工、修洗钻工、零星用工等。

### 5.3.2.4　砌石工程单价

砌石工程由于料源丰富、可就地取材、施工所需设备少、耗用"三材"少、施工工艺简单、便于群众施工等优点广泛用于水电工程的附属工程中，其突出的缺点是劳动强度大和不易实现机械化施工。在介绍砌石工程单价编制之前，先了解与砌石工程造价编制有关的基本知识。

## 1. 砌石工程的基本知识（表 5.21）

表 5.21                砌石工程基本知识一览表

| 项目 | 名 称 | 内 容 |
|---|---|---|
| 砌石石料的种类 | 片石 | 一般为爆破产物，不进行加工的无一定形状的石块，石块的中间厚度不小于 15cm，单块重量不超过 20kg |
| | 块石 | 经爆破或人工开出的不规则石料，用手锤或尖钻打去尖角和薄边，要求上下两面大致平整，块厚大于 20cm，长度不超过厚度的 3 倍，每块体积大约为 0.01～0.05m³，码方空隙率不超过 40% |
| | 大卵石 | 小边直径（或厚度）不小于 20cm 的椭圆形或扁平形的天然河卵石，薄边及圆球形不宜用 |
| | 毛条石 | 长度大于 60cm 的长条形四棱方正、凹凸小于 30cm 的石料 |
| | 粗条石 | 由毛条石修凿而成，四棱上线，八角见方，六面修整基本平直，表面凹凸不超过 1cm |
| | 细条石 | 要求同粗条石，表面凹凸不超过 0.5cm |
| | 拱石 | 外形尺寸满足设计要求，按表面平整高度分为粗拱石、细拱石 |
| | 盖板石 | 由成层岩石开采加工而得的长方形石板，长度为 80～150cm，宽度为 40～80cm，厚度为 5～15cm，正面必须平整，四侧应修凿平直 |
| 砌石的分类 | 浆砌石 | 用胶结材料充填石料之间的空隙，使分散的石料形成一大体上的整体；浆砌石主要用于护坡、护底、基础、挡土墙、桥墩等工程 |
| | 干砌石 | 按照石块的形，经过人力安砌，使用石缝挤紧，各石块之间互相咬结紧密，石块之间没有胶结材料充填 |
| | 抛石 | 将石块或片石、大卵石装入用竹或其他材料（钢筋、铁丝等）编织而成的笼体内，安放在需要加固的地点（如河堤、岸坡），堆成一定形状的建筑物（如临时拦水堰） |

## 2. 砌石工程单价的编制

砌石工程单价的编制包括砌石原料价格的确定、胶结材料（半成品）价格的确定和砌石的砌筑单价。砌石原料的价格与砌石原料的备料途径有直接关系，砌石原料的备料途径有利用开采的石渣或河道中的天然卵石、从石料场开采块石或片石、直接购买成品石料等。当利用开采的石渣、块石或片石时，其单价可按石方工程开挖和运输单价的编制方法进行编制；当采用河道中的天然卵石时，其单价的编制应包括石料采集所耗用的人工费、机械费等；当直接购买成品石料时，其单价应按照材料单价的编制方法进行编制。胶结材料主要指水泥砂浆、混合砂浆等，其单价可参照混凝土和砂浆材料费的编制方法进行编制。砌筑单价应根据砌石种类、建筑物或结构物的结构型式等选择合适的定额进行编制。在编制砌石工程单价时应注意下列问题：

（1）石料自料场至施工现场堆放点的运输费包括在石料的单价中。施工现场堆放点至工作面的运输费用包括在砌石定额中。

（2）砌石工程量计算应按建筑物的设计几何轮廓尺寸，并应注意定额中是否考虑了施工技术规范允许的超填量、施工附加量和损耗。

（3）砌石工程定额的计量单位一般是建筑物的"实体方"。在使用不同定额时应注意计量单位之间的换算。

（4）浆砌石定额中一般已计入勾缝所消耗资源的费用，编制浆砌石砌筑单价时不再单独计算勾缝的费用。但工程对勾缝有特殊要求时，应另外增加由于特殊要求而增加的人工和材料费用。

（5）定额中不包括砌石工程外表面装饰性修凿费用，如设计要求在砌体外表面进行装饰性修凿时，应增加由于修凿所需的费用。

### 5.3.3　计算实例

**【例 5.3】**　某工程（属四类区）引水隧洞长 3500m，隧洞岩石为石灰岩，天然容重为 2650kg/m³，抗压强度为 1150kg/m³，隧洞沿线无大的地质构造，隧洞围岩工程地质分类为Ⅱ类，岩石级别判为Ⅹ级；隧洞为圆形断面，设计衬砌后隧洞过水断面直径为 8m，混凝土衬砌厚度为 70cm，根据规范规定隧洞超挖按 20cm 考虑；隧洞开挖采用钻爆法施工，拟用三臂液压凿岩台车钻孔，4m³ 装载机配 15t 自卸汽车出渣，在隧洞中部设有一施工支洞，支洞洞长 350m，由隧洞两端工作面和支洞进口的两个工作面开挖，如图 5.2 所示，根据如下已知条件编制该隧洞石方开挖概算单价。

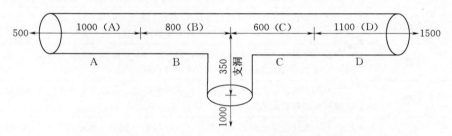

图 5.2　工作面长度及洞外运距示意图（单位：m）

已知的基础资料见表 5.22。

表 5.22　　　　　　　　　　　　算 例 基 础 资 料 表

| 项　　目 | 单位 | 单价/元 | 备注 | 项　　目 | 单位 | 单价/元 | 备注 |
|---|---|---|---|---|---|---|---|
| 一、人工预算单价 | | | | 三、机械台时费 | | | |
| 高级熟练工 | 工时 | 14.95 | | 装载机　4m³ | 台时 | 487.41 | |
| 熟练工 | 工时 | 11.24 | | 推土机　88kW | 台时 | 171.56 | |
| 半熟练工 | 工时 | 8.92 | | 三臂液压凿岩台车 | 台时 | 785.55 | |
| 普工 | 工时 | 7.45 | | 液压平台车 | 台时 | 184.14 | |
| 二、材料预算价格 | | | | 单斗挖掘机　液压反铲　6m³ | 台时 | 150.18 | |
| 乳化炸药 | kg | 7.03 | 猛度 14 | 载重汽车　汽油型　5t | 台时 | 97.44 | |
| 雷管（非电毫秒） | 个 | 2.50 | | 自卸汽车　柴油型　15t | 台时 | 195.58 | |
| 导爆管 | m | 0.35 | | 四、取费标准 | | | |
| 钻头 φ45~48mm | 个 | 610 | | 其他直接费费率 | % | 7.10 | |
| 钻头 φ100~102mm | 个 | 2500 | | 间接费费率 | % | 22.40 | |
| 凿岩台车钻杆 | kg | 25.00 | | 利润率 | % | 7.00 | |
| | | | | 税率 | % | 9.00 | |

**解：**（1）求开挖断面面积。根据已知条件，该圆形隧洞的设计开挖断面面积为

$$[\pi(8+0.7\times2)^2]\div4=69.4\ (\text{m}^2)$$

（2）选择开挖定额。因该隧洞岩石为石灰岩，岩石级别为 Ⅺ 级，采用三臂液压凿岩台车钻孔，设计开挖断面面积为 69.4m²，故应选择《水电建筑工程概算定额（2007 年版）》[20453] 定额和 [20458] 定额内插计算。

（3）选择石渣运输定额。

1）求出石渣运输洞内、洞外运距。

第一步，求出开挖各段的洞内、洞外运距。

A 段：由左向右开挖，洞内运距为 1000÷2＝500（m），洞外运距为 500m。

B 段：由右向左开挖，洞内运距为 350＋800÷2＝750（m），洞外运距为 1000m。

C 段：由左向右开挖，洞内运距为 350＋600÷2＝650（m），洞外运距为 1000m。

D 段：由右向左开挖，洞内运距为 1100÷2＝550（m），洞外运距为 1500m。

第二步，求出开挖各段的工程量比例。

开挖工程总量为 3500×69.4＝242900（m³）。

A 段：1000m×69.4÷242900＝28.57%。

B 段：800m×69.4÷242900＝22.86%。

C 段：600m×69.4÷242900＝17.14%。

D 段：1100m×69.4÷242900＝31.43%。

第三步，求出综合运距。

洞内运距：500×28.57%＋750×22.86%＋650×17.14%＋550×31.43%＝599（m），采用 600m。

洞外运距：500×28.57%＋1000×22.86%＋1000×17.14%＋1500×31.43%＝1014（m），采用 1000m。

故该平洞开挖石渣运输综合运距为洞内 600m，洞外增运 1000m。

计算结果见表 5.23。

表 5.23　　　　　　　　　　　石 渣 运 输 距 离 表

| 开挖区段 | A 段 | B 段 | C 段 | D 段 | 开挖区段 | A 段 | B 段 | C 段 | D 段 |
|---|---|---|---|---|---|---|---|---|---|
| 各开挖段长/m | 1000 | 800 | 600 | 1100 | 洞外运距/m | 500 | 1000 | 1000 | 1500 |
| 工程量比例/% | 28.57 | 22.86 | 17.14 | 31.43 | 洞内综合距离/m | 600 | | | |
| 洞内运距/m | 500 | 750 | 650 | 550 | 洞外综合运距/m | 1000 | | | |

故石方出渣按 4m³ 装载机装 15t 自卸汽车洞内运输 600m，洞外增运 1000m 计算。

2）选择石渣运输定额。根据上述计算结果和设备配置情况，选择定额为 [20453]，露天增运部分定额为 [21374]，由于运输定额不含施工超挖和施工附加量，[20453] 定额的施工超挖和施工附加量系数为 1.12，[20458] 定额的施工超挖和施工附加量系数为 1.08，故综合后应乘以系数 1.11（1.12×0.765＋1.08×0.235）。

（4）单价计算。根据已知条件，进行开挖和运输综合计算，计算结果详见表 5.24，故该隧洞石方开挖单价为 108.16 元/m³。

**表 5.24** 隧洞石方开挖单价分析表

定额编号：[20453]×0.765＋[20458]×0.235＋[21370]×1.11＋[21374]×1.11    定额单位：100m³

| 施工方法 | 开挖断面面积为69.4m²，岩石级别为Ⅹ级，三臂液压凿岩台车钻孔，4m³装载机装渣，15t自卸汽车洞内运输0.6km，洞外增运1km | | | | |
|---|---|---|---|---|---|
| 编号 | 名 称 及 规 格 | 单位 | 数量 | 单价/元 | 合价/元 |
| 一 | 直接费 | 元 | | | 7576.60 |
| （一） | 基本直接费 | 元 | | | 7074.32 |
| 1 | 人工费 | 元 | | | 855.48 |
| | 高级熟练工 | 工时 | 5.00 | 14.95 | 74.75 |
| | 熟练工 | 工时 | 19.00 | 11.24 | 213.56 |
| | 半熟练工 | 工时 | 30.00 | 8.92 | 267.60 |
| | 普工 | 工时 | 40.21 | 7.45 | 299.57 |
| 2 | 材料费 | 元 | | | 2102.80 |
| | 凿岩台车钻头 φ45～48mm | 个 | 0.53 | 610.00 | 323.30 |
| | 凿岩台车钻头 φ100～102mm | 个 | 0.10 | 2500.00 | 250.00 |
| | 凿岩台车钻杆 | kg | 6.97 | 25.00 | 174.25 |
| | 乳化炸药 | kg | 119.30 | 7.03 | 838.68 |
| | 非电毫秒雷管 | 个 | 77.53 | 2.50 | 193.83 |
| | 导爆管 | M | 404.98 | 0.35 | 141.74 |
| | 其他（零星）材料费 | 元 | 181.00 | | 181.00 |
| 3 | 机械使用费 | 元 | | | 4116.04 |
| | 轮式装载机 4.0m³ | 台时 | 1.37 | 487.41 | 667.75 |
| | 推土机 88kW | 台时 | 0.34 | 171.56 | 58.33 |
| | 自卸汽车（柴油型） 15t | 台时 | 5.80 | 195.58 | 1134.36 |
| | 三臂液压凿岩台车 | 台时 | 2.28 | 785.55 | 1791.05 |
| | 液压平台车 | 台时 | 0.88 | 188.14 | 165.56 |
| | 单斗挖掘机（液压反铲） 0.6m³ | 台时 | 1.22 | 150.18 | 183.22 |
| | 载重汽车（汽油型） 5t | 台时 | 0.48 | 97.44 | 46.77 |
| | 其他机械使用费 | 元 | 69.00 | | 69.00 |
| （二） | 其他直接费 | % | 7.10 | 7074.32 | 502.28 |
| 二 | 间接费 | % | 22.40 | 7576.60 | 1697.16 |
| 三 | 利润 | % | 7.00 | 9273.76 | 649.16 |
| 四 | 税金 | % | 9.00 | 9922.92 | 893.06 |
| 五 | 合计 | 元 | | | 10815.97 |

# 5.4　混凝土工程

## 5.4.1　概述

水力发电工程中的混凝土工程主要包括常规混凝土、预制混凝土、碾压混凝土、特种混凝土以及水工建筑物中的细部结构等。混凝土工程的内容主要包括水工建筑物及构筑物的混凝土拌和、运输、模板的制安、钢筋的制安、混凝土浇筑、止水及细部结构设施和混凝土的温度控制等，这也是混凝土工程单价计算的主要内容。所以混凝土工程单价指生产单位合格成品混凝土所需消耗的各种资源的直接费用以及其他直接费、间接费、利润和税金等的费用之和。但不包括砂石料加工、混凝土拌和等辅助生产系统土建工程的费用，也不包括生产用临时房屋、施工仓库等的建设费用，这部分费用列在"施工辅助工程"项中。本节简要介绍现浇混凝土单价、预制混凝土单价、沥青混凝土单价、温控费用及钢筋加工安装单价。

要正确编制混凝土工程的单价，应熟悉混凝土的分类、用途及混凝土工程的施工工艺和配合比设计。这样在编制混凝土工程单价时，才能正确确定单价个数，不至于漏算或重算。同时也便于正确列项和选择定额。

### 5.4.1.1　混凝土分类

**1. 按表观密度大小分类**

（1）重混凝土。干表观密度大于 $2600kg/m^3$，用特别密实的重骨料（如重晶石、铁矿石、铁屑等）配制而成，具有防辐射的性能，故又称防辐射混凝土。主要用于原子能工程的屏蔽结构。

（2）普通混凝土。干表观密度为 $2400kg/m^3$ 左右，以致密的砂石作为骨料配制而成。主要用于各类建筑物的承重结构。

（3）轻混凝土。干表观密度小于 $1950kg/m^3$。

**2. 按抗压强度分类**

按抗压强度可分为低强度混凝土（$f_{cu}<30MPa$）、高强度混凝土（$f_{cu}\geqslant60MPa$）以及超高强混凝土（$f_{cu}\geqslant100MPa$）。

**3. 按施工工艺分类**

按施工工艺可分为现浇混凝土和预制混凝土。混凝土施工工序如图 5.3 所示。

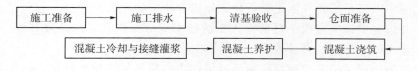

图 5.3　混凝土施工工序图

### 5.4.1.2　混凝土的配合比设计

混凝土是指由胶凝材料将集料胶结成整体的工程复合材料的统称。通常讲的混凝土一词是指用水泥做胶凝材料，砂、石做集料，与水（加或不加外加剂和掺合料）按一定比例配合，经搅拌、成型、养护而得的水泥混凝土，也称普通混凝土。它的配合比设计，需根据混凝土结构物的特点及部位、工作条件、施工方法、原材料状况，配置出满足工作性、强度、耐久性、和易性等技术要求，并尽量节约水泥，以降低工程投资。为满足混凝土质量，工程所用混凝土的配合比，必须通过试验确定。

确定混凝土配合比的步骤如下：

（1）根据设计要求的强度和耐久性选定水胶比。

（2）根据施工要求的工作度和石子最大粒径等选定用水量和砂率，用水量除以选定的水胶比计算出水泥用量（或胶凝材料的用量）。

（3）根据体积法或质量法计算砂、石用量。

（4）通过试验和必要调整，确定每立方米混凝土各项材料的用量和配合比。

（5）根据现场实际情况修正理论配合比，作为施工使用。

### 5.4.2　混凝土工程的工程量

水电工程中的水工建筑工程，由于建筑物所在地的地形、地质、水文等与之密切相关，建设及工作条件的复杂性，决定了水工建筑物造型的独特性。因此，现行的水电建筑工程概算定额均是按混凝土、钢筋分别计量编制的。钢筋混凝土建筑物及构筑物的混凝土和钢筋用量，必须根据本工程各建筑物的工况条件，分别计算混凝土及钢筋工程量。

1. 定额计量

现行的《水电建筑工程概算定额》混凝土的计量单位，除注明者外，均为建筑物及构筑物的成品实体方，应按建筑物或构筑物的设计轮廓尺寸计算；模板定额的计量单位除注明者外，均为满足建筑物体形及施工分缝要求所需的立模面积（m²），即混凝土与模板的接触面积。采用现行《水电建筑工程概算定额》时，混凝土超填量及施工附加量已计入定额中，水工设计工程量不再加计这部分工程量。采用实物分析法编制工程造价文件时，混凝土超填量及施工附加量只作为分析计算人工、材料、机械、费用等的耗用量的计算基数，不计入工程量清单中。

2. 定额人工、材料、机械消耗量

（1）定额中人工和机械的消耗量，人工以"工时"、机械以"台（组）时"为计量单位。定额人工和机械操作工工时包括基本工作、辅助工作，作业班内的准备与结束、不可避免的中断、必要的休息、工程检查、交接班、施工干扰、夜间工效影响，以及常用工具和机械小修、保养、加油、加水等全部时间。

（2）定额中人工是指完成该定额子目工作内容所需的人工消耗量。它包括主要用工和辅助用工，并按完成该项定额子目所需人工的技术等级分别列示出高级熟练工、熟练工、半熟练工、普工的工时及其合计数。

（3）定额中机械是指完成该项定额子目工作内容所需的机械消耗量。由主要机械和辅助机械组成。

（4）定额中材料是指完成该项定额子目工作内容所需的材料消耗量。由主要材料和辅助材料组成。

（5）现行《水电建筑工程概算定额》规定：人工、材料、机械的消耗量是完成每一有效单位实体所消耗的人工、材料、机械的数量。不构成实体的各种施工操作损耗、体积变化、允许超挖及超填量和施工附加量等因素已计入定额。

3. 混凝土定额材料量

（1）现行概算定额的混凝土浇筑定额中，混凝土材料量包括有效实体量、超填量、施工附加量及各种施工操作损耗（包括凿毛、干缩、运输、拌制、接缝砂浆等），可用下式表示：

$$Q_{ghc} = Q_{yhc}(1 + Q_{ct} + Q_{fj}) \tag{5.16}$$

式中：$Q_{ghc}$ 为概算定额混凝土材料量；$Q_{yhc}$ 为预算定额混凝土材料量；$Q_{ct}$ 为规范允许的超填量的百分数；$Q_{fj}$ 为施工附加量的百分数。

超填系数可按式（5.17）计算：

$$超填系数 = 1 + \frac{混凝土超填量}{混凝土设计浇筑量} \tag{5.17}$$

水力发电工程中，常见建筑物的施工附加量可参照表 5.25。

表 5.25　　　　　　　　混凝土工程施工附加量参考数值表

| 序号 | 项目名称 | 附加量/% | 序号 | 项目名称 | 附加量/% |
|---|---|---|---|---|---|
| 1 | 混凝土坝 | 1 | 6 | 平洞断面面积 100~150m² | 4 |
| 2 | 齿墙、截水墙 | 10 | | 平洞断面面积 >150m² | 3 |
| 3 | 地面厂房 | 2 | 7 | 船闸 | 2 |
| 4 | 河床＋电站厂房 | 1 | 8 | 进水口（塔） | 51 |
| 5 | 地下厂房 | 2 | 9 | 水闸 | 2 |
| 6 | 平洞断面面积 ≤10m² | 9 | 10 | 溢洪道 | 2.5 |
| | 平洞断面面积 10~30m² | 8 | 11 | 抽水站 | 5 |
| | 平洞断面面积 30~50m² | 7 | 12 | 明渠 | 0 |
| | 平洞断面面积 50~100m² | 6 | | | |

（2）现行概算定额混凝土定额材料中计入的超填量，是根据现行的施工规范允许的超挖量分析计算而来的；施工附加量是按国内已建工程施工图统计分析计算得出的。

【例 5.4】　某水力发电工程中，设计有一外径为 5.5m、混凝土衬砌厚度为 0.5m 的平洞。由施工规范可知，其施工允许超挖量为 0.2m。设计断面如图 5.4 所示。试求：①超填系数；②混凝土衬砌的概算定额混凝土材料量。

解：计算该平洞开挖断面面积：

$W_{设计外} = \pi(5.5/2)^2 = 23.76$（m²）

$10 < 23.76 < 30$

所以，施工附加量为 8%。

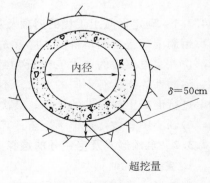

图 5.4　设计断面图

$W_{超填}=W_{超挖}=\pi\left[(5.5+0.4)/2\right]^2=27.34$（m²）

所以，每延米超填量 $=(27.34-23.76)\times1=3.58$（m³）

$W_{衬内}=\pi(4.5/2)^2=15.9$（m²）

所以，每延米衬砌量 $=(23.76-15.90)\times1.0=7.86$（m³）

超填系数 $=1+3.58/7.86=1.46$

即超填量 $=3.58/7.86=45.55\%$

所以，概算定额混凝土材料量 $=103\times(1+45.55\%+8\%)=158.17$（m³/100m³）

4. 混凝土的运输量

混凝土运输定额均以成品实方计算，即以建筑物的有效实体方量计算，混凝土水平及垂直运输定额中已包括施工（运输、浇筑）过程损耗量所消耗的人工、机械，但不包括施工技术规范允许的超填量及必要的施工附加量所消耗的人工、材料、机械。运输超填量及施工附加量所消耗的人工、材料、机械的费用，需根据超填量、施工附加量单独加计。

如地下厂房混凝土浇筑概算定额［40024］中，每 100m³ 成品方混凝土运量为 103m³，其中 3m³ 为施工附加量和混凝土超填量，单位有效实体方为 100m³。计算地下厂房上部结构混凝土运输费时，根据施工方法选定运输定额后，每完成 100m³ 实体方混凝土需在运输定额的基础上混凝土需加计 3m³ 超填量及施工附加量，即混凝土运输定额需乘 1.03 的系数。

5. 混凝土的拌制量

混凝土拌制按成品实体方计算，定额中已包括施工（拌制、运输、浇筑）过程损耗量所消耗的人工、机械，但不包括施工技术规范允许的超填量及必要的施工附加量所消耗的人工、材料、机械。拌制超填量及施工附加量所消耗的人工、材料、机械的费用，需根据超填量、施工附加量单独加计。

6. 混凝土模板量

模板定额的计量单位均按模板与混凝土接触面积以 100m² 计。模板外露部分已摊销在定额中。

## 5.4.3　现浇混凝土单价

### 5.4.3.1　确定混凝土工程的列项及在水电工程中的部位

编制混凝土工程单价前，应首先明确我们所面对的对象（混凝土）在整个水电工程中的部位。水电工程的各水工建筑物的不同部位对混凝土的强度、抗渗性、抗冻性、抗冲性、耐磨性等指标有不同的要求。不同部位混凝土的标号、材料组成等不尽相同，在此基础上进行混凝土材料费的计算。其次，我们还应对所编制的混凝土工程在项目划分中的列项，做到心中有数，这样不至于计算出的结果放错位置，从而影响整个工程的造价。

### 5.4.3.2　定额形式及定额号的选择

1. 定额形式的选择

定额形式指的是单项定额和综合定额。单项定额是按水工建筑物的不同部位而编制的。综合定额应用于能独立发挥作用的水工建筑物（一般是单项工程），它是由若干个单项定额所组成的。例如，重力坝的综合定额是由坝身、闸墩、胸墙、溢流面、导水墙、护坦、工作桥、混凝土拌和、混凝土运输等单项定额按一定比例进行综合计算的。在编制概算时，定额选择的原则是能用综合定额的不用单项定额。

2. 定额号的选择

选择定额号应根据编制定额时的"标志"来选择。水电工程中混凝土工程定额的标志主要有水工建筑物的名称、尺寸、施工工艺、施工方法、模板型式、运输方式、仓面面积及混凝土的标号、级配、品种、材料等。以混凝土大坝为例，各部位选择定额的标志见表 5.26。

表 5.26　　　　　　　　　　　混凝土大坝各部位选择定额的标志

| 坝身 | 溢流面 | 胸墙 | 导水墙 | 闸墩 | 护坦 | 工作桥 | 公路桥 | 平洞衬砌 |
|---|---|---|---|---|---|---|---|---|
| 垂直运输方式 | 垂直运输方式 | 闸墩开度 | 垂直运输方式 | 闸墩厚度 | 一个定额 | 闸孔净宽 | 主梁跨度 | 衬砌断面、开挖断面、模板等 |

需要说明的是，综合定额是按定额中主要单项工程的参数来选择定额号的。

### 5.4.3.3　混凝土工程单价计算

根据混凝土配合比计算单位混凝土材料用量，进而计算单位混凝土的材料单价。根据定额查找混凝土拌制、运输、浇筑所用的人工工时及机械台时，再根据基础单价计算混凝土工程的拌制单价、运输单价及浇筑单价。最后汇总得到混凝土工程单价。

## 5.4.4　预制混凝土单价

预制混凝土在预制现场浇制而成。不同尺寸、形状的预制混凝土都可采用纤维增强其可靠性及开裂后的韧性。近年来，预制混凝土以其低廉的成本、出色的性能，成为建筑业的新宠。繁多的样式加上出色的挠曲强度和性能，使其在路障、储水池、外墙、建筑和装饰领域得到广泛应用。预制混凝土工程单价由混凝土预制单价、构件运输单价、构件安装单价 3 个部分构成。混凝土预制工序和现浇混凝土基本相同，主要包括预制场冲洗、清理，模板制作、安装、拆除、修整，混凝土配料、拌制、浇筑、养护等。

1. 使用概算定额时应注意的问题

（1）预制混凝土构件制作安装定额除预制混凝土块外，其他定额均包括构件预制和安装的人工、材料、机械消耗，但不包括预制构件的运输损耗。预制构件运输损耗套用预制构件运输定额计算。

（2）预制构件定额已包括模板制作安装中人工、材料、机械消耗的摊销。

（3）预制构件定额中"混凝土水平运输"指搅拌楼或搅拌机出料口至预制场地及安装现场的全部水平运输。

2. 预制混凝土构件的适用范围

（1）预制混凝土闸门。适用于低水头的工作闸门。

（2）预制混凝土压力管。适用于水压力较小的输水工程。

（3）混凝土无压管。适用于无压或低压（5m 以下水头）的涵管。

（4）混凝土模板。大体积混凝土的模板，最后可作为建筑物的一部分，不用拆除，成本高，需要大型起重运输设备。

（5）混凝土廊道模板。作为建筑物的一部分，为廊道施工快速服务。

（6）混凝土梁。适用于工作桥梁、厂房大梁。

（7）混凝土板。适用于工作桥、房屋面板、暖气沟、地沟、电缆沟、排水沟盖及交通设施盖板。

（8）柱、桩。适用于混凝土牛腿、围墙柱、矩形柱及各类圆形柱等。

（9）预制混凝土块。适用于坝砌体及截流用预制块。

### 5.4.5　沥青混凝土单价

沥青是一种能溶于有机溶剂，常温下呈固态、半固态或液体状态的有机胶结材料。沥青具有良好的黏结性、塑性和不透水性，且有加热后溶化、冷却后黏性增大等特点，因而被广泛用于建筑物的防水、防潮、防渗、防腐等工程中。在水电工程中，沥青常用于防水层、伸缩缝、止水及坝体防渗工程。

沥青混凝土是由粗骨料（碎石、卵石）、细骨料（砂、石屑）、填充料（矿粉）组成连续级配，和沥青按适当比例配置搅拌成混合物，经过浇筑、压实而成。

#### 5.4.5.1　沥青混凝土的分类

**1．按骨料级配和种类分类**

沥青混凝土按骨料级配和种类可分为粗级配、密级配和细级配沥青混凝土和沥青砂浆。

（1）粗级配沥青混凝土指粗粒式沥青混凝土，混合料中最大骨料粒径为 35mm。

（2）密级配沥青混凝土指中粒式沥青混凝土，混合料中最大骨料粒径为 25mm。

（3）细级配沥青混凝土指细粒式沥青混凝土，混合料中最大骨料粒径为 15mm。

（4）沥青砂浆指砂质沥青混凝土，混合料中最大骨料粒径为 5mm。

**2．按用途分类**

沥青混凝土按用途可分为水工沥青混凝土和道路沥青混凝土。

**3．按压实后的密度分类**

按混合料（指粗骨料、细骨料、填充料）压实后的密实度分类，水工常用的沥青混凝土为碾压式沥青混凝土，分为开级配、密级配和碎石型沥青混凝土。

**4．按施工方法分类**

沥青混凝土按施工方法可分为碾压式沥青混凝土和浇灌式沥青混凝土。通常沥青混凝土采用热拌沥青、混合料，用碾压法施工，混合料流动性小；沥青砂浆用浇筑法施工，混合料流动性大。

#### 5.4.5.2　沥青的技术指标

沥青的技术指标主要包括针入度、黏滞度、延伸度、软化点。针入度是测定黏稠沥青黏性的指标。通常采用沥青温度为 25℃、测定针入度标准针的质量为 100g、时间为 35s 时，标准针插入试件中的深度，以 1/10mm 计，针入度越小沥青越硬。针入度的平均值即为沥青牌号。黏滞度是测定液体沥青黏性的指标。通常采用 25℃ 液体沥青，流孔直径为 3mm 时，流出 50mL 试样所需的时间（s）来表示。黏滞度越小，液体沥青黏性越低。延伸度是测定沥青在外力作用下的变形能力的指标。将沥青制成 8 字形标试件，一般放在 25℃ 水中，按拉伸速度为 5cm/min 至断裂时的伸长度（以 cm 计）即为沥青延伸度。延伸度越大，沥青塑性越好。软化点是指沥青在受热后由固态转化为一定流动状态的温度。

### 5.4.5.3 沥青的选用

（1）对表面防渗，一般选用针入度为 40～100（1/10mm）、软化点为 50℃ 的直馏石油沥青（提炼汽油、柴油、润滑油后的油渣，经过减压蒸馏，将得到不同稠度的沥青，此为直馏石油沥青）。

（2）对于防渗墙的基层涂层及防渗层沥青混凝土的层间结合涂层，可采用乳化沥青。乳化沥青污染小，用量少，劳动条件好，将逐步取代稀释沥青。

### 5.4.5.4 沥青混凝土单价

沥青混凝土单价由三部分组成：半成品单价、沥青混凝土运输单价、沥青混凝土铺筑单价。

1. 半成品单价

沥青混凝土半成品单价指组成沥青混凝土配合比的多种材料的价格。

2. 沥青混凝土运输单价

根据施工组织设计选定的施工方案，分别计算水平运输和垂直运输单价，再按沥青混凝土运输数量乘以每立方米混凝土运输费用计入沥青混凝土单价。

3. 沥青混凝土铺筑单价

（1）沥青混凝土心墙。沥青混凝土心墙铺筑，包括模板制作、安装、拆迁、修理，配料、加温、拌和、铺筑、夯实及施工层铺筑前处理等工作内容。

（2）沥青混凝土斜墙。沥青混凝土斜墙铺筑包括配料、加温、拌制、摊铺、碾压、接缝加热等工作内容。

均以混凝土铺筑数量乘以每立方米（成品实体方）混凝土铺筑费用计入混凝土单价。

## 5.4.6 混凝土温控费用的计算

混凝土温度控制指为防止大体积混凝土产生温度裂缝或混凝土接缝灌浆后再次裂开而采取的一系列措施。这些措施包括混凝土拌和前通过冷风或冷水对骨料的预冷，混凝土拌和中加入冷水或片冰，以及混凝土浇筑后采取的通水冷却或保温等。混凝土温控费用指采取以上措施所消耗的各种资源的费用之和。因此，混凝土温度控制的总费用 $F_{总}$ 可用下式表示：

$$F_{总} = \sum_{i=1}^{n} Q_i U_i \tag{5.18}$$

式中：$Q_i$ 为第 $i$ 措施所消耗的资源数量；$U_i$ 为第 $i$ 措施所消耗的资源单价。

水电工程中，并非所有坝体混凝土都需要采取温控措施。因此，通常要求出采取温控措施的混凝土的单方费用 $U_c$，若需要进行温度控制的混凝土数量为 $Q_c$，则 $U_c$ 可用下式表示：

$$U_c = \frac{F_{总}}{Q_i} \frac{\sum\limits_{i=1}^{n} Q_i U_i}{Q_c} \tag{5.19}$$

在式 (5.18) 和式 (5.19) 中，$U_i$ 可根据冷却系统不同温控要求所配置的运行设备的台时总费用除以相应台时产量求得，即

$$U_i = \frac{生产第\ i\ 种材料的冷却系统台时总费用}{第\ i\ 种材料台时总产量} \tag{5.20}$$

一年中每个月的平均气温是不尽相同的，因此同样一种温控措施，在不同的时段 $U_i$ 是不同的，这样就需要计算出每一个时段的 $U_i$，才能计算出温控总费用。为了简化计算，引入折算系数 $\eta$，假定某个控制时段（如一年中的 7 月）的 $\eta = 1.0$，并假定温控材料单价与混凝土（或混凝土材料）的降温幅度成正比。这样，某一时段（通常一个月）的折算系数就可用各时段的平均温度来推求。用公式表示就是

$$U_{ik} = U_{i0} U_k \tag{5.21}$$

式中：$U_{ik}$ 为第 $i$ 种温控材料在第 $k$ 时段的单价；$U_{i0}$ 为第 $i$ 种温控材料在标准时段的单价。

通常假定 $\eta_0 = 1.0$，$\eta_k$ 可用下式表示：

$$\eta_k = \frac{k\ 时段的平均气温}{标准时段的平均气温} \tag{5.22}$$

**【例 5.5】**　某水力发电工程的挡水建筑物为一混凝土拦河大坝，为降低夏季混凝土的出机口温度，温控设计要求用 2℃ 的水进行混凝土拌和。该工程所在地 7 月平均温度为 29.47℃，5 月平均温度为 27.21℃，若已计算出 7 月时 2℃ 水的单价为 2.4 元/t，冷风的单价为 0.009 元/m³，用 2℃ 水制冰（−8℃）的单价为 67.20 元/t。试求 5 月冷水、冷风和片冰的单价。

**解：**将 7 月作为标准时段，取 $\eta_0 = 1.0$。

5 月时的折算系数：$\eta_k = 27.21/29.47 = 0.92$

则 5 月的冷水单价：$2.40 \times 0.92 = 2.21$（元/t）

5 月的冷风单价：$0.009 \times 0.92 = 0.0083$（元/m³）

5 月生产片冰的单价：$67.20 \times 0.92 = 61.82$（元/t）

**【例 5.6】**　某水力发电工程坝体混凝土总量为 573 万 m³，采取了如下温控措施：

（1）降低出机口温度。

1）采用 2℃ 冷水拌和。

2）采用 −8℃ 片冰拌和。

3）采用 8℃ 冷风预冷。

4）采用 2℃ 冷水喷淋。

（2）采用 2℃ 冷水一期冷却，以降低最高温升。

（3）采用 2℃ 冷水二期冷却，以满足灌浆温度要求。

（4）采用保温被保温。

已计算出 7 月时 2℃ 水的单价为 2.4 元/t，8℃ 冷风的单价为 0.0028 元/m³，−8℃ 片冰的单价为 55.6 元/t，2℃ 冷水喷淋的单价为 2.54 元/t。一期通水冷却费用为 0.364 元/m³，二期通水冷却费用为 2.63 元/m³，保温费用的 1.5 元/m³。

该工程混凝土温度控制的费用计算见表 5.27。

**表 5.27　　　　某水电工程坝体温控费用计算表**

| 项目 | 1月 | 2月 | 3月 | 4月 | 5月 | 6月 | 7月 | 8月 | 9月 | 10月 | 11月 | 12月 | 平均值 |
|---|---|---|---|---|---|---|---|---|---|---|---|---|---|
| 月平均温度/℃ | 13.6 | 15.19 | 19.18 | 23.87 | 27.21 | 27.85 | 29.47 | 28.43 | 26.89 | 23.08 | 19.14 | 15.22 | |
| 出机口温度/℃ | 13.62 | 15.19 | 15.0 | 12 | 12 | 12 | 12 | 15 | 16 | 16 | 15 | 15.22 | |
| $\eta_k$ | 0.46 | 0.52 | 0.65 | 0.81 | 0.92 | 0.95 | 1.0 | 0.96 | 0.91 | 0.78 | 0.66 | 0.52 | |
| 坝体混凝土量/万 m³ | 55 | 55 | 54 | 54 | 54 | 40 | 40 | 40 | 42 | 42 | 42 | 55 | |
| 材料单价　2℃水/(元/t) | | | 1.56 | 1.94 | 2.21 | 2.28 | 2.40 | 2.30 | 2.18 | 1.87 | 1.58 | | |
| 　　　　8℃冷风/(元/m³) | | | 0.0018 | 0.0023 | 0.0026 | 0.0027 | 0.0028 | | | | 0.0018 | | |
| 　　　　−8℃片冰/(元/t) | | | | 45.04 | 51.15 | 52.82 | 55.6 | 53.38 | 50.60 | 43.37 | | | |
| 　　　　2℃喷淋水/(元/t) | | | | 2.06 | 2.34 | 2.41 | 2.54 | 1.95 | 1.74 | 1.49 | | | |
| 材料耗量　2℃水/t | | | 0.044 | 0.055 | 0.055 | 0.055 | 0.055 | 0.044 | 0.041 | 0.041 | 0.041 | | |
| 　　　　8℃冷风/m³ | | | 524 | 655 | 655 | 655 | 655 | | | | 524 | | |
| 　　　　−8℃片冰/t | | | | 0.05 | 0.05 | 0.05 | 0.05 | 0.04 | 0.038 | 0.038 | | | |
| 　　　　2℃喷淋水/t | | | | 2.82 | 2.82 | 2.82 | 2.82 | 2.26 | 2.12 | 2.12 | | | |
| 每立方米混凝土温控费用/元　2℃水 | | | 0.069 | 0.107 | 0.122 | 0.125 | 0.132 | 0.101 | 0.089 | 0.077 | 0.065 | | 0.074 |
| 　　　　8℃冷风 | | | 0.94 | 1.51 | 1.70 | 1.77 | 1.83 | | | | 0.94 | | 0.725 |
| 　　　　−8℃片冰 | | | | 2.25 | 2.56 | 2.64 | 2.78 | 2.14 | 1.92 | 1.65 | | | 1.328 |
| 　　　　2℃喷淋水 | | | | 5.81 | 6.60 | 6.80 | 7.16 | 4.41 | 3.69 | 3.16 | | | 3.135 |
| 　　　　一期通水 | 0.364 | 0.364 | 0.364 | 0.364 | 0.364 | 0.364 | 0.364 | 0.364 | 0.364 | 0.364 | 0.364 | 0.364 | 0.364 |
| 　　　　二期通水 | 2.63 | 2.63 | 2.63 | 2.63 | 2.63 | 2.63 | 2.63 | 2.63 | 2.63 | 2.63 | 2.63 | 2.63 | 2.63 |
| 　　　　保温 | 1.50 | 1.50 | 1.50 | 1.50 | 1.50 | 1.50 | 1.50 | 1.50 | 1.50 | 1.50 | 1.50 | 1.50 | 1.50 |
| 小计/(元/m³) | 4.49 | 4.49 | 5.50 | 14.17 | 15.47 | 15.83 | 16.40 | 11.14 | 10.19 | 9.38 | 5.50 | 4.49 | 9.76 |
| 月费用/(元/月) | 247 | 247 | 297 | 765 | 835 | 633 | 656 | 446 | 428 | 394 | 231 | 247 | |
| 温控总费用＝573 万 m³×9.76 元/m³＝5583 万元 | | | | | | | | | | | | | |

## 5.4.7　钢筋的加工安装单价

### 5.4.7.1　钢筋加工

钢筋从生产厂家运至工程现场的钢筋堆放地，应按规格、型号、品种等不同分别堆存，同时出厂时，应有产品质量检验单及出厂证明，加工前应做抗拉及冷弯试验，以便根据设计要求合理用料。

钢筋加工一般在专门的钢筋加工厂进行，包括调直、除锈、画线、下料和弯曲等工序。有时还应进行焊接和冷拉作业。

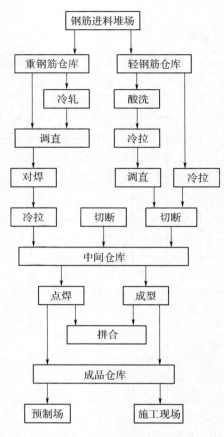

图 5.5　钢筋加工工艺流程图

钢筋就其直径而言可以分为两类，直径不大于 12mm 卷成盘条的称轻筋，大于 12mm 棒状的称重筋。两者加工工艺特点有所不同，如图 5.5 所示。

#### 5.4.7.2　钢筋安装

根据建筑物的结构尺寸，加工、运输、起重设备的能力，钢筋安装可采用散装和整装两种方式。散装是将加工成型的单根钢筋运到工作面，按设计图纸绑扎或电焊成型。散装对运输要求相对较低，不受设备条件的限制，但工效低、高空作业安全性差，且质量不易得到保证。对机械化程度较高的大中型工程，已逐步为整装所代替。

整装是将加工成型的钢筋，在焊接车间用点焊焊接交叉结点，用对焊接长，形成钢筋网和钢筋骨架。整装件由运输机械成批运至现场，用起重机具吊运入仓就位，按图拼合成型。整装在运、吊过程中要采取加固措施，合理布置支撑点和吊点，以防过大的变形和破坏。实践证明，整装不仅有利于提高安全质量，而且有利于节约材料，提高工效，加快进度，降低成本。

无论散装还是整装，钢筋应避免油污，安装位置、间距、保护层及各部位的型号、规格均应符合设计要求。

#### 5.4.7.3　钢筋制作与安装单价

现行《水电建筑工程概算定额》钢筋制作与安装定额是按水电工程常用规格型号的钢筋综合拟定的，并以地下工程和地面工程分列。在概算编制时可根据工程部位编制钢筋制作与安装单价。

### 5.4.8　混凝土工程单价编制算例

【例 5.7】　某水电工程（属一般地区）隧洞设计开挖直径为 8m，混凝衬砌厚度为 70cm，混凝土强度等级为 C20，二级配，水泥强度等级为 32.5；强制式搅拌楼拌制常态混凝土，搅拌楼型号为 $2 \times 3.0 \mathrm{m}^3$；采用 $30 \mathrm{m}^3/\mathrm{h}$ 混凝土输送泵运输，人工入仓浇筑，水平输送折算长度为 200m。求隧洞混凝土衬砌工程单价（暂不计模板单价）。

#### 5.4.8.1　已知条件

1．一般地区的人工预算单价

高级熟练工为 10.26 元/工时，熟练工为 7.61 元/工时，半熟练工为 5.95 元/工时，普工为 4.90 元/工时。

2．施工水价

施工水价为 0.73 元/$\mathrm{m}^3$。

3. 砂石料单价

水泥单价为 430 元/t，粗砂单价为 55 元/$m^3$，卵石单价为 65 元/$m^3$。

4. 混凝土的配合比

混凝土的配合比见表 5.28。

表 5.28　　　　　　　　　　　纯混凝土材料配合比及材料用量

| 混凝土强度等级 | 水泥强度等级 | 水灰比 | 级配 | 最大粒径/mm | 配 合 比 | | | 预 算 量 | | | | | |
|---|---|---|---|---|---|---|---|---|---|---|---|---|---|
| | | | | | 水泥 | 砂 | 石子 | 水泥/kg | 粗砂 | | 卵石 | | 水 |
| | | | | | | | | | kg | $m^3$ | kg | $m^3$ | $m^3$ |
| C20 | 32.5 | 0.55 | 2 | 40 | 1 | 2.53 | 4.72 | 289 | 733 | 0.49 | 1382 | 0.81 | 0.15 |

5. 机械台时费

机械台时费见表 5.29。

表 5.29　　　　　　　　　　　机 械 台 时 费 表

| 序号 | 设　备 | 单　价 | 序号 | 设　备 | 单　价 |
|---|---|---|---|---|---|
| 1 | 混凝土搅拌楼 2×3.0$m^3$ | 383.97 元/台时 | 4 | 混凝土输送泵 30$m^3$/h | 87.79 元/台时 |
| 2 | 骨料系统 | 213.05 元/组时 | 5 | 插入式振捣器 2.2kW | 4.20 元/台时 |
| 3 | 水泥系统 | 76.06 元/组时 | 6 | 风水枪 2~6$m^3$/min | 78.58 元/台时 |

6. 费率

其他直接费费率为 6.40%，间接费费率为 13.02%，利润率为 7.00%，税率为 9.00%。

### 5.4.8.2 解答

1. 计算隧洞开挖断面面积

$$S = (8/2)^2 \pi = 50.26 \ (m^2)$$

因此，隧洞混凝土浇筑定额（概算）选 [40058]（隧洞衬砌，人工入仓，开挖断面面积为 60$m^2$，衬砌厚度为 70cm），混凝土拌制定额选择 [40395]（强制式搅拌楼拌制常态混凝土，搅拌楼型号为 2×3$m^3$），混凝土运输定额选择 [40475]（采用 30$m^3$/h 混凝土输送泵运输，水平输送折算长度为 200m）。

2. 计算混凝土材料单价

C20 混凝土材料单价＝289×0.43＋0.49×55＋0.81×65＋0.15×0.73

$$= 203.98 \ (元/m^3)$$

3. 计算混凝土拌制单价（表 5.30）

表 5.30　　　　　　　　　强制式搅拌楼拌制常态混凝土单价费用表

定额编号：[40395]　　　　　　　　　　　　　　　　　　　　　　　定额单位：100$m^3$

| 项　　目 | | 单位 | 数量 | 单价 | 合价 |
|---|---|---|---|---|---|
| （一） | 基本直接费 | 元 | | | 668.05 |
| 1 | 人工费 | 元 | | | 83.12 |

续表

| 项　目 | 单位 | 数量 | 单价 | 合价 |
|---|---|---|---|---|
| 高级熟练工 | 工时 | | | |
| 熟练工 | 工时 | 2.00 | 7.61 | 15.22 |
| 半熟练工 | 工时 | 4.00 | 5.95 | 23.8 |
| 普工 | 工时 | 9.00 | 4.90 | 44.1 |
| 2　材料费 | 元 | | | 33.00 |
| 零星材料费 | 元 | 33.00 | | 33.00 |
| 3　机械费 | 元 | | | 551.93 |
| 混凝土搅拌楼 | 台时 | 0.82 | 383.97 | 314.86 |
| 骨料系统 | 组时 | 0.82 | 213.05 | 174.70 |
| 水泥系统 | 组时 | 0.82 | 76.06 | 62.37 |

**4. 计算混凝土运输单价（表 5.31）**

表 5.31　　　　　　　　　泵 （30m³/h） 送混凝土运输单价费用表

定额编号：〔40475〕　　　　　　　　　　　　　　　　　　　　定额单位：100m³

| 项　目 | 单位 | 数量 | 单价 | 合价 |
|---|---|---|---|---|
| （一）　基本直接费 | 元 | | | 796.21 |
| 1　人工费 | 元 | | | 153.14 |
| 高级熟练工 | 工时 | | | |
| 熟练工 | 工时 | | | |
| 半熟练工 | 工时 | 9.72 | 5.95 | 57.83 |
| 普工 | 工时 | 19.45 | 4.90 | 95.31 |
| 2　材料费 | 元 | | | 54.00 |
| 零星材料费 | 元 | 54.00 | | 54.00 |
| 3　机械费 | 元 | | | 589.07 |
| 混凝土输送泵 HB30 | 台时 | 6.71 | 87.79 | 589.07 |

**5. 计算混凝土工程单价（表 5.32）**

隧洞衬砌：人工入仓，开挖断面面积为 60m²，衬砌厚度为 70cm。

表 5.32　　　　　　　　　　　　混 凝 土 工 程 单 价 表

定额编号：〔40058〕　　　　　　　　　　　　　　　　　　　　定额单位：100m³

| 项　目 | 单位 | 数量 | 单价 | 合价 |
|---|---|---|---|---|
| 一　直接费 | 元 | | | 38647.44 |
| （一）　基本直接费 | 元 | | | 36322.78 |
| 1　人工费 | 元 | | | 5760.00 |
| 高级熟练工 | 工时 | 36.00 | 10.26 | 369.36 |

| | 项　目 | 单位 | 数量 | 单价 | 合价 |
|---|---|---|---|---|---|
| | 熟练工 | 工时 | 199.00 | 7.61 | 1514.39 |
| | 半熟练工 | 工时 | 271.00 | 5.95 | 1612.45 |
| | 普工 | 工时 | 462.00 | 4.90 | 2263.80 |
| 2 | 材料费 | 元 | | | 28034.79 |
| | 混凝土 | m³ | 137.00 | 203.98 | 27945.26 |
| | 水 | m³ | 61.00 | 0.73 | 44.53 |
| | 其他材料费 | 元 | 45.00 | | 45.00 |
| 3 | 机械费 | 元 | | | 607.47 |
| | 插入式振捣机　2.2kW | 台时 | 43.74 | 4.20 | 183.71 |
| | 风水枪　2～6m³/min | 台时 | 5.24 | 78.58 | 411.76 |
| | 其他机械使用费 | 元 | 12.00 | | 12.00 |
| 4 | 混凝土拌制 | m³ | 133.00 | 6.61 | 879.13 |
| 5 | 混凝土水平运输 | m³ | 133.00 | 7.83 | 1041.39 |
| 6 | 混凝土垂直运输 | m³ | 133.00 | | 0.00 |
| 7 | 立模面积 | m² | 100～141 | | 0.00 |
| （二） | 其他直接费 | % | 6.40 | | 2324.66 |
| 二 | 间接费 | % | 13.02 | 38647.44 | 5031.90 |
| 三 | 利润 | % | 7.00 | 43679.34 | 3057.55 |
| 四 | 税金 | % | 9.00 | 46736.89 | 4206.32 |
| 五 | 合计 | | | | 50943.22 |

混凝土工程单价（不含模板单价）为 509.43 元/m³。

## 5.5　基础处理工程

### 5.5.1　概述

水工建筑物一般建于天然地基上。但天然地基往往不能完全满足要求，如经常遇到深厚覆盖层地基，渗透性大、节理裂隙发育的岩层以及软弱夹层、断层破碎带等地质条件复杂的地基，需要进行处理，以保证工程运行安全。

基础处理工程是为了提高地基承载能力和稳定性，改善和加强其防渗性能及结构物本身整体坚固性所采取的工程措施。从施工角度讲，主要是采用灌浆、地下连续墙、桩基、高压喷射灌浆、强夯、预应力锚固、开挖回填等，或者是这几种方法的组合应用。

#### 5.5.1.1　实施基础处理工程的目的

根据建筑物地基条件，基础处理的目的可归纳为以下几个方面：

（1）提高地基的承载能力，改善其变形特性。

（2）改善地基的剪切特性，防止剪切破坏，减少剪切变形。

（3）改善地基的压缩性能，减少不均匀沉降。

（4）减少地基的透水性，降低扬压力和地下水水位，提高地基的稳定性。

（5）防止地下洞室围岩坍塌和边坡危岩或陡壁滑落。

（6）改善地基的动力特性，防止液化。

#### 5.5.1.2　基础处理的主要方法

由于建筑物对基础的要求和地基的地质条件不同，基础处理的方法很多，按处理的方法可分以下几项：

（1）灌浆。主要有防渗帷幕、固结、接缝、接触和回填等水泥灌浆以及化学灌浆。

（2）地下连续墙。有钢筋混凝土连续墙、素混凝土连续墙、塑性混凝土连续墙、固化灰浆连续墙、自凝灰浆连续墙等。

（3）桩基。主要有灌注桩、振冲桩和高喷桩等。

（4）预应力锚固。主要有建筑物地基锚固、挡土墙锚固以及高边坡山体锚固等。

（5）开挖回填。主要有坝基截水槽、防渗竖井、沉箱、软弱地带传力洞、混凝土塞以及抗滑桩等。

由于基础处理工程的种类很多，后面将着重介绍目前水利水电工程在基础处理中应用较广泛的灌浆工程、地下连续墙工程、桩基工程和高喷灌浆工程。

#### 5.5.1.3　基础处理工程的施工特点

（1）地基处理属于地下隐蔽工程。由于地质条件复杂且情况多变，一般难以全面了解。因此，施工前必须充分地调查研究，掌握比较准确的勘测试验资料。必要时应进行补充地质勘探，据以制定相应的技术措施。

（2）施工质量要求高。水工建筑物地基处理的施工质量，关系到工程的安危，一般难以全面准确地直接进行检测，发生质量事故，又难以补救。因此，在施工过程中要继续搜集资料，及时分析、处理发现的问题，确保工程质量，不留隐患。

（3）工程技术复杂、施工难度大。已建或在建工程的地基处理中，因地质条件的不同，很少有先例可以直接参考套用。因此，在施工过程中需要进行室内或现场试验，逐步取得各项参数和施工经验，以供选择处理方案和解决施工中的技术问题。

（4）工艺要求严格，施工连续性强。地基处理工程特别是防渗墙和灌浆工程施工环节多，工艺要求严格，每一作业循环都要求按顺序连续快速进行，稍有延误和疏忽，就可能造成质量事故和重大经济损失。

（5）工期紧，干扰大。地基处理工程施工，一般会受到汛期和工作面的限制，大部分施工先于或与主体工程交错进行，施工工期紧，干扰大。因此，需要按枢纽工程施工总进度，统筹制定施工措施和施工计划，以便地基处理工程施工顺利进行。

#### 5.5.1.4　编制基础处理工程单价的主要依据

（1）人工预算单价、材料预算单价及其他基础单价。

（2）施工工艺及施工方法。

（3）根据施工组织设计提供的施工工艺和施工方法选择确定基础处理工程的项目组合。

（4）现行的定额。

（5）现行《水电工程设计概算编制规定》。

（6）《水电工程设计概算费用标准》给出的基础处理工程单价中的相关费用标准。

## 5.5.2 钻孔灌浆工程

灌浆就是利用灌浆机施加一定压力，将浆液通过预先设置的灌浆管或灌浆孔灌入岩体、土或结构建筑物中，使其胶结成相对坚固、相对密实和透水性较弱的整体。

### 5.5.2.1 灌浆工程的主要作用和适用范围

（1）灌浆工程的主要作用。灌浆工程的直接目的是修补地质缺陷，主要起到以下作用：

1）充填作用。浆液结石将地层空隙充填起来，提高地层的密实性，也可以阻止水流的通过。

2）压密作用。在浆液被压入过程中，对地层产生挤压，从而使那些无法进入浆液的细小裂隙和孔隙受到压缩或挤密，使地层密实性和力学性能都得到提高。

3）黏合作用。浆液结石使已经脱开的岩块、建筑物裂隙等充填并黏合在一起，恢复或加强其整体性。

4）固化作用。水泥浆液和地层中的黏土等松软物质发生化学反应，将其凝固成坚固的"类岩体"。

（2）灌浆工程的适用范围。灌浆工程适用范围很广，在水利水电工程中常用于以下方面：

1）各种建筑物的地基处理。

2）土坝、堤防、围堰的防渗灌浆。

3）地下洞室掘进的防渗、堵漏、加固灌浆，包括预注浆（超前注浆）等。

4）混凝土结构物施工的接缝灌浆、接触灌浆、预应力灌浆、预填骨料灌浆和缺陷修补灌浆等。

### 5.5.2.2 灌浆工程的特点

（1）灌浆工程是隐蔽工程，不仅工程完成以后要被覆盖，即使在施工过程中，其工程量和效果都是难以直观的，其质量难以进行直接、完全的检查。其工程缺陷要在运行中或运行相当长时间后才能发现，而且补救起来十分困难，有时甚至无法补救。

（2）灌浆工程是一种勘探、试验和施工平行进行的作业，对于复杂的工程，事先进行灌浆试验是很有必要的。但即使如此，设计人员也难以甚至不能够制定出一套保证不变更的设计方案。因此，在施工过程中发现新的问题、调整设计是正常的现象。

（3）经验的指导在许多情况下具有决定性的作用。由于灌浆技术在理论上不成熟、不完善，因此搞好一项灌浆工程在很大程度上要依靠设计和施工技术人员的经验，依靠施工队伍的经验。

### 5.5.2.3 灌浆的种类

1. 按灌浆在水工建筑物中所起的作用划分

（1）帷幕灌浆。指在受灌体内建造防渗帷幕的灌浆，受灌体可以是基岩、砂卵砾石层、土层、围堰填筑体和有缺陷的混凝土等。

（2）固结灌浆。指为了增强受灌体的密实性、整体性，提高其力学性能的灌浆。大坝基岩固结灌浆通常都在岩石浅层进行，而用于断层破碎带岩体的固结灌浆有时深度也较大。前者通常压力较低，后者通常压力较高。

（3）回填灌浆。指为充填地基或水工建筑物结构内空隙和空洞，增强其密实性和整体性的灌浆，有时也称充填灌浆。预填骨料混凝土的灌浆也属于这一性质。

（4）接触灌浆。指在建筑物与基岩的竖直或高倾角接触面、钢管与混凝土接触面等部位进行的灌浆，其目的是充填由于混凝土收缩而产生的空隙，加强两种结构或材料之间的结合能力，改善受力条件。

（5）接缝灌浆。指通过预埋管路对混凝土坝块间的收缩缝进行的灌浆，其目的是增强混凝土坝块间的结合能力，改善传力条件。

（6）其他灌浆。如预应力灌浆、补强灌浆等。

（1）～（5）灌浆方法，后面将逐一介绍其定义、作用及适用范围、施工特点、施工程序等。

2. 按灌浆浆液材料划分

（1）水泥灌浆。

（2）黏土灌浆。

（3）混合灌浆（水泥黏土灌浆、水泥粉煤灰黏土灌浆、水泥砂浆灌浆）。

（4）化学灌浆。

3. 按灌浆压力划分

（1）低压灌浆（灌浆压力不大于 0.5MPa）。

（2）中压灌浆（灌浆压力为 0.5～3MPa）。

（3）高压灌浆（灌浆压力不小于 3MPa）。

4. 按灌浆方式划分

（1）循环式灌浆。指浆液通过射浆管注入孔段内，部分浆液渗入到岩体裂隙中，部分浆液通过回浆管返回，保持孔段内的浆液呈循环流动状态的灌浆方式。

（2）纯压式灌浆。指浆液注入孔段内和岩体裂隙中，不再返回的灌浆方式。

#### 5.5.2.4　钻孔灌浆机具

常用的钻孔灌浆机具见表 5.33。

表 5.33　　　　　　　　　常用的钻孔灌浆机具一览表

| | | |
|---|---|---|
| 钻孔机械 | 回转式钻机 | 常用的有手把式和油压式 |
| | 冲击式钻机 | |
| | 回转冲击式钻机 | 按动力不同分为液压式、风动式、电动式和内燃式 |
| 灌浆机械 | 泥浆泵 | 只能灌水泥浆、黏土浆和水泥黏土浆 |
| | 砂浆泵 | |
| | 计量泵 | 可按比例输送弱酸性或碱性浆液 |
| 浆液搅拌机 | 作用是将灌浆材料和水搅拌均匀供灌浆机使用 | |
| 其他机具 | 测量仪表、调节装置、灌浆塞、阀门、孔口封闭器等 | |

### 5.5.2.5　常用灌浆材料

1. 水泥

（1）灌浆用水泥的品种。一般采用硅酸盐水泥或普通硅酸盐水泥。当有抗侵蚀或其他要求时，应使用特种水泥。

（2）灌浆用水泥的强度等级。帷幕灌浆、固结灌浆、回填灌浆所用水泥的强度等级不低于 32.5；坝体接缝灌浆、钢衬接触灌浆和岸坡接触灌浆所用水泥的强度等级不低于 42.5。

（3）灌浆用水泥的细度。帷幕灌浆、坝体接缝灌浆所用水泥的细度宜为通过 $80\mu m$ 方孔筛的筛余量不大于 5%。

水泥灌浆一般适用纯水泥浆液。特殊条件下且通过现场灌浆试验论证，可使用细水泥浆液、稳定浆液、混合浆液及膏状浆液。

细水泥是指采用干磨水泥、湿磨水泥或经过特殊加工的超细水泥，用于灌入非常细小的岩石裂隙，可分为：①湿磨水泥，平均粒径为 $10\sim12\mu m$；②干磨水泥，平均粒径为 $6\sim10\mu m$；③超细水泥，平均粒径为 $3\sim6\mu m$。

2. 掺合料

（1）膨润土或黏性土。灌浆用的膨润土或黏性土，要求遇水后吸水膨胀，能迅速崩解分散，具有稳定性、可塑性和黏结力。

1）塑性指数不宜小于 14。

2）黏粒（粒径小于 0.005mm）含量不宜低于 25%。

3）含沙量不宜大于 5%。

4）有机物含量不宜大于 3%。

（2）粉煤灰。可选用Ⅰ级、Ⅱ级或Ⅲ级粉煤灰。

（3）砂。一般采用质地坚硬的天然砂或人工砂。

1）粒径不宜大于 2.5mm。

2）细度模数不宜大于 2.0。

3）$SO_3$ 含量不宜大于 1%（以质量计，下同）。

4）含泥量不宜大于 3%。

5）有机物含量不宜大于 3%。

（4）水玻璃。模数宜为 2.4～3.0，浓度宜为 30～45 波美度。

3. 水

灌浆用水应符合拌制水工混凝土用水的要求。

4. 外加剂

根据灌浆需要，可在水泥浆液中加入下列外加剂：

（1）速凝剂。需要迅速凝结时，可加入一定数量的速凝剂，如水玻璃、氯化钙等。

（2）减水剂。加入后，可以改善浆液的流动性，增加密实性和抗渗性，如萘系高效减水剂、木质素磺酸盐类减水剂等。

（3）缓凝剂。可以延缓浆液的凝结时间，如磷酸氢二钠、磷酸钠等。

（4）稳定剂。如膨润土、高塑性黏土等。

所有外加剂凡能溶于水的应以水溶液状态加入。

### 5.5.2.6　5 种主要灌浆方法

**1. 帷幕灌浆**

帷幕灌浆指用浆液灌入岩体或土层的裂隙、孔隙，形成阻水幕，以减小渗流量或降低扬压力的灌浆。一般是在坝基内（平行坝轴线多在靠近上游处）或两岸坝肩进行帷幕灌浆。

（1）主要作用。

1）截断基础渗流。

2）降低坝基和坝肩扬压力。

3）防止集中渗漏。

（2）施工特点。

1）钻孔较深。

2）钻孔呈线性排列，两排、三排为宜，平行坝轴线，一般靠近上游布置。

3）一般采用单孔灌浆。

4）灌浆压力大。

（3）施工顺序。

1）单排孔。按分序加密的原则进行，钻灌Ⅰ序孔→钻灌Ⅱ序孔→钻灌Ⅲ序孔，一般孔距为 1～3m。

例如，孔距 2m，相距 8m 的孔为Ⅰ序孔，相距 4m 的孔为Ⅱ序孔，相距 2m 的孔为Ⅲ序孔。在地质条件不完全清楚的情况下，可选用 1/4 Ⅰ序孔作为先导孔钻灌。

2）两排孔：下游排→上游排。

3）三排或多排孔：下游排→上游排→中间排。

4）两排孔及两排孔以上组成的帷幕，排距一般不能再动，如需补加灌浆孔，在各排上序孔加密，缩短孔距，因此设计时排距小于孔距，孔距＝1.15×排距。

（4）帷幕的形式。

1）接地式帷幕。帷幕灌浆深入基础的相对不透水岩层中，基本上全部截断渗流的，称为接地式帷幕。这种帷幕的防渗效果最好，在可能的条件下，坝基采用这种形式的灌浆帷幕为宜。

2）悬挂式帷幕。在相对不透水岩层埋藏较深的坝址区其帷幕深度没有达到相对不透水岩层的，称为悬挂式帷幕。采用这种形式的帷幕，一般常需配合其他的防渗措施共同发挥作用。

（5）帷幕灌浆按地层。分类可分为岩石基础帷幕灌浆和砂砾石基础帷幕灌浆。

（6）岩石基础帷幕灌浆。岩石基础帷幕灌浆工艺流程一般为：施工准备→钻孔→冲洗→表面处理→压水试验→灌浆→封孔→质量检查。

1）施工准备。包括场地平整、劳动组合、材料准备、孔位放线、电风水布置、交通线路布置、搭设机房以及机具设备就位、检查等。

2）钻孔。

a. 钻孔机械包括冲击式、回转式（岩芯钻机、地质钻机）、冲击回转式。

b. 钻头选择包括钻粒钻头（铁砂钻头、钢砂钻头、碾砂钻头）、硬质合金钻头、金刚石钻头。

c. 其他钻具。包括扩孔器、岩芯管、钻杆。

d. 钻孔孔径。

（a）帷幕基本孔。孔径 46～110mm，不得小于 46mm。

（b）帷幕检查孔。孔径 91～130mm。

e. 钻孔孔位。帷幕灌浆孔位与设计孔位的偏差不得大于 10cm。

f. 钻孔孔斜允许偏差。帷幕灌浆孔应进行孔斜测量。垂直的或顶角小于 5°的帷幕灌浆孔，孔底的偏差不得大于表 5.34 的规定。

**表 5.34　　　　　　　　　　帷幕灌浆孔孔底允许偏差表　　　　　　　　　　单位：m**

| 孔　　深 | | 20 | 30 | 40 | 50 | 60 |
|---|---|---|---|---|---|---|
| 允许偏差 | 单排孔 | 0.25 | 0.45 | 0.70 | 1.00 | 1.30 |
| | 两排或三排孔 | 0.25 | 0.50 | 0.80 | 1.15 | 1.50 |

顶角大于 5°的斜孔，孔底最大允许偏差值可根据实际情况按表 5.34 中的规定适当放宽，但方位角的偏差值不应大于 5°；孔深大于 60m 时，孔底最大允许偏差值应根据工程实际情况确定，并不宜大于孔距。

3）冲洗。用水将残存在孔内的岩粉和铁砂末冲出孔外，并将裂隙中的充填物（黏土、杂质）冲洗干净，以保证灌浆效果。冲洗可分为钻孔冲洗和裂隙冲洗。

a. 钻孔冲洗。包括孔壁和孔底沉淀的冲洗。灌浆孔（段）在钻进结束后，应进行钻孔冲洗。钻孔冲洗工序应为钻孔工作的一部分。

（a）目的。清除孔内残存的岩粉和铁末。

（b）方法。在孔内下入钻具或导管直到孔底，通入大流量水流，污水自孔内返出，直至符合要求。

（c）合格标准。孔口清水维持 10min。

b. 裂隙冲洗。对钻孔四周一定范围内岩体的裂隙的冲洗。各灌浆孔（段）在灌浆前应采用压力水进行裂隙冲洗。

（a）目的。清除裂隙中夹杂的泥土和杂质。

（b）方法。在卡紧灌浆栓塞后通过钻孔向裂隙中压入压力水流，使裂隙中的充填物被冲刷出孔外或夹带到离孔较远的地方。一般包括压力冲洗、脉冲冲洗、风水联合冲洗。

（c）合格标准。至回水清净。冲洗压力可为灌浆压力的 80%，并不大于 1MPa。

采用自上而下分段循环式灌浆法、孔口封闭灌浆法进行帷幕灌浆时，各灌浆孔（段）在灌浆前应采用压力水进行裂隙冲洗。

采用自下而上分段灌浆法时，各灌浆孔可在灌浆前全孔进行一次裂隙冲洗。

4）表面处理。为防止有压情况下浆液沿裂隙冒出地面，因此要先行处理（若基岩上有混凝土覆盖，无须进行）。采取的方法有水泥浆或水泥砂浆塞缝、砂浆抹面、浇盖面混凝土等。

5）压水试验。压水试验的目的是确定地层的渗透特性，为岩基处理设计和施工提供必要的技术资料和依据。它是测定地层渗透性最常见的一种试验方法。

压水试验是利用水泵或水柱自重，将清水压入钻孔试验段，根据一定时间内压入的水量和施加压力大小的关系，计算岩体相对透水性和了解裂隙发育程度的试验。

a. 吕荣（五点法）压水试验。

（a）主要特点。采用多级压力，多阶段循环的试验方法，一般是三压力五阶段进行。

$p_1$（0.3MPa）$\rightarrow p_2$（0.6MPa）$\rightarrow p_3$（1.0MPa）$\rightarrow p_4$（0.6MPa）$\rightarrow p_5$（0.3MPa）

（b）主要作用。测定岩石的透水性，为评价岩体的渗透特性，设计渗控措施提供基本资料；国际通用便于交流。

（c）适用范围。帷幕灌浆的灌浆试验、先导孔和检查孔。

b. 单点法压水试验。

（a）主要特点。只采取一个压力值，只试验一个压力阶段。

（b）主要作用。查看各序灌浆孔的透水率大小，检查灌浆效果；选定灌浆方法和段长。

（c）适用范围。帷幕灌浆、坝基及隧洞固结灌浆的灌浆孔和检查孔。

c. 简易压水试验。一种简化和粗略的压水试验，其目的是了解灌浆施工过程中岩体透水性变化的趋势。

（a）主要特点。压力为灌浆压力的 80%，且不大于 1MPa，压水时间为 20min，每 5min 测读一次压入流量。

（b）主要作用。结合裂隙冲洗进行；选用开灌水泥比，准备灌浆材料。

（c）适用范围。帷幕灌浆、坝基及隧洞固结灌浆前。

采用自上而下分段循环式灌浆法、孔口封闭灌浆法进行帷幕灌浆时，各灌浆段在灌浆前宜进行简易压水。简易压水可结合裂隙冲洗进行。

采用自下而上分段灌浆法时，各灌浆孔灌浆前可在孔底段进行一次简易压水。

d. 压水试验成果。按规范规定，渗透特性用透水率 $\mu$ 表示，单位为吕荣（Lu），定义为压水压力为 1MPa 时，每米试段长度每分钟注入水量 1L 时，称为 1Lu。

$$\mu = Q/pL \tag{5.23}$$

式中：$\mu$ 为试段透水率，Lu；$Q$ 为压入流量，L/min；$p$ 为作用于试验段的全压力，MPa；$L$ 为试验段长，m。

1Lu 相当于 $\mu = 0.01 \text{L}/(\text{min} \cdot \text{m} \cdot \text{m})$。

6）灌浆。

a. 灌浆机械。

（a）灌浆泵分为中压泥浆泵（水泥浆、黏土浆、水泥黏土浆）、中压砂浆泵（水泥砂浆）、高压泥浆泵（高压灌浆）。

（b）自动记录仪。

（c）搅拌机分为泥浆搅拌机（卧式 2m³）、灰浆搅拌机（1000L、200L）、高速搅拌机（ZJ1500、ZJ400）。

b. 灌浆方法。基岩的灌浆方法有以下几种：

（a）全孔一次灌浆法。指将孔一次钻到设计深度，再沿全孔一次灌浆的灌浆方法。

（b）全孔分段灌浆法。

a）自上而下分段灌浆法。指从上向下逐段进行钻孔，逐段安装灌浆塞进行灌浆，直至孔底的灌浆方法。

b）自下而上分段灌浆法。指将灌浆孔一次钻进到底，然后从钻孔的底部往上，逐段安装灌浆塞进行灌浆，直至孔口的灌浆方法。

c）综合灌浆法。指在钻孔的某些段采用自上而下分段灌浆，另一些段采用自下而上分段灌浆的方法。

d）孔口封闭灌浆法。指在钻孔的孔口安装孔口管，自上而下分段钻孔和灌浆，各段灌浆时都在孔口安装孔口封闭器进行灌浆的方法。

灌浆方法较多，国内外用得较多的有3类：自上而下孔口封闭分段灌浆法、自下而上栓塞分段灌浆法、自上而下栓塞分段灌浆法。

各种方法的优、缺点和适用范围见表5.35。

表 5.35 各种基岩灌浆方法比较表

| 项目名称 | 优　点 | 缺　点 | 适　用　范　围 |
|---|---|---|---|
| 全孔一次灌浆法 | 施工简便，工效高 | 孔深不宜深 | 多用于孔深10m内，地质条件良好，基岩较完整、透水性不大的地层 |
| 自上而下分段灌浆法 | 由于灌浆塞安设在已灌段的底部，易于堵塞严密，不致发生绕塞返浆；随着灌浆段深度的增加，能逐段加大灌浆压力，且各段压水试验和水泥注浆量成果准确；灌浆质量比较好 | 每段灌浆后常须待凝一段时间；钻、灌工序交叉，不能连续，互相等待，工效低 | 多用于岩层破碎、孔壁不稳固、孔径不均匀，竖向节理、裂隙发育，渗漏情况严重等地质条件不良地段 |
| 自下而上分段灌浆法 | 工序简化，钻灌连续，无须待凝，省工省时，工效较高 | 灌浆压力的增高，受一定程序的限制，灌浆塞常难堵塞严密，故不能采用较高压力，以免浆液绕塞上窜影响灌浆质量；孔段裂隙在钻进过程中易受岩粉堵塞，又不易分段进行裂隙冲洗，影响灌浆质量等 | 一般适用于岩层较完整坚固的地层，以及裂隙不很发育、渗透性不很大的岩层 |
| 综合灌浆法 | 上部采用自上而下分段，下部采用自下而上分段，既能保证质量，又可加快速度 | 介于自上而下分段和自下而上分段之间，可互补 | 一般适用于上部岩层裂隙多、又比较破碎，而下部岩层较完整坚固的地层，以及裂隙不很发育、渗透性不很大的岩层 |
| 孔口封闭灌浆法 | 采用孔口封闭器有利于加大灌浆压力，不存在绕塞返浆问题，事故率低；工艺简单，免去了起、下塞和塞堵不严的麻烦；除最后一段，全部孔段均能得到复灌，对地层的适应性强，灌浆质量好，施工操作简便，功效较高；不需待凝，加快了施工进度等 | 由于全孔经过多次复灌，消耗水泥较多；每段均为全孔灌浆，全孔受压，近地表岩体抬动危险大；灌注浓浆时间较长时，灌注管容易在孔内被水泥浆凝住 | 适用于较高压力和较深钻孔的各种灌浆工程；适用于结构松散，易塌孔地层。水平层状地层慎用 |

c. 灌浆压力。灌浆压力的控制有一次升压法、分级升压法两种类型。

d. 浆液变换。浆液配合比是指重量比，浆液中水与干料的比值越大表示浆液越稀。

常用的标准分级为 5∶1、3∶1、2∶1、1∶1、0.8∶1、0.6∶1（或 0.5∶1）6 个比级。

遵循由稀变浓的原则。

e. 灌浆结束。采用自上而下分段灌浆时，灌浆段在最大设计压力下，注入率不大于 1L/min 后，继续灌注 60min，可结束灌浆。采用自下而上分段灌浆时，在该灌浆段最大设计压力下，注入率不大于 1L/min 后，继续灌注 30min，可结束灌浆。采用孔口封闭灌浆时，在该灌浆段最大设计压力下，注入率不大于 1L/min，继续灌注 60～90min，可结束灌浆。

7）封孔。灌浆工作完成后，须及时做好封填工作。封填前，应尽量将孔内污物冲洗干净。封孔主要有 3 种方法：导管注浆封孔法、全孔灌浆封孔法、分段灌浆封孔法。

帷幕灌浆采用自上而下分段灌浆法时，应采用"分段灌浆封孔法"或"全孔灌浆封孔法"；采用自下而上分段灌浆法时，应采用"全孔灌浆封孔法"。

8）质量检查。帷幕灌浆工程的质量应以检查孔压水试验成果为主，结合对施工记录、成果资料和检验测试资料的分析，进行综合评定。

帷幕灌浆检查孔压水试验应在该部位灌浆结束 14d 后进行，自上而下分段卡塞进行压水试验，采用五点法或单点法。

帷幕灌浆检查孔的数量可为灌浆孔总数的 10％左右，一个坝段或一个单元工程内至少应布置一个检查孔。

帷幕灌浆检查孔应在分析施工资料的基础上在下述部位布置：①帷幕中心线上；②断层、岩石破碎、裂隙发育、强岩溶等地质条件复杂的部位；③末序孔注入量大的孔段附近；④钻孔偏斜率过大、灌浆过程不正常等经分析资料认为可能对帷幕质量有影响的部位。

（7）砂砾石地基帷幕灌浆。

1）砂砾卵石层挡水建筑物的垂直防渗处理方法有：①开挖、筑截水墙；②钻孔灌浆；③防渗墙。

2）砂砾石地基帷幕灌浆的特点为：①砂砾卵石层是松散体，采用固壁措施或跟管钻进；②孔壁不光滑、不坚固，不能直接下塞；③孔隙大、吸浆最大，大多采用水泥黏土浆。

3）钻孔。

a. 跟套管钻进。

b. 固壁钻进。

4）灌浆方法。

a. 打花管灌浆法。使用刚度大、强度高的厚壁无缝下部带尖头的花管（钢管），将其直接打入砂砾石层中，然后冲洗进入管中的砂土，最后自下而上分段拔管灌浆。

b. 套管护壁灌浆法。边钻孔边打入或跟进护壁套管，直至预定的灌浆深度，然后冲洗钻孔，干净后，接着下入灌浆管，然后拔套管灌注第一灌浆段，再用同法灌注第二灌浆段及其余各灌浆段，如此循序自下而上逐段灌浆，直至孔顶。

c. 循环灌浆法（边钻边灌法）。该方法是在钻进过程中，使用水泥黏土浆或黏土浆做冲洗液，既护壁又灌浆钻完一段后，即行灌浆。灌完一段，也不待凝，就钻下一段，这种方法称为循环灌浆法。

d. 预埋花管法。在灌浆孔内，预先下入带有射浆孔的灌浆花管，在花管和孔壁间填入配好的浆液（又称填料）。在花管内用双栓塞分段进行灌浆，其施工工程序为：钻孔→清孔→下花管→下填料→待凝→下塞→开环→灌浆。

各种砂砾石地基灌浆方法比较见表 5.36。

表 5.36　　　　　　　　　各种砂砾石地基灌浆方法比较表

| 项目名称 | 优　点 | 缺　点 | 使　用　范　围 |
|---|---|---|---|
| 打花管灌浆法 | 施工简便 | 遇卵石及块石时打管很困难，灌浆时容易沿管壁冒浆 | 只适用于较浅的砂砾层，结构疏松、孔隙率大、块石体较小的地质条件下的临时性工程或对防渗要求不高的帷幕 |
| 套管护壁灌浆法 | 可任选钻进方法，且完全消除了塌孔及埋钻事故 | 工效较低；打管较困难，为使套管达到预定的灌浆深度，常需在同一钻孔中采用几种不同直径的套管；浆液宜沿套管外壁向上流动，甚至地表冒浆；套管拔起费劲，有的拔不起来而报废，管材用量多，但大部分可以回收 | 适用于埋藏较深的砂砾石地层 |
| 循环灌浆法 | 仅在地表埋设护壁管，而无须在孔中打入套管，工艺简单，工效较高，单价较低；管材用量耗量均较少 | 容易冒浆，而且由于是全孔灌浆，灌浆压力难于按深度提高，灌浆质量难于保证；孔口管起拔不易 | 适用于有较好盖重的砂砾石层 |
| 预埋花管法 | 可大压力灌浆；不易发生串浆、冒浆；不会塌孔；工效高；可灌注任意一段，灵活性大；也可重复灌浆，灌浆质量好 | 工艺复杂，单价较高；灌浆花管不能回收，管材耗量较大；套管胶结后起拔不易 | 适用于任何砂砾石层 |

2. 固结灌浆

固结灌浆指用浆液灌入岩体裂隙或破碎带，以提高岩体的整体性和抗变形能力的灌浆。

（1）固结灌浆按部位分类。固结灌浆按部位可分为基础固结灌浆（一般为坝基固结灌浆）和隧洞固结灌浆。

（2）基础固结灌浆。为了增强大坝岩石地基的整体性，提高弹性模量和抗压强度，通常要进行坝基固结灌浆。

1）主要作用。

a. 增强岩石的均质性，提高基岩中软弱岩体的密实度，增加它的变形模量，以改善基础性能，从而减少大坝基础的变形和不均匀沉陷。

b. 降低岩石的透水性，提高岩体的抗渗能力，靠近防渗帷幕的固结灌浆适当加深可作为辅助帷幕。

c. 弥补因爆破松动和应力松弛所造成层的岩体损伤。

2）施工特点。

一般在基岩表层钻孔，经灌浆将岩石固结。

a. 可在基岩表层或岩面有混凝土覆盖的情况下进行，在有盖重混凝土的条件下灌浆，盖重混凝土应达到 50％设计强度后钻孔灌浆方可开始。

b. 多在基坑开挖和坝体混凝土浇筑等工序之间穿插进行，干扰性大，突击性强。

c. 在建基面的大面积上进行，钻孔布置采用三角形、正方形、六边形等形式为宜。

d. 一般采用单孔或群孔灌浆。

e. 孔深较浅，灌浆压力较低。

3）施工顺序。同一地段的基岩灌浆必须按先固结灌浆、后帷幕灌浆的顺序进行。

固结灌浆应按分序加密的原则进行。灌浆孔排与排之间和同一排内孔与孔之间，可分为二序施工。

4）工艺流程。坝基固结灌浆的施工程序同基岩帷幕灌浆。其中不同之处如下：

a. 钻孔。固结灌浆孔孔径不宜小于 38mm。

浅孔固结孔（深度不大于 5m）：孔径为 38～50mm。

中深孔固结孔（深度为 5～15m）：孔径为 50～65mm。

深孔固结孔（深度不小于 15m）：孔径为 75～91mm。

b. 冲洗。固结灌浆孔各孔段灌浆前应采用压力水进行裂隙冲洗，冲洗时间至回水清净时止或不大于 20min，冲洗压力同基岩帷幕灌浆。

c. 压水试验。固结灌浆孔灌浆前的压水试验应在裂隙冲洗后进行，试验孔数不宜少于总孔数的 5％，采用单点法压水试验；其余孔段可结合裂隙冲洗进行简易压水。

d. 灌浆。

（a）灌浆方法。宜采用循环灌浆法，可根据孔深和岩石完整情况采用一次灌浆法或分段灌浆法。对于孔深较浅的，一般不大于 6m（有的工程为 8m 或 10m 以内）可采用全孔一次灌浆法；对于较深孔可采用自下而上或自上而下的灌浆方法。必要时，可采用并联灌浆，但并灌孔数不宜多于 3 个，并应注意控制灌浆压力，防止上部混凝土或岩体抬动。

（b）浆液变换。常用的标准分级为 3：1、2：1、1：1、0.6：1（或 0.5：1），也可采用 2：1、1：1、0.8：1、0.6：1（或 0.5：1）4 个比级。以水泥浆液灌注为主。

遵循由稀变浓逐级变换的原则。

（c）灌浆结束。在该灌浆段最大设计压力下，注入率不大于 1L/min 后，继续灌注30min，可结束灌浆。

e. 封孔。固结灌浆封孔应采用导管注浆封孔法或全孔灌浆封孔法。

f. 质量检查。包括钻孔压水试验，测量岩体波速和（或）岩体静弹性模量。压水试验采用单点法，检查孔的数量一般不少于灌浆孔总数的 5％，检查时间在灌浆结束 3d 或 7d以后。

测量岩体波速和（或）岩体静弹性模量的检测时间分别在灌浆结束 14d 和 28d 以后。

5）深孔固结灌浆。在坝基面或较深的岩体中，常常有一些软弱岩带需要进行固结灌浆，这就是深孔固结灌浆，也称深层固结灌浆。现在深孔固结灌浆使用的灌浆压力都较高，与帷幕灌浆无异。

高压固结灌浆的施工方法基本可依照帷幕灌浆的工艺进行，但两者也有区别，后者一般对裂隙冲洗要求不严或不要求，前者有的要求严格。另外，高压固结灌浆工程的质量检查，除可进行压水试验以外，宜以弹性波测试或岩体力学试验为主。

（3）隧洞固结灌浆。隧洞混凝土衬砌段的灌浆，应按先回填灌浆、后固结灌浆的顺序进行。回填灌浆应在衬砌混凝土达 70%设计强度后进行，固结灌浆宜在该部位的回填灌浆结束 7d 后进行。当在隧洞中进行帷幕灌浆时，应当先进行回填灌浆、固结灌浆，再进行帷幕灌浆。

隧洞钢板衬砌段各类灌浆的顺序应按设计规定进行。钢板衬砌灌浆应在衬砌混凝土浇筑结束 60d 后进行。

1）主要作用：①增强隧洞围岩的整体性；②提高弹性模量；③提高抗压强度。

2）施工特点：①沿隧洞四周横断面布孔；②大多为浅孔（深入岩基 2～5m），灌浆孔为预留或钻孔。

3）施工顺序。灌浆应按环间分序、环内加密的原则进行。环间宜分为 2 个次序，地质条件不良地段可分为 3 个次序。

4）工艺流程。隧洞固结灌浆的施工程序同基础固结灌浆。其中不同之处如下：

a. 钻孔。钻孔可采用风钻或其他型式钻机钻孔，终孔直径不宜小于 38mm，孔位、孔向和孔深应满足设计要求。

b. 冲洗。灌浆孔在钻孔结束后应进行钻孔冲洗，在灌浆前应用压力水进行裂隙冲洗，冲洗时间、冲洗压力同基础固结灌浆。

c. 压水试验。固结灌浆孔灌浆前的压水试验应在裂隙冲洗后进行，试验孔数不宜少于总孔数的 5%，采用单点法压水试验。

d. 灌浆。

（a）灌浆方法。宜采用单孔灌浆的方法，但在注入量较小地段，同一环上的灌浆孔可并联灌浆，孔数不宜多于 3 个，孔位宜保持对称。

（b）浆液变换。浆液比级和变换同基础固结灌浆。

（c）灌浆结束。灌浆结束同基础固结灌浆。

e. 封孔。灌浆孔灌浆结束后，应排除钻孔内的积水和污物，采用导管注浆封孔法或全孔灌浆封孔法进行封孔。

f. 质量检查。一般可采用钻检查孔进行压水试验，要求测定弹性模量的地段，应进行岩体波速或岩体静弹性模量的测试。

压水试验采用单点法，检查孔的数量一般不少于灌浆孔总数的 5%，检查时间在该部位灌浆结束 3d 或 7d 以后。

测量岩体波速和岩体静弹性模量的检测时间分别在灌浆结束 14d 和 28d 以后。

3. 回填灌浆

回填灌浆指用浆液填充混凝土与围岩或混凝土与钢板之间的空隙和孔洞，以增强围岩或结构的密实性的灌浆。这种空隙和孔洞是由于混凝土浇筑施工的缺陷或技术能力的限制所造成的。

（1）作用。

1）改善传力条件。

2）减少渗漏。

3）增强围岩或结构的密实性。

（2）施工特点。灌浆压力较小，复灌次数较多，耗灰量较大，灌浆孔采用预埋管或手风钻孔；顶拱回填灌浆应分成区段进行，每区段长度不宜大于 3 个衬砌段；同一区段内同一次序的孔可以全部贯通后，再进行灌浆；采用孔口封闭压入式灌浆；孔隙大，要注入水泥砂浆。

（3）施工顺序。回填灌浆应按逐渐加密的原则进行。灌浆应分为两个次序进行，两序孔中应包括顶孔。分序有两种方法：一种是单孔分序钻进和灌浆，即按序逐个地进行钻孔，逐孔进行灌浆；另一种是同一区段内的同序孔全部或部分钻出，然后由隧洞较低的一端开始，向较高的一端推进灌浆。

（4）工艺流程。施工准备→钻孔（或通孔）→灌浆→封孔→质量检查。

1）施工准备。

2）钻孔。回填灌浆在素混凝土衬砌中宜直接钻进，在钢筋混凝土衬砌中可从预埋管中钻进。钻进孔径不宜小于 38mm，孔深宜进入岩石 10cm。预埋管需要通孔。

3）灌浆。

a. 灌浆方法。一般采用孔口封闭压入式灌浆。

b. 浆液变换。浆液的水灰比可为 0.5 或 0.6。空隙大的部位宜灌注水泥砂浆或高流态混凝土，水泥砂浆的掺砂量不宜大于水泥重量的 200%。

c. 灌浆压力。灌浆压力应视混凝土衬砌厚度和配筋情况等决定。在素混凝土衬砌中可采用 0.2~0.3MPa，在钢筋混凝土衬砌中可采用 0.3~0.5MPa。

d. 灌浆结束。在规定压力下灌浆孔停止吸浆后，延续灌注 10min，即可结束。

4）封孔。灌浆孔灌浆结束后，应使用干硬性水泥砂浆将钻孔封填密实，孔口压抹齐平。

5）质量检查。一般可采用检查孔注浆试验（单孔、双孔）或取芯检查的方法。

检查时间在该部位灌浆结束 7d 或 28d 以后。检查孔应布置在顶拱中心线、脱空较大和灌浆情况异常的部位，孔深应穿透衬砌深入围岩 10cm。压力隧洞每 10~15m 应布置 1 个或 1 对检查孔，无压隧洞的检查孔可适当减少。

4. 接触灌浆

接触灌浆指用浆液灌入混凝土与基岩或混凝土与钢板之间的缝隙，以增强接触面结合能力的灌浆。这种缝隙是由于混凝土的凝固收缩而造成的。

（1）接触灌浆分类。接触灌浆按接触面可分为坝基接触灌浆和钢衬接触灌浆（一般为隧洞钢衬接触灌浆）。

（2）坝基接触灌浆。坝基接触灌浆分为河床坝段的接触灌浆和岸坡坝段的接触灌浆两种。

1）主要作用。

a. 充填或胶结混凝土与基岩接触面间的干缩缝,使其有效传递应力,提高坝体抗滑稳定。

b. 截断混凝土与接触面的渗流,防止接触面淘刷及冲蚀。

2) 施工特点。

a. 河床坝段的接触灌浆。在固结灌浆部位,结合固结灌浆进行;在不布置固结灌浆孔的地区,接触灌浆在浇筑底层混凝土具有一定盖重后即可进行。灌浆方法与坝基固结灌浆完全相同。

b. 岸坡坝段的接触灌浆。在接触面上埋设灌浆系统,用坝体接缝灌浆方法进行灌浆;先浇一层混凝土后,用风钻打孔,深入基岩 $0.5\sim1m$,然后埋上铁管,并联各孔,引出坝外,分别进行灌浆;也可与固结灌浆结合在一起进行,即在混凝土面上直接钻孔,完全用坝基固结灌浆的方法,分次序逐孔灌浆。

3) 施工顺序。与坝基固结灌浆相同,也可和固结灌浆结合在一起进行。

4) 工艺流程。坝基接触灌浆的施工程序同基础固结灌浆。其中不同之处如下:

a. 施工方法。岸坡接触灌浆的施工方法有钻孔埋管灌浆法、预埋管灌浆法和直接钻孔灌浆法。

b. 准备工作、灌浆施工等。当采用钻孔埋管灌浆法和预埋管灌浆法时,灌浆系统的检查、维护,灌浆前的准备工作以及灌浆施工的技术要求,可参照混凝土坝接缝灌浆的有关规定。

当采用直接钻孔灌浆法时,应先从上、下游边缘开始施灌,其他技术要求可参照基岩固结灌浆的有关规定。

c. 质量检查。当采用钻孔埋管灌浆法和预埋管灌浆法时,可按混凝土坝接缝灌浆的方法和要求进行检查和评定。

当采用直接钻孔灌浆法时,可采用双孔连通试验的方法,即向间距为 $1\sim2m$、孔深深入基岩 $0.2\sim0.5m$ 的 2 个检查孔中的任一孔压水 $10\sim20min$,如在设计压力下不串水,即可认为合格。

(3) 钢衬接触灌浆。

1) 主要作用。充填或胶结混凝土与钢板间的干缩缝,使其有效传递应力,提高整体稳定性。

2) 施工特点。灌浆压力较小,复灌次数多,耗灰量小。一般采用电钻开孔,孔径较小,但孔径不宜小于 $12mm$;也可在钢板上预留,孔内宜有丝扣,在该孔处钢衬外侧衬焊加强钢板。

3) 施工顺序。在同一部位上的灌浆顺序,应按先回填灌浆、再钢衬接触灌浆,最后进行围岩固结灌浆的顺序进行。

4) 工艺流程:开孔→焊接→灌浆→封孔→质量检查。

a. 开孔。采用电钻开孔或在钢板上预留。

b. 焊接。钢衬接触灌浆孔也可在钢板上预留,孔内宜有丝扣,在该孔处钢衬外侧衬焊加强钢板。

c. 灌浆。

（a）灌浆方法。宜采用先从低处的 1 孔或数孔进浆，上方的孔作为排气排水孔，待上方孔排出浆液并达到与进浆浓度接近时，再接上同灌，直到灌浆结束。

（b）灌浆压力。必须以控制钢衬变形不超过设计规定值为准。可根据钢衬的壁厚、脱空面积的大小以及脱空的程度等实际情况确定，一般不宜大于 0.1MPa。

（c）浆液水灰比。采用 0.8∶1、0.6（0.5）∶1 两个比级，必要时应加入减水剂。

（d）灌浆结束。在规定压力下灌浆孔停止吸浆，延续灌注 5min，即可结束。

d. 封孔。灌浆短管和钢衬间可采用丝扣连接，也可焊接。灌浆结束后用丝堵加焊或焊补法封孔。焊后用砂轮磨平。

e. 质量检查。在灌浆结束 7d 或 14d 后采用锤击法或其他方法检查，钢板脱空范围和程度应满足设计要求。

5. 接缝灌浆

接缝灌浆指通过埋设管路或其他方式将浆液灌入混凝土坝体的接缝，以改善传力条件、增强坝体整体性的灌浆。

（1）作用。

1）增强坝体的整体性。

2）减少渗漏。

3）增强坝体结构的密实性。

（2）施工特点。灌前预埋管或拔管，灌浆系统要求质量较高，准备工序较多，灌浆工艺要求高，可复灌性差。

（3）施工顺序。接缝灌浆的施工应按高程自下而上分层进行。在同一高程上，重力坝宜先灌纵缝，再灌横缝；拱坝宜先灌横缝，再灌纵缝。横缝灌浆宜从大坝中部向两岸推进。纵缝灌浆宜从下游向上游推进；或先灌上游第一道纵缝后，再从下游向上游推进。

（4）工艺流程。接缝灌浆工艺流程如图 5.6 所示。

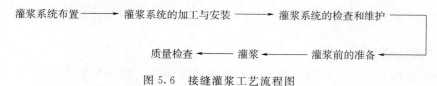

图 5.6　接缝灌浆工艺流程图

1）灌浆系统布置。接缝灌浆系统应分灌区进行布置。每个灌区的高度以 9～12m 为宜，面积以 200～300m² 为宜。

接缝灌浆方法一般有单灌区灌浆法、相邻两个灌区同时灌浆法、上下层灌区同时灌浆法、多灌区同时灌浆法、逐区连续灌浆法和逐区间歇灌浆法。

每个灌区的灌浆系统一般由进浆管、回浆管、升浆及出浆设施、排气设施和止浆片组成。升浆及出浆设施可采用塑料拔管方式、预埋管和出浆盒方式、出浆槽方式。排气设施可采用埋设排气槽及排气管方式、塑料拔管方式。

2）灌浆系统的加工与安装。灌浆管路有塑料拔管方式、预埋塑料管方式和预埋铁管方式。

3）灌浆系统的检查和维护。在每层混凝土浇筑前后应对灌浆系统进行通水检查；整个灌区形成后，应对灌浆系统通水进行整体检查。

在混凝土浇筑过程中，应对灌浆系统进行维护，防止管路系统被破坏。

4）灌浆前的准备。对灌区的灌浆系统进行通水检查，通水压力一般应为设计灌浆压力的 80%；灌浆前必须先进行预灌性压水检查，压水压力等于灌浆压力；灌浆前对缝面冲水浸泡 24h，然后放净或通入洁净的压缩空气排除缝内积水，方可开始灌浆。

5）灌浆。

a. 灌浆方法。接缝灌浆方法一般有单灌区灌浆法、相邻两个灌区同时灌浆法、上下层灌区同时灌浆法、多灌区同时灌浆法、逐区连续灌浆法和逐区间歇灌浆法。

b. 灌浆压力。灌浆过程中必须控制灌浆压力和缝面增开度，灌浆压力应达到设计要求。若灌浆压力尚未达到设计要求，而缝面增开度已达到设计规定值时，应以缝面增开度为准限制灌浆压力。

c. 浆液水灰比。采用 2∶1、1∶1、0.6（0.5）∶1 共 3 个比级。

d. 灌浆结束。在排气管排浆达到或接近最浓比级浆液，且管口压力或缝面增开度达到设计规定值，注入率不大于 0.4L/min 时，持续 20min，灌浆即可结束。

6）封孔。灌浆孔灌浆结束后，应使用干硬性水泥砂浆将钻孔封填密实，孔口压抹齐平。

7）质量检查。质量检查应选择有代表性的灌区进行，包括钻孔取芯、压水试验和槽检工作。检查时间应在灌区灌浆结束 28d 以后。

### 5.5.2.7 灌浆工程的工程量计算规定及定额的工程量计量规则

1. 工程量计算规定

工程量的计算应遵循国家及行业主管部门规定的设计、施工规范，如《水电水利工程工程量计算规定》（DL/T 5088—1999）。

（1）固结灌浆与帷幕灌浆的工程量（包括灌浆检查孔）自建基面算起。钻孔深度（包括排水孔）自孔顶高程算起，并按地层或混凝土不同部位分别计算。

（2）接触灌浆和接缝灌浆按设计所需面积计算。

（3）地下工程顶部的回填灌浆，其范围一般在顶拱中心角 90°～120°以内，按设计的衬砌混凝土外缘面积计算其工程量。

（4）地下工程的固结灌浆及排水孔数量根据设计要求计算。

2. 定额的工程量计量规则

现行定额的工程量计量规则如下：

（1）灌浆孔、排水孔、垂线孔、高喷孔、灌注桩造孔等工程量均按设计钻孔延米计量。

（2）岩石基础水泥灌浆按充填岩体裂隙和钻孔的净水泥重量计量，施工过程的各种损耗（补灌浆耗灰量、灌浆结束后的剩余浆液、施工损耗量）已计入相应定额消耗量中。

（3）坝（闸）基砂砾石帷幕灌浆、高压喷射灌浆、土坝（堤）劈裂灌浆、化学灌浆均按设计钻孔的延米计量。

（4）回填灌浆按隧洞设计开挖断面周长的 1/3（即 120°）计算面积（m²）计量；接缝（触）灌浆按设计被灌面积（m²）计量。

### 5.5.2.8 钻孔灌浆工程定额的选用

现行灌浆工程定额属于《水电建筑工程概算定额（2007 年版）》的"基础处理工程"

章节，包括的内容如下：

（1）固结灌浆：岩石固结灌浆钻孔，露天岩石固结灌浆，隧洞固结灌浆，竖井、斜井固结灌浆。

（2）帷幕灌浆：岩石帷幕灌浆钻孔（含覆盖层钻孔）、露天岩石帷幕灌浆、露天砂砾石帷幕灌浆。

（3）回填及接触灌浆：隧洞回填灌浆、钢衬回填灌浆、坝体接缝灌浆。

（4）其他灌浆：预填骨料灌浆、土坝（堤）劈裂灌浆。

（5）特殊灌浆：超细水泥灌浆、化学灌浆。

（6）其他：排水孔钻孔、地质钻机钻垂线孔、水位观测孔安装、镶铸孔口管。

在选用定额时，首先应仔细阅读定额总说明、章说明和节说明，再根据施工方法、适用范围、工作内容以及各自特性分别选用。

1. 岩石固结灌浆

（1）固结灌浆钻孔：定额为岩石固结灌浆钻孔。按不同的钻孔设备适用于不同的孔深、露天与洞内、岩石级别等选择定额。定额单位为 100m。

适用范围：风钻钻孔孔深不大于 5m，潜孔钻钻孔孔深不大于 12m，地质钻机钻孔孔深不大于 50m。

工作内容：风钻、潜孔钻主要包括钻灌浆孔、钻检查孔、冲洗、记录、孔位转移等；地质钻机主要包括钻固定孔位、钻灌浆孔、冲洗、记录、孔位转移、钻检查孔、取芯、岩芯装箱及编录、记录、孔位转移等。

（2）固结灌浆。

1）露天岩石固结灌浆：定额为岩石基础固结灌浆。按不同的施工方法、孔深、水泥单位注入量等选择定额。定额单位为 1t。

适用范围：岩石基础；地质钻机钻孔孔深不大于 15m、大于 15m；施工方法自下而上、自上而下；采用两孔并联时可按定额规定调整。

工作内容：灌浆前和灌浆后检查孔的压水试验、制浆、灌浆、封孔、记录、孔位转移等。

2）隧洞、竖井及斜井固结灌浆：定额为隧洞固结灌浆、竖井及斜井固结灌浆。按水泥单位注入量等选择定额。定额单位为 1t。

适用范围：隧洞固结灌浆按隧洞高度不大于 5m，隧洞高度不同、采用两孔并联时可按定额规定调整。竖井及斜井固结灌浆按隧洞高度不大于 5m，采用两孔并联时可按定额规定调整。

工作内容：简易工作平台搭拆、灌浆前和灌浆后检查孔的压水试验、制浆、灌浆、封孔、记录、孔位转移等。

2. 岩石帷幕灌浆

（1）帷幕灌浆钻孔：定额有帷幕灌浆钻岩石孔和钻覆盖层孔。按地质钻机用于不同的孔深、露天与洞内、岩石级别、自下而上与自上而下等选择定额。定额单位为 100m。

适用范围：钻岩石孔适用于终孔直径不大于 76mm 时，地质钻机钻孔孔深不大于50m、50～100m、100～130m、130～150m，灌浆方法不同时，按定额规定调整；钻覆盖层孔适用于终孔直径不大于 110mm 时，地质钻机钻孔孔深不大于 50m，终孔直径不同时，按定额规定调整。

工作内容：地质钻机主要包括钻固定孔位、钻灌浆孔、冲洗、记录、孔位转移、钻检查孔、取芯、岩芯装箱及编录、记录、孔位转移等。

（2）帷幕灌浆。

1）露天岩石帷幕灌浆：定额为岩石基础帷幕灌浆。按不同的施工方法、水泥单位注入量选择定额。定额单位为1t。

适用范围：岩石基础；施工方法自下而上、自上而下、孔口封闭灌浆。

工作内容：灌浆前压水试验、安装灌浆塞、制浆、灌浆、封孔、记录、孔位转移，检查孔压水试验、灌浆或注浆封孔等。

2）露天砂砾石帷幕灌浆：按干料耗量选择定额。定额单位为100m。

适用范围：砂砾石基础。

工作内容：灌浆前的钻孔、制浆、灌浆、封孔、记录、孔位转移、检查孔压水试验、灌浆或注浆封孔等。

3. 回填及接触灌浆

（1）隧洞回填灌浆。

适用范围：洞内作业，衬砌混凝土和岩石之间的灌浆处理。

工作内容：预埋灌浆管、简易工作平台搭拆、通孔、制浆、灌浆、封孔、记录、孔位转移、钻检查孔、压浆试验及封孔等。

（2）钢衬回填灌浆。

适用范围：洞内作业，衬砌钢板和混凝土接触面之间的灌浆处理。

工作内容：补充开孔、焊接灌浆管、简易工作平台搭拆、制浆、灌浆、封孔、记录、灌浆管装拆、锤击检查等。

（3）坝体接缝灌浆。按镀锌钢管、塑料拔管选择定额。定额单位为100m²。

适用范围：露天作业，混凝土纵横缝及其他接缝灌浆处理。灌区面积不同时，按定额规定调整。

工作内容：管道安装、开灌浆孔、安装灌浆盒、通水检查、冲洗、压水试验、制浆、灌浆、平衡通水及防堵通水、钻检查孔、取芯、岩芯装箱及编录、记录、孔位转移等。

4. 其他灌浆

（1）预填骨料灌浆。

适用范围：露天作业，预填骨料灌浆处理。

工作内容：预埋灌浆管、风钻通孔、制浆、灌浆、压水试验、封孔等。

（2）土坝（堤）劈裂灌浆。

1）土坝（堤）劈裂灌浆钻孔：按地层选择定额。定额单位为100m。

2）土坝（堤）劈裂灌浆：按灌浆材料、干料耗量选择定额。定额单位为100m。

适用范围：露天作业，均质土坝（堤）劈裂灌浆处理。

工作内容：钻孔检查、制浆、灌浆、劈裂观测、冒浆处理、记录、复灌、封孔、孔位转移等。

5. 特殊灌浆

（1）超细水泥灌浆：按水泥单位注入量选择定额。定额单位为1t。

适用范围：露天作业，岩石基础细微裂隙处理。

工作内容：灌浆前压水试验、安装灌浆塞、制浆、灌浆、封孔、记录、孔位转移、检查孔压水试验、灌浆或注浆封孔等。

（2）化学灌浆：按不同的化学材料、灌注孔口管、钻孔、灌浆选择定额。定额单位为1孔（灌注孔口管）、100m（钻孔、灌浆）。

适用范围：洞内作业，混凝土底板厚0.85～0.90m，孔口封闭灌浆、分散制浆。

工作内容：灌注孔口管为钻孔、下管、灌浆、灌注孔口管、分散制浆；钻孔为自上而下钻灌交替、扫孔、钻孔、冲孔、孔位转移等；中化-798灌浆为冲洗、风排水、灌注丙酮、高压风排除丙酮（回收）、二次配浆、孔口封闭灌浆、水泥顶化学浆、闭浆待凝、封孔、孔位转移；LW-水溶性聚氨酯灌浆为钻孔检查、洗孔、简易压水、二次配浆、灌注丙酮、高压风排除丙酮（回收）、孔口封闭灌浆、闭浆待凝、封孔、孔位转移。

6. 其他

（1）排水孔钻孔：按不同的钻孔设备适用于不同的孔深、露天与洞内、岩石级别等选择定额。定额单位为100m。

适用范围：风钻钻孔孔深不大于5m、潜孔钻钻孔孔深不大于12m、地质钻机钻孔孔深不大于50m的排水孔、观测孔。

工作内容：风钻、潜孔钻主要包括钻孔、冲洗、记录、孔位转移等；地质钻机主要包括固定孔位、钻孔、冲洗、记录、孔位转移等。

（2）地质钻机钻垂线孔：按岩石级别选择定额。定额单位为100m。

适用范围：露天作业，孔深不大于40m；孔深不同、洞内作业时按定额规定调整。

工作内容：机台搭拆、钻孔、工作管加工与安装、记录、孔位转移等。

（3）水位观测孔。

1）水位观测孔钻孔：按地层与岩石级别选择定额。定额单位为100m。

2）水位观测孔安装：按孔深选择定额。定额单位为1孔。

适用范围：孔径为130～150mm。

工作内容：下管、填反滤料、止水、洗孔、孔口工程、记录。

（4）镶铸孔口管：按地层、孔口管长度选择定额。定额单位为1孔。

适用范围：岩石基础上镶铸孔口管适用范围为坝基岩石及覆盖层下岩石灌浆孔口封闭法，孔口管管径为108mm以内。覆盖层上镶铸孔口管适用范围为覆盖层灌浆循环钻灌法。

工作内容：岩石基础上镶铸孔口管为下管、制浆、镶铸孔口管、待凝、扫孔、记录等；覆盖层上镶铸孔口管为下管、浇止浆环、制浆、铸管、待凝、扫孔、记录等。

### 5.5.2.9　钻孔灌浆工程的单价编制相关问题

1. 编制钻孔灌浆单价应收集和掌握的技术资料

（1）工程勘测资料。主要有需要灌浆处理部位的工程地质及水文地质资料，包括建设场地岩土工程勘察报告、灌浆处的勘探孔柱状图和地质剖面图、地基土的类别、岩石级别或围岩类别及物理、力学性质指标等；建（构）筑物荷载及抗震设防烈度等；该灌浆处地层的组成及大致比例；该灌浆处的岩石级别等。

（2）水工设计有关资料。

1）了解工程项目设计概况、熟悉设计图纸、掌握设计意图，包括灌浆地层或围岩的分布、高程及范围；需地基处理设计的灌浆类型、地层组成、钻孔深度、灌浆深度和具体部位等；哪些部位需要特殊处理等；岩石基础的各种灌浆类型所需的水泥单位注浆量；砂砾石基础的各种灌浆类型所需的干料耗量。

2）灌浆工程的质量要求。水泥或其他材料的质量；施工区域工程环保、水土保持的要求等，废水、废浆的处理和回收要求。

（3）施工设计有关资料。

1）施工进度、强度。施工时段，有无冬季冰冻气候条件下施工，有无雨季气候条件下施工；施工强度大小、施工干扰多少、工期紧迫与否等情况。

2）施工方法与措施。钻孔、灌浆等施工设备的选择，作业条件，灌浆方式等。

3）场内交通。场内各种交通设施布置状况。

2. 单价编制应注意的问题

（1）固结灌浆、帷幕灌浆钻孔均已包含灌浆孔、检查孔的钻孔和冲洗；固结灌浆、帷幕灌浆、回填灌浆、接缝灌浆均已包含灌浆前压水（浆）试验、检查孔压水（浆）试验、灌浆和封孔。

（2）钻孔定额的岩石级别划分，除定额注明者外，统一按 16 级分类法的 Ⅶ～ⅩⅣ 级划分。混凝土钻孔按 Ⅹ 级岩石或参照骨料岩石级别计算。

当岩石按地质行业 12 类分级时，其对应关系可参照表 5.37 调整。

表 5.37　　　　　　　　　　　岩石 12 类分级与 16 类分级对照表

| 12 类分级 | | | 16 类分级 | | |
|---|---|---|---|---|---|
| 岩石级别 | 可钻性/(m/h) | 一次提钻长度/m | 岩石级别 | 可钻性/(m/h) | 一次提钻长度/m |
| Ⅳ | 1.6 | 1.7 | Ⅴ | 1.6 | 1.7 |
| Ⅴ | 1.15 | 1.5 | Ⅵ | 1.2 | 1.5 |
| | | | Ⅶ | 1 | 1.4 |
| Ⅵ | 0.82 | 1.3 | Ⅷ | 0.85 | 1.3 |
| Ⅶ | 0.57 | 1.1 | Ⅸ | 0.72 | 1.2 |
| | | | Ⅹ | 0.55 | 1.1 |
| Ⅷ | 0.38 | 0.85 | Ⅺ | 0.38 | 0.85 |
| Ⅸ | 0.25 | 0.65 | Ⅻ | 0.25 | 0.65 |
| Ⅹ | 0.15 | 0.5 | ⅩⅢ | 0.18 | 0.55 |
| | | | ⅩⅣ | 0.13 | 0.4 |
| Ⅺ | 0.09 | 0.32 | ⅩⅤ | 0.09 | 0.32 |
| Ⅻ | 0.0045 | 0.16 | ⅩⅥ | 0.045 | 0.16 |

（3）地质钻机钻孔定额调整。

1）地质钻机和灌浆机钻灌不同角度时，人工、机械分别乘以表 5.38 中的系数。

表 5.38 地质钻机和灌浆机钻孔角度调整系数表

| 钻孔与水平夹角/(°) | 90~85 | 85~75 | 75~60 | 60~5 | <5 |
|---|---|---|---|---|---|
| 系数 | 1.0 | 1.02 | 1.05 | 1.18 | 1.25 |

2）在廊道或隧洞内施工工作高度不同时，人工、机械定额乘以表 5.39 中的系数。

表 5.39　　　　　　　　　隧洞（廊道）高度调整系数表

| 洞内工作高度/m | ≤5.0 | >5 |
|---|---|---|
| 人工系数 | 1.08 | 1.03 |
| 机械系数 | 1.05 | 1.00 |

（4）坝（闸）基岩石帷幕灌浆、坝（闸）基岩石及隧洞固结灌浆的水泥单位注入量（kg/m）按灌浆试验资料确定。

（5）灌浆压力不小于 3MPa 时，灌浆泵由中压改为高压。

（6）化学灌浆定额中的材料用量，如有灌浆试验配比资料，可进行调整。

（7）各灌浆定额子目中均已包括了灌浆管道的安装拆除，但未包括应列入施工辅助工程中的其他施工辅助工程项内的集中制浆系统的安装拆除。

### 5.5.2.10　钻孔灌浆工程单价编制及工程量计算举例

**【例 5.8】**　某工程的基础处理项目有引水隧洞回填灌浆、固结灌浆；坝基防渗采用混凝土防渗墙及墙下单排帷幕灌浆。电站坝顶高程为 1800.00m。工程资料如下：

（1）引水隧洞。

1）隧洞全长 1500m，衬砌后内径 6m，混凝土衬砌厚 0.8m。

2）围岩为花岗岩；洞身段岩石级别为 X 级（岩石级别按 16 级分类，下同），透水率为 4Lu；进、出口段长度分别为 100m、200m，强风化岩层，岩石级别为 Ⅶ 级，透水率为 8Lu。

3）全洞进行回填灌浆，范围为顶部 120°，排距为 2.5m，每排 3 孔、2 孔交替布置。

4）进口和出口段进行固结灌浆，孔深为 3m，环距为 2.5m，每环 8 个孔，耗灰量为 100kg/m。

（2）坝基。坝轴线长 500m，地层为砂卵石，混凝土防渗墙墙厚 0.8m，平均深度为 38m，要求入岩 0.5m，墙下帷幕灌浆，岩石级别为 Ⅶ 级，透水率为 12Lu，孔距为 2.5m，墙体预埋灌浆管（不考虑），钻孔灌浆深度平均为 15m，采用单排自下而上灌浆，灌浆试验耗灰量为 110kg/m，检查孔压水试验只考虑帷幕灌浆段，采用三压力五阶段法。

计算回填灌浆、固结灌浆、帷幕灌浆工程量并选用定额编号（可行性研究阶段永久水工建筑物的灌浆工程量计算阶段系数为 1.1；定额采用《水电建筑工程概算定额（2007 年版）》，以下定额选用同。

**解：**（1）工程量计算及定额选用。

1）回填灌浆。

回填灌浆工程量＝1500×(6＋0.8×2)×π/3＝11938（m²）

考虑阶段系数 1.1，回填灌浆工程量为 13132m²

定额编号：[70117]

2）固结灌浆。

a. 钻孔。

基本孔＝（300÷2.5＋2）×8＝976（孔）

钻孔工程量＝976×3＝2928（m）

考虑阶段系数1.1，固结灌浆钻孔工程量为3221m

定额编号：[70005]

b. 灌浆。

固结灌浆工程量＝100×3221÷1000＝322（t）

定额编号：[70109]

3）帷幕灌浆。

a. 钻孔。

钻孔工程量＝（500÷2.5＋1）×15＝3015（m）

考虑阶段系数1.1，帷幕灌浆钻孔工程量为3317m

定额编号：[70025]

b. 灌浆。

帷幕灌浆工程量＝110×3317÷1000＝365（t）

定额编号：[70122]×90％＋[70123]×10％

（2）单价编制及费用计算。根据回填灌浆、固结灌浆、帷幕灌浆选用的定额编号编制相应单价及单项费用。已知的基础资料见表5.40。

表 5.40　　　　　　　　基 础 资 料 一 览 表

| 编号 | 名 称 及 规 格 | 单位 | 预算价格 | 编号 | 名 称 及 规 格 | 单位 | 预算价格 |
|---|---|---|---|---|---|---|---|
| 一 | 人工预算单价 | | | 3 | 水泥 P·O42.5 综合价 | t | 898.73 |
| 1 | 高级熟练工 | 工时 | 13.78 | 4 | 合金钻头 φ32～38mm | 个 | 45.00 |
| 2 | 熟练工 | 工时 | 10.37 | 5 | 镶合金片钻头 φ110mm | 个 | 40.00 |
| 3 | 半熟练工 | 工时 | 8.23 | 6 | 合金片 | kg | 180.00 |
| 4 | 普工 | 工时 | 6.88 | 7 | 岩芯箱 | 个 | 60.00 |
| 二 | 电风水价格 | | | 8 | 钻机钻杆 | m | 84.00 |
| 1 | 电 | kW·h | 0.77 | 9 | 钻杆接头 φ89mm | 个 | 68.00 |
| 2 | 风 | m³ | 0.12 | 10 | 岩芯管 | m | 120.00 |
| 3 | 水 | m³ | 1.45 | 五 | 施工机械台时费 | | |
| 三 | 取费标准 | | | 1 | 灌浆泵（中低压）泥浆 | 台时 | 45.03 |
| 1 | 其他直接费 | ％ | 7.10 | 2 | 灰浆搅拌机 200L | 台时 | 20.14 |
| 2 | 间接费 | ％ | 19.04 | 3 | 灰浆搅拌机 1000L | 台时 | 25.29 |
| 3 | 利润 | ％ | 7.00 | 4 | 风钻（手持式） | 台时 | 21.29 |
| 4 | 税金 | ％ | 9.00 | 5 | 载重汽车（汽油型） 5t | 台时 | 97.44 |
| 四 | 材料预算价格 | | | 6 | 灌浆自动记录仪 | 台时 | 12.45 |
| 1 | 灌浆管 | m | 15.00 | 7 | 地质钻机 300 型 | 台时 | 55.46 |
| 2 | 风钻钻杆 | kg | 7.00 | 8 | 地质钻机 150 型 | 台时 | 48.81 |

根据回填灌浆、固结灌浆、帷幕灌浆选用的定额编号编制相应单价，见表 5.41～表 5.45。

**表 5.41**　　　　　　　　　　　　　隧 洞 回 填 灌 浆

定额编号：〔70117〕　　　　　　　　　　　　　　　　　　　定额单位：100m²

施工方法：隧洞回填灌浆

| 编号 | 名 称 及 规 格 | 单位 | 数量 | 单价/元 | 合计/元 |
|---|---|---|---|---|---|
| 1 | 2 | 3 | 4 | 5 | 6 |
| 一 | 直接费 | | | | 7828.27 |
| （一） | 基本直接费 | | | | 7309.31 |
| 1 | 人工费 | | | | 1363.71 |
| | 高级熟练工 | 工时 | 7.00 | 13.78 | 96.46 |
| | 熟练工 | 工时 | 50.00 | 10.37 | 518.5 |
| | 半熟练工 | 工时 | 45.00 | 8.23 | 370.35 |
| | 普工 | 工时 | 55.00 | 6.88 | 378.4 |
| 2 | 材料费 | | | | 3702.50 |
| | 水泥 P·O42.5 综合价 | t | 6.90 | 440.00 | 3036.00 |
| | 水（工程用水） | m³ | 50.00 | 1.45 | 72.50 |
| | 灌浆管 | m | 14.40 | 15.00 | 216.00 |
| | 其他材料费 | 元 | 378.00 | 1.00 | 378.00 |
| 3 | 机械使用费 | | | | 2243.10 |
| | 灌浆泵（中低压）泥浆 | 台时 | 26.83 | 45.03 | 1208.15 |
| | 灰浆搅拌机　200L | 台时 | 26.83 | 20.14 | 540.36 |
| | 风钻（手持式） | 台时 | 15.67 | 21.29 | 333.61 |
| | 载重汽车（汽油型）　5t | 台时 | 0.79 | 97.44 | 76.98 |
| | 其他机械使用费 | 元 | 84.00 | 1.00 | 84.00 |
| （二） | 其他直接费 | % | 7.10 | 7309.31 | 518.96 |
| 二 | 间接费 | % | 19.04 | 7828.27 | 1490.50 |
| 三 | 利润 | % | 7.00 | 9318.77 | 652.31 |
| 四 | 材料价差 | | | | 3165.24 |
| | 水泥 P·O42.5 综合价 | t | 6.90 | 458.73 | 3165.24 |
| 五 | 税金 | % | 9.00 | 13136.32 | 1182.27 |
| 六 | 合计 | | | | 14318.59 |

**注**　水泥最高限额价格为 440 元/t。

168

**表 5.42**　　　　　　　　　　　　　　**隧 洞 固 结 灌 浆 钻 孔**

定额编号：[70005]　　　　　　　　　　　　　　　　　　　定额单位：100m

施工方法：进、出口为Ⅶ级岩石

| 编号 | 名 称 及 规 格 | 单位 | 数量 | 单价/元 | 合计/元 |
|---|---|---|---|---|---|
| 1 | 2 | 3 | 4 | 5 | 6 |
| 一 | 直接费 | | | | 1060.49 |
| （一） | 基本直接费 | | | | 990.19 |
| 1 | 人工费 | | | | 512.56 |
| | 熟练工 | 工时 | 13.00 | 10.37 | 134.81 |
| | 半熟练工 | 工时 | 25.00 | 8.23 | 205.75 |
| | 普工 | 工时 | 25.00 | 6.88 | 172.00 |
| 2 | 材料费 | | | | 137.14 |
| | 合金钻头　$\phi 32\sim 38mm$ | 个 | 2.35 | 45.00 | 105.75 |
| | 风钻钻杆 | kg | 1.13 | 7.00 | 7.91 |
| | 水（工程用水） | m³ | 6.00 | 1.45 | 8.70 |
| | 其他材料费 | 元 | 14.78 | 1.00 | 14.78 |
| 3 | 机械使用费 | | | | 340.49 |
| | 风钻（手持式） | 台时 | 14.49 | 21.29 | 308.49 |
| | 其他机械使用费 | 元 | 32.00 | 1.00 | 32.00 |
| （二） | 其他直接费 | % | 7.10 | 990.19 | 70.30 |
| 二 | 间接费 | % | 19.04 | 1060.49 | 201.92 |
| 三 | 利润 | % | 7.00 | 1262.41 | 88.37 |
| 四 | 税金 | % | 9.00 | 1350.78 | 121.57 |
| 五 | 合计 | | | | 1472.35 |

**表 5.43**　　　　　　　　　　　　　　**隧 洞 固 结 灌 浆**

定额编号：[70109]　　　　　　　　　　　　　　　　　　　定额单位：1t

施工方法：注浆量为100kg/m

| 编号 | 名 称 及 规 格 | 单位 | 数量 | 单价/元 | 合计/元 |
|---|---|---|---|---|---|
| 1 | 2 | 3 | 4 | 5 | 6 |
| 一 | 直接费 | | | | 1669.15 |
| （一） | 基本直接费 | | | | 1558.50 |
| 1 | 人工费 | | | | 279.46 |
| | 高级熟练工 | 工时 | 2.00 | 13.78 | 27.56 |
| | 熟练工 | 工时 | 6.00 | 10.37 | 62.22 |
| | 半熟练工 | 工时 | 8.00 | 8.23 | 65.84 |

续表

施工方法：注浆量为 100kg/m

| 编号 | 名　称　及　规　格 | 单位 | 数量 | 单价/元 | 合计/元 |
|---|---|---|---|---|---|
| 1 | 2 | 3 | 4 | 5 | 6 |
|  | 普工 | 工时 | 18.00 | 6.88 | 123.84 |
| 2 | 材料费 |  |  |  | 651.40 |
|  | 水泥 P·O42.5 综合价（定额为水泥 P·O32.5） | t | 1.17 | 440.00 | 514.80 |
|  | 水（工程用水） | m³ | 68.00 | 1.45 | 98.60 |
|  | 其他材料费 | 元 | 38.00 | 1.00 | 38.00 |
| 3 | 机械使用费 |  |  |  | 627.64 |
|  | 灌浆泵（中低压）泥浆（定额为中压） | 台时 | 6.99 | 45.03 | 314.76 |
|  | 灰浆搅拌机　200L | 台时 | 6.72 | 20.14 | 135.34 |
|  | 灌浆自动记录仪 | 台时 | 5.71 | 12.45 | 71.09 |
|  | 载重汽车（汽油型）　5t | 台时 | 0.34 | 97.44 | 33.13 |
|  | 地质钻机　300 型 | 台时 | 0.15 | 55.46 | 8.32 |
|  | 其他机械使用费 | 元 | 65 | 1.00 | 65.00 |
| （二） | 其他直接费 | % | 7.10 | 1558.50 | 110.65 |
| 二 | 间接费 | % | 19.04 | 1669.15 | 317.81 |
| 三 | 利润 | % | 7.00 | 1986.96 | 139.09 |
| 四 | 材料价差 |  |  |  | 536.71 |
|  | 水泥 P·O42.5 | t | 1.17 | 458.73 | 536.71 |
| 五 | 税金 | % | 9.00 | 2662.76 | 239.65 |
| 六 | 合计 |  |  |  | 2902.41 |

**表 5.44　　　　　　帷 幕 灌 浆 钻 孔**

定额编号：[70025]　　　　　　　　　　　　　　　　　　　　　　　定额单位：100m

施工方法：地质钻机钻灌浆孔，岩石级别为Ⅶ级

| 编号 | 名　称　及　规　格 | 单位 | 数量 | 单价/元 | 合计/元 |
|---|---|---|---|---|---|
| 1 | 2 | 3 | 4 | 5 | 6 |
| 一 | 直接费 |  |  |  | 10628.33 |
| （一） | 基本直接费 |  |  |  | 9923.74 |
| 1 | 人工费 |  |  |  | 2642.82 |
|  | 高级熟练工 | 工时 | 12.00 | 13.78 | 165.36 |
|  | 熟练工 | 工时 | 46.00 | 10.37 | 477.02 |
|  | 半熟练工 | 工时 | 116.00 | 8.23 | 954.68 |
|  | 普工 | 工时 | 152.00 | 6.88 | 1045.76 |
| 2 | 材料费 |  |  |  | 2252.22 |

施工方法：地质钻机钻灌浆孔，岩石级别为Ⅶ级

| 编号 | 名 称 及 规 格 | 单位 | 数量 | 单价/元 | 合计/元 |
|---|---|---|---|---|---|
| 1 | 2 | 3 | 4 | 5 | 6 |
| | 镶合金块钻头 $\phi56mm$ | 个 | 8.95 | 40.00 | 358.00 |
| | 合金片 | kg | 0.40 | 180.00 | 72.00 |
| | 岩芯箱 | 个 | 2.04 | 60.00 | 122.40 |
| | 钻机钻杆 $\phi50mm$ | m | 3.71 | 84.00 | 311.64 |
| | 钻杆接头 | 个 | 3.56 | 68.00 | 242.08 |
| | 岩芯管 | m | 4.98 | 120.00 | 597.60 |
| | 水（工程用水） | $m^3$ | 310.00 | 1.45 | 449.50 |
| | 其他材料费 | 元 | 99.00 | 1.00 | 99.00 |
| 3 | 机械使用费 | | | | 5028.70 |
| | 地质钻机 150型 | 台时 | 90.13 | 48.81 | 4399.25 |
| | 载重汽车（汽油型） 5t | 台时 | 4.51 | 97.44 | 439.45 |
| | 其他机械使用费 | 元 | 190.00 | 1.00 | 190.00 |
| （二） | 其他直接费 | % | 7.10 | 9923.74 | 704.59 |
| 二 | 间接费 | % | 19.04 | 10628.33 | 2023.63 |
| 三 | 利润 | % | 7.00 | 12651.96 | 885.64 |
| 四 | 税金 | % | 9.00 | 13537.60 | 1218.38 |
| 五 | 合计 | | | | 14755.98 |

**表 5.45**        **帷 幕 灌 浆**

定额编号：[70122]×0.9+[70123]×0.1        定额单位：1t

施工方法：注浆量为110kg/m

| 编号 | 名 称 及 规 格 | 单位 | 数量 | 单价/元 | 合计/元 |
|---|---|---|---|---|---|
| 1 | 2 | 3 | 4 | 5 | 6 |
| 一 | 直接费 | | | | 2590.9 |
| （一） | 基本直接费 | | | | 2419.14 |
| 1 | 人工费 | | | | 375.94 |
| | 高级熟练工 | 工时 | 1.90 | 13.78 | 26.18 |
| | 熟练工 | 工时 | 7.80 | 10.37 | 80.89 |
| | 半熟练工 | 工时 | 10.60 | 8.23 | 87.24 |
| | 普工 | 工时 | 26.40 | 6.88 | 181.63 |
| 2 | 材料费 | | | | 716.85 |
| | 水泥 P·O42.5综合价<br>（定额为水泥 P·O32.5） | t | 1.1970 | 440.00 | 526.68 |
| | 水（工程用水） | $m^3$ | 92.60 | 1.45 | 134.27 |

续表

施工方法：注浆量为 110kg/m

| 编号 | 名　称　及　规　格 | 单位 | 数量 | 单价/元 | 合计/元 |
|---|---|---|---|---|---|
| 1 | 2 | 3 | 4 | 5 | 6 |
| | 其他材料费 | 元 | 55.90 | 1.00 | 55.90 |
| 3 | 机械使用费 | | | | 1326.36 |
| | 地质钻机　300 型 | 台时 | 4.8690 | 55.46 | 270.03 |
| | 灌浆泵（中低压）泥浆（定额为中压） | 台时 | 12.7420 | 45.03 | 573.77 |
| | 灰浆搅拌机　200L | 台时 | 7.6330 | 20.14 | 153.73 |
| | 灰浆搅拌机　1000L | 台时 | 1.9040 | 25.29 | 48.15 |
| | 灌浆自动记录仪 | 台时 | 6.4870 | 12.45 | 80.76 |
| | 载重汽车（汽油型）　5t | 台时 | 0.6590 | 97.44 | 64.21 |
| | 其他机械使用费 | 元 | 135.70 | 1.00 | 135.70 |
| （二） | 其他直接费 | % | 7.10 | 2419.14 | 171.76 |
| 二 | 间接费 | % | 19.04 | 2590.90 | 493.31 |
| 三 | 利润 | % | 7.00 | 3084.21 | 215.89 |
| 四 | 材料价差 | 元 | | | 549.10 |
| | 水泥 P·O42.5 综合价 | t | 1.1970 | 458.73 | 549.10 |
| 五 | 税金 | % | 9.00 | 3849.20 | 346.43 |
| 六 | 合计 | | | | 4195.63 |

回填灌浆费用＝13132m²×143.19 元/m²＝1880371.08 元

固结灌浆钻孔费用＝3221m×14.72 元/m＝47413.12 元

固结灌浆费用＝322t×2902.41 元/t＝934576.02 元

帷幕灌浆钻孔费用＝3317m×147.56 元/m＝489456.52 元

帷幕灌浆费用＝365t×4195.63 元/t＝1531404.95 元

【例 5.9】　某工程进行坝基岩石帷幕灌浆施工，采用 150 型地质钻机钻孔，孔深为 43m，岩石级别为 XI 级，灌浆方法为自下而上灌浆法，单位注入率为 45kg/m，计算其帷幕灌浆单价。基础资料见表 5.46。

表 5.46　　　　　　　　　　基　础　资　料　一　览　表

| 编号 | 名　称　及　规　格 | 单位 | 预算价格 | 编号 | 名　称　及　规　格 | 单位 | 预算价格 |
|---|---|---|---|---|---|---|---|
| 一 | 人工预算单价 | | | 1 | 电 | kW·h | 0.77 |
| 1 | 高级熟练工 | 工时 | 13.78 | 2 | 风 | m³ | 0.12 |
| 2 | 熟练工 | 工时 | 10.37 | 3 | 水 | m³ | 1.45 |
| 3 | 半熟练工 | 工时 | 8.23 | 4 | 汽油 | L | 4.30 |
| 4 | 普工 | 工时 | 6.88 | 三 | 取费标准 | | |
| 二 | 电风水油价格 | | | 1 | 其他直接费 | % | 7.10 |

| 编号 | 名 称 及 规 格 | 单位 | 预算价格 | 编号 | 名 称 及 规 格 | 单位 | 预算价格 |
|---|---|---|---|---|---|---|---|
| 2 | 间接费 | % | 19.04 | 7 | 岩芯箱 | 个 | 60 |
| 3 | 利润 | % | 7.00 | 五 | 施工机械台时费 | | |
| 4 | 税金 | % | 9.00 | 1 | 地质钻机 150 型 | 台时 | 48.81 |
| 四 | 材料预算价格 | | | 2 | 地质钻机 300 型 | 台时 | 55.46 |
| 1 | 岩芯管 | m | 120 | 3 | 灌浆泵（中低压）泥浆 | 台时 | 45.03 |
| 2 | 金刚石钻头 | 个 | 1000 | 4 | 灰浆搅拌机 200L | 台时 | 20.14 |
| 3 | 扩孔器 | 个 | 40 | 5 | 灰浆搅拌机 1000L | 台时 | 25.29 |
| 4 | 钻杆 | m | 84 | 6 | 载重汽车 5t | 台时 | 97.44 |
| 5 | 钻杆接头 | 个 | 428.38 | 7 | 灌浆自动记录仪 | 台时 | 12.45 |
| 6 | 水泥 P·O32.5 综合价 | t | 355 | | | | |

**解：**该工程坝基岩石帷幕灌浆分为钻孔和灌浆两个步骤，定额采用《水电建筑工程概算定额（2007 年版）》。

（1）定额选用。

1）钻孔。该工程为坝基岩石帷幕灌浆钻孔，采用 150 型地质钻机，孔深为 43m，岩石级别为Ⅺ级，定额编号为 [70027]。

2）灌浆。该工程灌浆为坝基岩石帷幕灌浆，灌浆方法为自下而上灌浆法，单位注入量为 45kg/m，定额编号为 [70120]×0.25＋[70121]×0.75。

（2）单价编制。根据前面选用的定额编号编制相应单价，见表 5.47 和表 5.48。

**表 5.47** 　　　　　　　　　　　　　　帷 幕 灌 浆 钻 孔

定额编号：[70027]　　　　　　　　　　　　　　　　　　　定额单位：100m

施工方法：地质钻机钻灌浆孔，岩石级别为Ⅺ级

| 编号 | 名 称 及 规 格 | 单位 | 数量 | 单价/元 | 合计/元 |
|---|---|---|---|---|---|
| 1 | 2 | 3 | 4 | 5 | 6 |
| 一 | 直接费 | | | | 25179.51 |
| （一） | 基本直接费 | | | | 23510.28 |
| 1 | 人工费 | | | | 3893.68 |
| | 高级熟练工 | 工时 | 19.00 | 13.78 | 261.82 |
| | 熟练工 | 工时 | 71.00 | 10.37 | 736.27 |
| | 半熟练工 | 工时 | 193.00 | 8.23 | 1588.39 |
| | 普工 | 工时 | 190.00 | 6.88 | 1307.20 |
| 2 | 材料费 | | | | 11157.70 |
| | 金刚石钻头 | 个 | 5.50 | 1000.00 | 5500.00 |

施工方法：地质钻机钻灌浆孔，岩石级别为Ⅺ级

| 编号 | 名　称　及　规　格 | 单位 | 数量 | 单价/元 | 合计/元 |
|---|---|---|---|---|---|
| 1 | 2 | 3 | 4 | 5 | 6 |
| | 扩孔器 | 个 | 2.03 | 40.00 | 81.20 |
| | 岩芯箱 | 个 | 2.04 | 60.00 | 122.40 |
| | 钻杆 | m | 6.77 | 84.00 | 568.68 |
| | 钻杆接头 | 个 | 6.50 | 428.38 | 2784.47 |
| | 岩芯管 | m | 9.14 | 120.00 | 1096.80 |
| | 水 | m³ | 507.00 | 1.45 | 735.15 |
| | 其他材料费 | 元 | 269.00 | 1.00 | 269.00 |
| 3 | 机械使用费 | | | | 8458.90 |
| | 地质钻机　150 型 | 台时 | 151.45 | 48.81 | 7392.27 |
| | 载重汽车　5t | 台时 | 7.57 | 97.44 | 737.62 |
| | 其他机械使用费 | 元 | 329.00 | 1.00 | 329.00 |
| （二） | 其他直接费 | % | 7.10 | 23510.28 | 1669.23 |
| 二 | 间接费 | % | 19.04 | 25179.51 | 4794.18 |
| 三 | 利润 | % | 7.00 | 29973.69 | 2098.16 |
| 四 | 税金 | % | 9.00 | 32071.85 | 2886.47 |
| 五 | 合计 | | | | 34958.32 |

**表 5.48**　　　　　　　坝 基 帷 幕 灌 浆

定额编号：[70120]×0.25＋[70121]×0.75　　　　　　　　　定额单位：1t

施工方法：注浆量为 45kg/m

| 编号 | 名　称　及　规　格 | 单位 | 数量 | 单价/元 | 合计/元 |
|---|---|---|---|---|---|
| 1 | 2 | 3 | 4 | 5 | 6 |
| 一 | 直接费 | | | | 4878.10 |
| （一） | 基本直接费 | | | | 4554.71 |
| 1 | 人工费 | | | | 784.23 |
| | 高级熟练工 | 工时 | 4.50 | 13.78 | 62.01 |
| | 熟练工 | 工时 | 19.25 | 10.37 | 199.62 |
| | 半熟练工 | 工时 | 24.00 | 8.23 | 197.52 |
| | 普工 | 工时 | 47.25 | 6.88 | 325.08 |
| 2 | 材料费 | | | | 847.39 |
| | 水泥 P·O32.5 | t | 1.265 | 355.00 | 449.08 |
| | 水（工程使用） | m³ | 176.25 | 1.45 | 255.56 |
| | 其他材料费 | 元 | 142.75 | 1.00 | 142.75 |

施工方法：注浆量为 45kg/m

| 编号 | 名 称 及 规 格 | 单位 | 数量 | 单价/元 | 合计/元 |
|---|---|---|---|---|---|
| 1 | 2 | 3 | 4 | 5 | 6 |
| 3 | 机械使用费 | | | | 2923.09 |
| | 地质钻机 | 台时 | 11.25 | 48.81 | 549.23 |
| | 灌浆泵（中低压）泥浆（定额为中压） | 台时 | 29.52 | 45.03 | 1329.40 |
| | 灰浆搅拌机 200L | 台时 | 17.56 | 20.14 | 353.56 |
| | 灰浆搅拌机 1000L | 台时 | 4.39 | 25.29 | 111.02 |
| | 灌浆自动记录仪 | 台时 | 14.93 | 12.45 | 185.85 |
| | 载重汽车 5t | 台时 | 0.67 | 97.44 | 65.53 |
| | 其他机械使用费 | 元 | 328.50 | 1.00 | 328.50 |
| （二） | 其他直接费 | % | 7.10 | 4554.71 | 323.38 |
| 二 | 间接费 | % | 19.04 | 4878.10 | 928.79 |
| 三 | 利润 | % | 7.00 | 5806.89 | 406.48 |
| 四 | 税金 | % | 9.00 | 6213.37 | 559.20 |
| 五 | 合计 | | | | 6772.57 |

由表 5.47 和表 5.48 可知，该工程进行坝基岩石帷幕灌浆施工，钻孔单价为 349.58 元/m，帷幕灌浆单价为 6772.57 元/t。

### 5.5.3 地下连续墙工程

地下连续墙（主要有混凝土防渗墙）是利用钻孔、挖槽机械，在松散透水地基或坝（堰）体中以泥浆固壁，挖掘槽形孔或连锁桩柱孔，在槽（孔）内浇筑混凝土或回填其他防渗材料筑成的具有防渗等功能的工程。

水利水电工程混凝土防渗墙的厚度一般为 60～100cm，它深埋地基中，目前最大深度已达 100m。防渗墙底部一般要求嵌入基岩或不透水层中一定深度（0.5～1.0m），其顶部则需要与坝体防渗设施连接。

#### 5.5.3.1 主要作用和适用范围

（1）结构可靠，耐久性较好，防渗效果好；成墙厚度和深度都较大。

（2）用途广泛，可防水、防渗，也可挡土、承重；既可用于大型深基基础工程，也可用于小型基础工程。

（3）几乎可适应于各种地质条件，从松软的淤泥到密实的砂卵石，甚至漂石和岩层中。

#### 5.5.3.2 施工特点

（1）具有连续性的特点，在布置供电系统时，要注意保证供电不能中断。

（2）墙体的结构尺寸（厚度、深度）、墙体材料的渗透性能和力学性能可根据工程要求和地层条件进行设计和控制。

（3）对邻近的结构和地下设施影响很小，可在建筑物、构筑物密集地区进行施工。

（4）施工方法成熟，检测手段简单直观，工程质量可靠。

（5）施工时几乎不受地下水影响。

（6）一般情况下，混凝土防渗墙施工要借助于大型的施工机械并在泥浆固壁的条件下进行，工艺环节较多，因此，要求有较高的技术能力、管理水平和丰富的施工经验。

### 5.5.3.3　分类

（1）按布置方式分有嵌固式防渗墙、悬挂式防渗墙、组合式防渗墙。

（2）按墙体材料分有普通混凝土防渗墙、黏土混凝土防渗墙、塑性混凝土防渗墙、固化灰浆防渗墙、自凝灰浆防渗墙。

（3）按成墙方式分有桩柱型防渗墙、槽板型防渗墙、板桩灌注型（混合型）防渗墙。其中，桩柱型防渗墙又分为对接型防渗墙、套接型防渗墙、连锁型防渗墙。

### 5.5.3.4　工艺流程

防渗墙的施工过程较为复杂，施工工序颇多，主要工序可分为：施工准备→槽孔建造→墙体材料填筑→质量检查。如钢筋混凝土防渗墙施工工艺流程如图 5.7 所示。

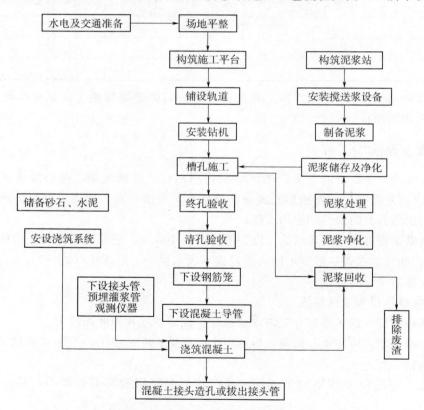

图 5.7　钢筋混凝土防渗墙施工工艺流程图

1. 施工准备

除三通一平外，还包括构筑施工平台、构筑泥浆系统（搅拌、储存）、安设混凝土浇筑系统、修筑导墙或开挖导向沟并埋设导向槽板、开槽机械的轨道铺设和安装及其他临时设施的布置。当防渗墙中心线上有裸露的或已探明的大孤石时，在修建导墙和施工平台之前应予以清除或爆破。

2. 槽孔建造

槽孔建造可简称为开槽、造孔。

（1）成槽方法。成槽方法有钻劈法、抓取法（抓斗成槽法）、钻抓法、铣削法等。

（2）成槽设备。槽孔建造设备可根据地层情况、墙体结构型式及设备性能进行选择，必要时可选用多种设备组合施工，主要设备如下：

1）冲击钻机：CZ-22、CZ-30。

2）冲击反循环钻机：CZF-1200、CZF-1500，配合泥浆净化机。

3）抓斗：液压式、机械式。

4）液压铣槽机。

（3）固壁泥浆。固壁泥浆应具有良好的物理稳定性、良好的化学稳定性、适当的密度、良好的流变性能、适当的黏度、较小的含沙量、较好的滤失性（即失水量较小且形成的泥皮薄而致密）以及抗水泥污染能力。

1）固壁泥浆的作用：保证槽壁稳定；防止渗漏；悬浮钻渣、携带钻渣和清洗孔底；冷却钻具，防止钻头过早磨损。

2）固壁泥浆的土料：膨润土、黏土或两者的混合料。普通黏土泥浆与膨润土泥浆特性比较见表5.49。当所采用的黏土质量不能完全满足要求时，或为了兼顾两者的特性时，可使用掺加部分膨润土的混合泥浆，其特性介于两者之间。膨润土泥浆的密度较小，浇筑混凝土时的置换效果较好，有利于成墙质量，同时也便于泥浆循环使用，故在采用循环出渣方式造孔或用于抓斗成槽时，以优先选用膨润土泥浆。随着施工技术的进步，膨润土泥浆的应用越来越普遍。鉴于水利水电工程经常遇到含有大粒径漂卵石和严重渗漏地层的情况，以及各施工单位的现有装备水平，黏土泥浆仍然具有一定的价值，不会被完全淘汰。黏土泥浆的密度较大，悬浮钻渣和堵漏防塌的能力较强，且料源广，成本低。使用常规冲击钻机在含有漂卵石的地层中造孔时，宜选用普通黏土泥浆和混合泥浆。为避免密度和黏度过大对混凝土浇筑质量的不利影响，在浇筑前清孔时可换用密度和黏度较小的泥浆。

表5.49　　　　　　　　　普通黏土泥浆与膨润土泥浆特性比较表

| 项　目 | 普通黏土泥浆 | 膨润土泥浆 | 备　注 |
|---|---|---|---|
| 密度/(g/cm³) | 1.15~1.25，较大 | 1.03~1.10，较小 | |
| 浓度/% | 32~45，较大 | 4~12，较小 | 100mL水中含土量（g） |
| 含沙量/% | ≤5，较大 | ≤1，较小 | |
| 漏斗黏度/s | 30~60 | 30~60 | 946/1500mL漏斗 |
| 造浆率/(m³/t) | 2.6~3.5，较小 | 7~25，较大 | |
| 失水量/(mL/30min) | 20~30，较大 | 10~20，较小 | |
| 泥皮厚/mm | 2~4，较厚 | 0.5~2，较薄 | |
| 悬浮钻渣能力 | 较大 | 较小 | |

续表

| 项　　目 | 普通黏土泥浆 | 膨润土泥浆 | 备　　注 |
|---|---|---|---|
| 混凝土置换效果 | 较差 | 较好 | |
| 外观形状 | 天然产状，有结块，含水量较高 | 经过加工的商品，袋装粉末，含水量较低 | |
| 制浆 | 用低速叶片搅拌机搅拌，搅拌时间长（30～45min） | 用高速搅拌机搅拌，搅拌时间短（3～7min） | |
| 使用与管理 | 不便循环使用，耗量大，设备维修及管理工作量大 | 便于循环使用，耗量小，设备维修及管理工作量小 | |

**注**　每 $1m^3$ 普通黏土泥浆需用土 340～400kg，每 $1m^3$ 膨润土泥浆需用土 50～80kg。

（4）槽孔终孔质量检查。槽孔建造结束后，应进行终孔质量检查（包括孔位、孔斜、孔深、槽宽、孔型等），检查合格后方可进行下道工序，即清孔、换泥浆及端头孔泥皮刷洗等。

（5）清孔换浆。清孔换浆宜选用泵吸法或气举法。二期槽孔清孔换浆结束前，应清除接头槽壁上的泥皮。

（6）清孔检验。清孔换浆完成 1h 后进行检验（包括孔底淤积厚度、槽内泥浆密度、黏度、含沙量等）。

清孔验收合格后，应于 4h 内浇筑混凝土，因吊放钢筋笼或其他埋设件不能在 4h 内开浇混凝土的槽孔，可对清孔要求另行做出规定。

3. 墙体材料填筑

防渗墙墙体材料根据其抗压强度和弹性模量可分为刚性材料和柔性材料。刚性材料有普通混凝土、黏土混凝土等，柔性材料有塑性混凝土、固化灰浆、自凝灰浆等。以下主要介绍混凝土防渗墙的填筑。

（1）钢筋笼和预埋件。将已制备的钢筋笼下沉到设计高度（对钢筋混凝土防渗而言），应采取措施防止混凝土浇筑时钢筋笼上浮。

防渗墙墙体内可用预埋管法或拔管法预留孔洞。预埋管和拔管管模应有足够的强度和刚度。

观测仪器的埋设应按设计要求的位置和方向，并注意保护。

（2）下设混凝土导管。由于是在泥浆下浇筑混凝土，一般都采用直升导管法，导管内径以 20～25cm 为宜。由于不能振捣，要利用混凝土自重，所以对混凝土级配有特殊要求，混凝土应有良好的和易性，规范规定入孔时的坍落度为 18～22cm，扩散度为 34～40cm，最大骨料粒径不大于 4cm，且不得大于钢筋净距的 1/4。

（3）混凝土的拌制和运输。

1）混凝土的拌制。防渗墙混凝土的拌和可采用各种类型的混凝土搅拌机。有条件时可利用工地现有的大型自动化拌和系统和骨料生产系统，也可使用小型自动化搅拌站或临时搭建的简易搅拌站，应尽量避免采用人工上料的拌和方法。塑性混凝土宜采用强制式搅拌机拌和，并适当延长搅拌时间。

2）混凝土的运输。在选择混凝土的运输方法时，应保证运至孔口的混凝土具有良好的和易性。混凝土的运输包括水平运输和垂直提升。

水平运输一般应采用混凝土搅拌运输车，必要时可与混凝土泵相配合。

垂直提升一般高度不大，但也有相应的措施。常用的方法有混凝土泵兼做水平运输和垂直提升设备，小型皮带机送料至分料斗，吊罐与吊车配合送料至分料斗等。

（4）浇筑混凝土。在泥浆下采用直升导管，开浇前，导管底口距槽底 15～25cm；将可浮起的隔离塞球或其他适宜的隔离物放入导管（球直径略小于导管内径）；开浇时宜先注入少量的水泥砂浆，随即注入足够的混凝土，挤出塞球并埋住导管底端；灌满后，提升 20～30cm，使塞球跑出，混凝土流入孔内，连续上料，并应保证导管提升后底部埋入混凝土的深度不得小于 1m，不宜大于 6m；随着混凝土面的均匀上升（上升速度不得小于 2m/h，各处高差应控制在 500mm 以内），导管也随之提升，连续浇筑，直至结束。

制浆浇筑设备有卧式泥浆搅拌机、高速锤式打浆机、立式搅拌机、水力搅拌机及高速制浆系统。

（5）混凝土接头造孔或拔出接头管。待混凝土初凝后，拔去接头管或进行混凝土接头造孔。

4. 质量检查

防渗墙质量检查程序分为工序质量检查和墙体质量检查。

（1）工序质量检查包括终孔、清孔、接头管（板）吊放、钢筋笼制造及吊放、混凝土拌制及浇筑等检查。各工序检查合格后，应签发工序质量检查合格证。

1）槽孔建造的终孔质量检查应包括孔位、孔深、孔斜、槽宽；基岩岩样与槽孔嵌入基岩深度；一期、二期槽孔间接头的套接厚度。

2）槽孔的清孔质量检查应包括孔内泥浆性能、孔底淤积厚度、接头孔刷洗质量。

3）接头管（板）吊放质量检查应包括接头管（板）吊放深度、接头管（板）吊放垂直度、接头管（板）的成孔质量。

4）钢筋笼制造及吊放质量检查应包括钢筋的检验；钢筋笼的外形尺寸，导向装置及加工质量；钢筋笼的吊放位置及节间连接质量；预埋件位置及数量检验。

5）混凝土拌制及浇筑质量检查应包括原材料的检验、导管间距、浇筑混凝土面的上升速度及导管埋深、终浇高程、混凝土槽口样品的物理力学检验及其数理统计分析结果。

固化灰浆防渗墙和自凝灰浆防渗墙与混凝土防渗墙检查内容基本相同。

（2）墙体质量检查应在成墙后 28d 进行，检查内容为墙体的物理力学性能指标、墙段接缝和可能存在的缺陷。检查可采用钻孔取芯（混凝土芯）、注水试验或其他检测方法。检查孔的数量宜为每 10～20 个槽孔一个，位置应具有代表性。

5. 墙段连接

墙段连接可采用钻凿法、接头管（板）法、双反弧桩柱法、切（铣）削法等。条件许可时，宜减少墙段连接缝。

**5.5.3.5　地下连续墙的工程量计算规定及定额的工程量计量规则**

1. 工程量计算规定

现行地下连续墙的工程量计算基本采用以下计算规定：

（1）成槽工程量按不同墙厚、孔深和地层以成墙面积计算。

（2）浇筑工程量按不同墙厚和地层以成墙面积计算。槽孔划分是准确计算防渗墙工程量的基础。根据槽孔划分的结果，要分别算出整个防渗墙及各槽孔的成槽工程量和混凝土浇筑工程量。成槽工程量的计算在水利电力行业过去是以"单孔进尺"表示，计量单位为"m"；现行地下连续墙工程量的计算则采用成墙面积计算；工业与民用建筑工程多采用墙体体积或挖槽体积作为其工程量指标。但无论采用何种工程量指标，费用计算时成槽工程量与混凝土浇筑工程量必须分开计算，因为两者不一定相等，甚至有时相差还很大，主要是因为成槽时应考虑所采用的墙段连接方式产生的接头孔施工工程量，浇筑时还应考虑扩孔系数（超挖系数），即槽孔的实际挖掘体积与墙体设计体积的比值。

2. 定额的工程量计量规则

（1）成槽。地下连续墙成槽工程量按设计墙体的截水面积计量：

$$A = LH \tag{5.24}$$

式中：$A$ 为防渗墙或计算槽段的截水（成墙）面积，$m^2$；$L$ 为轴线长度，m；$H$ 为平均墙深，m。

（2）浇筑。地下连续墙浇筑工程量按浇筑体积（$m^3$）计量，塑性混凝土防渗墙浇筑工程量按面积（$m^2$）计量。

考虑防渗墙实际厚度，凿除接头和上部疏松混凝土，防渗墙混凝土工程量可按式（5.14）近似计算：

$$Q = ABK_1K_2 = LHBK_1K_2 \tag{5.25}$$

式中：$Q$ 为防渗墙的槽段填筑量或全部填筑工程量，$m^3$；$A$ 为防渗墙或计算槽段的截水（成墙）面积，$m^2$；$B$ 为平均墙厚，取开孔和终孔厚度的平均值，m；$L$ 为防渗墙或槽段设计长度，m；$H$ 为平均墙深，m；$K_1$ 为接头系数，取值范围为 1.08～1.15；$K_2$ 为扩孔系数，取值范围为 1.10～1.20。

（3）孤石预爆。

$$爆破段中钻孔工程量（m）＝爆破工程量（m^2）\div 1.25 孔距（m） \tag{5.26}$$

非爆破段的钻孔工程量按实计算。

### 5.5.3.6　定额选用及单价编制

现行地下连续墙工程定额属于《水电建筑工程概算定额（2007 年版）》的"基础处理工程"章节，包括以下内容：

（1）地下连续墙成槽：冲击钻机、冲击反循环钻机、抓斗、两钻一抓、液压铣槽。

（2）孤石爆破：孤石预爆。

（3）地下连续墙浇筑：钻凿法、铣削法混凝土浇筑，接头板法、接头管法混凝土浇筑，固化灰浆浇筑。

（4）塑性混凝土防渗墙：薄型抓斗成槽。

（5）钢筋笼制作安装。

在选用定额时，首先应仔细阅读定额总说明、章说明和节说明，再根据施工方法、适用范围、工作内容以及各自特性分别选用。

1. 定额选用

（1）成槽。

1）地下连续墙成槽：定额均按墙厚 0.8m、孔深 50m 以内成槽拟定。按钻孔设备、地层选择定额。定额单位为 100m²。

适用范围：墙厚 0.8m、孔深 50m 以内。冲击钻机、冲击反循环钻机、两钻一抓成槽时，可根据不同墙厚、不同槽孔深度按定额规定调整成槽设备和定额耗量；抓斗、液压铣槽成槽时，可根据不同墙厚、不同槽孔深度按定额规定调整定额耗量。

工作内容：制备泥浆、造孔、出渣、清孔、换浆、记录。

2）孤石预爆。

适用范围：地下连续墙内粒径为 600～800mm 的漂石、孤石及单轴抗压强度大于 50MPa 的硬岩预爆。钻孔根据岩石级别套用相应钻进定额。

工作内容：爆破筒制作、下设、爆破。

（2）浇筑。

1）地下连续墙混凝土浇筑：按墙段连接方式选择定额。定额单位为 100m³。

适用范围：钻凿法、铣削法适用于墙厚 0.8m 地下连续墙混凝土浇筑；孔深 30m 以内采用接头板法，孔深 25m 以内采用接头管法。混凝土拌制及水平运输应根据定额耗量和施工方法另行计算；混凝土材料需垂直运输时，需增列混凝土垂直运输。采用钻凿法施工时，不同墙厚按定额规定调整。

工作内容：钻凿法、铣削法主要包括装拆导管及漏斗、搭拆浇筑平台、浇筑、记录，钻检查孔、取芯、岩芯装箱及编录、记录、制浆、灌浆、封孔、孔位转移等；接头板法、接头管法主要包括下设接头板或接头管、装拆导管及漏斗、搭拆浇筑平台、浇筑、起拔接头板或接头管、记录，钻检查孔、取芯、岩芯装箱及编录、记录、制浆、灌浆、封孔、孔位转移等。

2）地下连续墙固化灰浆浇筑。

适用范围：孔深 25m 以内。

工作内容：制备泥浆、下设风管、抽浆、水泥砂浆搅拌及运输、填固化材料、原位搅拌、起拔风管、记录。

（3）塑性混凝土防渗墙：按地层选择定额。定额单位为 100m²。

适用范围：墙厚 0.3m、孔深 20m 以内，包括抓槽、成墙。墙厚、槽孔深度不同时按定额规定调整。

工作内容：制备泥浆、抓槽、出渣、清孔、换浆、下设（起拔）接头管及导管、混凝土拌和、运输、浇筑、记录。

（4）钢筋笼制作安装：按整体钢筋笼重量选择定额。定额单位为 1t。

适用范围：地下连续墙和灌注桩钢筋笼制安。

工作内容：除锈、调直、切断、弯曲、绑扎、焊接成型，场内运输、起吊、焊接、安放入槽（孔）、记录。

2．编制地下连续墙单价应收集和掌握的技术资料

（1）工程勘测资料。主要有采用地下连续墙处理部位的工程地质及水文地质资料，包括建设场地岩土工程勘察报告、防渗墙中心线处的勘探孔柱状图和地质剖面图、地基土的类别及物理、力学性质指标等；建（构）筑物荷载及抗震设防烈度等；该处地层的组成及

大致比例。

（2）水工设计有关资料。

1）了解工程项目设计概况、熟悉设计图纸、掌握设计意图，包括地下连续墙地层的分布及高程；需地基处理设计的地下连续墙深度、厚度和具体部位等；地下连续墙根据设计要求是否要增加钢筋笼及其含筋率等；采用的墙体材料等。

2）地下连续墙的质量要求。泥浆及墙体材料的质量要求；施工区域工程环保、水土保持的要求等，废水、废浆的处理和回收要求。

（3）施工设计有关资料。

1）施工进度、强度。施工时段，有无冬季冰冻气候条件下施工，有无雨季气候条件下施工；施工强度大小、施工干扰多少、工期紧迫与否等情况。

2）施工方法与措施。成槽、浇筑、钢筋笼制安等施工设备的选择。

3）场内交通。场内各种交通设施布置状况。

4）所用泥浆及墙体材料原材料的产地、质量、储量、开采运输条件等。

3．单价编制应注意的问题

（1）地下连续墙主要由成槽、下钢筋笼（如果有）、浇筑 3 个工序组成，其成槽、下钢筋笼、浇筑单价按照定额需分别计算，地下连续墙成槽工程量按设计墙体的截水面积（$m^2$）计量，地下连续墙浇筑工程量按浇筑混凝土或固化灰浆体积（$m^3$）计量，地下连续墙钢筋笼制作安装按吨（t）计量，故单价分别编制成槽、浇筑、钢筋笼制安单价。

（2）地下连续墙成槽定额。粒径为 600～800mm 的漂石需套用相应定额，并增加孤石预爆处理费用。

孤石或单轴饱和抗压强度在 50MPa 以上的坚硬岩石需套用岩石 30～50MPa 定额，并增加孤石预爆处理费用。

定额中已包括混凝土接头凿除费用，未包括施工操作平台和导向槽措施等费用。应按该部位工程地质所反映出的地层类别按比例综合计算单价。

（3）塑性混凝土防渗墙主要由抓槽、换浆、浇筑 3 个工序组成，现行定额已在其定额中综合考虑了整个工序过程，故单价编制只需计算一个综合单价即可，并按该部位工程地质所反映出的地层地质条件按比例综合计算单价。

### 5.5.3.7　工程量计算及单价编制举例

【例 5.10】　某工程的基础处理项目坝基防渗采用混凝土防渗墙，坝轴线长 500m，地层为砂卵石，混凝土防渗墙墙厚 0.8m，平均深度为 38m，其中要求入岩 0.5m（岩石级别为Ⅶ级）。施工方法采用钻劈法，冲机钻机成槽，槽段连接方式采用钻凿法，接头系数为 1.11，扩孔系数为 1.20。混凝土拌制采用 0.35$m^3$ 搅拌机，胶轮车运混凝土 50m，不考虑垂直运输。电站坝顶高程为 1800.00m（不考虑可行性研究阶段工程量计算阶段系数）。

（1）工程量计算及定额选用

**解：**1）成槽。

成槽总工程量＝500×38＝19000（$m^2$）

其中，砂卵石工程量＝500×37.5＝18750（$m^2$），占 98.7％；岩石工程量＝500×0.5＝250（$m^2$），占 1.3％

定额编号：[70185] ×0.987＋[70187] ×0.013

2）混凝土浇筑。

混凝土浇筑总工程量＝500×38×0.8＝15200（m³）

定额编号：[70231]＋[40410] ×1.33＋[40566] ×1.33

（2）单价编制及费用计算。根据混凝土防渗墙选用的定额编号编制相应单价及单项费用。已知的基础资料见表5.50。

**表 5.50**                      **基 础 资 料 一 览 表**

| 编号 | 名 称 及 规 格 | 单位 | 预算价格 | 编号 | 名 称 及 规 格 | 单位 | 预算价格 |
|---|---|---|---|---|---|---|---|
| 一 | 人工预算单价 | | | 4 | 黏土 | t | 40.00 |
| 1 | 高级熟练工 | 工时 | 13.78 | 5 | 碱粉 | kg | 3.50 |
| 2 | 熟练工 | 工时 | 10.37 | 6 | 掺外加剂混凝土 C30（二级配） | m³ | 295.83 |
| 3 | 半熟练工 | 工时 | 8.23 | 7 | 钢管 | m | 4.00 |
| 4 | 普工 | 工时 | 6.88 | 8 | 橡皮板 | kg | 12.00 |
| 二 | 电风水价格 | | | 9 | 水泥 P·O42.5 | t | 944.95 |
| 1 | 电 | kW·h | 0.766 | 五 | 施工机械台时费 | | |
| 2 | 风 | m³ | 0.115 | 1 | 冲击钻机 CZ-20 | 台时 | 60.88 |
| 3 | 水 | m³ | 1.450 | 2 | 泥浆搅拌机 2m³ | 台时 | 28.02 |
| 三 | 取费标准 | | | 3 | 泥浆泵 3PN | 台时 | 28.42 |
| 1 | 其他直接费 | % | 7.10 | 4 | 电焊机（交流） 30kVA | 台时 | 24.98 |
| 2 | 间接费 | % | 19.04 | 5 | 空气压缩机（油动移动式） 6m³/min | 台时 | 97.82 |
| 3 | 利润 | % | 7.00 | 6 | 自卸汽车（汽油型） 3.5t | 台时 | 99.04 |
| 4 | 税金 | % | 9.00 | 7 | 载重汽车（汽油型） 5t | 台时 | 97.44 |
| 四 | 材料预算价格 | | | 8 | 轮式装载机 1.5m³ | 台时 | 148.24 |
| 1 | 板枋材 | m³ | 1576.14 | 9 | 汽车起重机（柴油型） 16t | 台时 | 204.85 |
| 2 | 钢材 | kg | 6.13 | 10 | 混凝土搅拌机 0.35m³ | 台时 | 25.78 |
| 3 | 电焊条 | kg | 6.80 | 11 | 胶轮车 | 台时 | 0.59 |

根据混凝土防渗墙成槽、浇筑选用的定额编号编制相应单价，见表5.51和表5.52。

**表 5.51**　　　　　　　　　　　　防 渗 墙 成 槽

定额编号：[70185] ×0.987＋[70187] ×0.013　　　　　　　　　　定额单位：100m³

施工方法：冲击钻机钻砂卵石层 98.7%、Ⅶ级岩石 1.3%，墙厚 0.8m

| 编号 | 名 称 及 规 格 | 单位 | 数量 | 单价/元 | 合计/元 |
|---|---|---|---|---|---|
| 1 | 2 | 3 | 4 | 5 | 6 |
| 一 | 直接费 | | | | 103684.05 |
| （一） | 基本直接费 | | | | 96806.92 |
| 1 | 人工费 | | | | 19232.85 |
| | 高级熟练工 | 工时 | 195.8440 | 13.78 | 2698.73 |
| | 熟练工 | 工时 | 577.5450 | 10.37 | 5989.14 |
| | 半熟练工 | 工时 | 763.3890 | 8.23 | 6282.69 |
| | 普工 | 工时 | 619.5190 | 6.88 | 4262.29 |
| 2 | 材料费 | | | | 18813.49 |
| | 板枋材 | m³ | 1.2000 | 1576.14 | 1891.37 |
| | 钢材 | kg | 193.0518 | 6.13 | 1183.41 |
| | 电焊条 | kg | 176.0635 | 6.80 | 1197.23 |
| | 黏土 | t | 197.4150 | 40.00 | 7896.60 |
| | 碱粉 | kg | 1380.9050 | 3.50 | 4833.17 |
| | 水（工程用水） | m³ | 1191.5300 | 1.45 | 1727.72 |
| | 其他材料费 | 元 | 84.0000 | 1.00 | 84.00 |
| 3 | 机械使用费 | | | | 58760.58 |
| | 冲击钻机　CZ-20（定额为 CZ-22） | 台时 | 542.4800 | 60.88 | 33026.18 |
| | 泥浆搅拌机　2m³ | 台时 | 269.3683 | 28.02 | 7547.70 |
| | 泥浆泵　3PN | 台时 | 134.6841 | 28.42 | 3827.72 |
| | 电焊机（交流）　30kVA | 台时 | 177.7534 | 24.98 | 4440.28 |
| | 空气压缩机（油动移动式）　6m³/min | 台时 | 21.2900 | 97.82 | 2082.59 |
| | 自卸汽车（汽油型）　3.5t | 台时 | 54.3439 | 99.04 | 5382.22 |
| | 载重汽车（汽油型）　5t | 台时 | 0.6590 | 97.44 | 64.21 |
| | 轮式装载机　1.5m³ | 台时 | 13.5884 | 148.24 | 2014.34 |
| | 汽车起重机（柴油型）　16t | 台时 | 1.3800 | 204.85 | 282.69 |
| | 其他机械使用费 | 元 | 92.6490 | 1.00 | 92.65 |
| （二） | 其他直接费 | % | 7.10 | 96806.92 | 6877.13 |
| 二 | 间接费 | % | 19.04 | 103684.05 | 19741.44 |
| 三 | 利润 | % | 7.00 | 123425.49 | 8639.78 |
| 四 | 税金 | % | 9.00 | 132065.27 | 11885.87 |
| 五 | 合计 | | | | 143951.14 |

表 5.52　　　　　　　　　　　　　　防 渗 墙 浇 筑

定额编号：[70231]＋[40410]×1.33＋[40566]×1.33　　　　　　　　定额单位：100m³

施工方法：混凝土防渗墙浇筑，0.35m³ 搅拌机拌制，胶轮车运混凝土 50m

| 编号 | 名 称 及 规 格 | 单位 | 数量 | 单价/元 | 合计/元 |
|---|---|---|---|---|---|
| 1 | 2 | 3 | 4 | 5 | 6 |
| 一 | 直接费 | | | | 54039.81 |
| （一） | 基本直接费 | | | | 50457.33 |
| 1 | 人工费 | | | | 6238.06 |
| | 高级熟练工 | 工时 | 12.00 | 13.78 | 165.36 |
| | 熟练工 | 工时 | 64.00 | 10.37 | 663.68 |
| | 半熟练工 | 工时 | 115.00 | 8.23 | 946.45 |
| | 普工 | 工时 | 648.63 | 6.88 | 4462.57 |
| 2 | 材料费 | | | | 41242.48 |
| | 掺外加剂混凝土　C30（二级配） | m³ | 133.00 | 295.83 | 39345.39 |
| | 板枋材 | m³ | 0.60 | 1576.14 | 945.68 |
| | 钢管（定额为钢导管） | m | 13.60 | 4.00 | 54.40 |
| | 橡皮板 | kg | 27.10 | 12.00 | 325.20 |
| | 水（工程用水） | m³ | 60.00 | 1.45 | 87.00 |
| | 其他材料费 | 元 | 409.00 | 1.00 | 409.00 |
| | 零星材料费 | 元 | 75.81 | 1.00 | 75.81 |
| 3 | 机械使用费 | | | | 2976.79 |
| | 混凝土搅拌机　0.35m³ | 台时 | 28.2758 | 25.78 | 728.95 |
| | 胶轮车（定额为双胶轮车） | 台时 | 191.3205 | 0.59 | 112.88 |
| | 冲击钻机　CZ-20（定额为 CZ-22） | 台时 | 26.17 | 60.88 | 1593.23 |
| | 载重汽车（汽油型）　5t | 台时 | 2.060 | 97.44 | 200.73 |
| | 其他机械使用费 | 元 | 341.00 | 1.00 | 341.00 |
| （二） | 其他直接费 | % | 7.10 | 50457.33 | 3582.47 |
| 二 | 间接费 | % | 19.04 | 54039.81 | 10289.18 |
| 三 | 利润 | % | 7.00 | 64328.98 | 4503.03 |
| 四 | 材料价差 | 元 | | | 14864.59 |
| | 水泥　P·O42.5 | t | 43.0920 | 504.95 | 21759.31 |
| 五 | 税金 | % | 9.00 | 90591.32 | 8153.22 |
| 六 | 合计 | | | | 98744.54 |

混凝土防渗墙成槽费用＝19000m²×1439.51 元/m²＝27350690.00（元）

混凝土防渗墙浇筑费用＝15200m³×987.45 元/m³＝15009240.00（元）

### 5.5.4　桩基工程

桩基工程是地基加固的主要方法之一。其目的是为了改善建筑物地基土的力学性质，提高承载能力，增强抗滑稳定性，减少压缩变形；有些是为了改善土体的渗透性质，减少渗透量，防止渗透变形。

按施工方法的原理，软基加固可分为置换处理、密实处理、排水处理、胶结处理。桩的分类，根据不同的目的有不同的分类法，不再——介绍。这里仅介绍近几年在水利水电工程地基加固中，用得较多的和发展较快的振冲桩、灌注桩和旋喷桩（在高压喷射灌浆中介绍）。

#### 5.5.4.1　振冲桩

在振冲和高压水的共同作用下，使松散碎石土、砂土、粉土、人工填土等土层振密；或在碎石土、砂土、粉土、黏性土、人工填土、淤泥土等土层中成孔，然后回填碎石等粗粒料形成桩，和原地基上组成复合地基。

1. 主要作用和适用范围

（1）主要用于坝基、闸基加固，病坝处理，抗震加固和火电厂建筑物地基加固，以提高地基的强度和抗滑稳定性，减少沉降量。

（2）适用范围。

1）适用于碎石土、砂土、粉土、黏性土、人工填土及湿陷性土等地基的加固处理。对于不排水抗剪强度小于 20kPa 的淤泥、淤泥质土及该类土的人工填土地基，应通过试验确定。

2）适用于砂土的抗震、各类可液化土的加密和抗液化处理。

2. 施工特点

振冲法施工按施工工艺可分为湿法和干法两类，目前国内常用湿法振冲即振动水冲法，简称振冲法。振动水冲法是以振冲器的振动和挤密作用，对松砂地基进行加密处理或在软弱地层中设置紧密的碎石桩。软弱地基中，利用能产生水平方向振动的管状设备，在高压水流下，边振边冲成孔，再在孔内填入碎石或水泥、碎石等坚硬材料，借振冲器的水平和垂直振动振密填料，与原地基土共同组成复合地基形成碎石桩体的一种施工方法。

振冲法加固地基施工机具简单、操作方便、加固质量易控制，加固时不需钢材、水泥，仅用当地产的碎（卵）石，工程造价低，具有明显的经济效益和社会效益。

3. 工艺流程

振冲按地基土加密效果可分为振冲加密和振冲置换。振冲加密是指经振冲法处理后地基土强度有明显提高。振冲置换是指经振冲法处理后地基土强度无明显提高，主要依靠在地基中建造强度高的碎（卵）石桩柱与周围土组成复合地基，从而提高地基强度。下面仅简单介绍振冲加密的工艺流程：施工准备→造孔→填料→振密→质量检查。

制桩顺序可选用排打、跳打和围打法。

（1）施工准备。在振冲桩施工以前，要进行施工场地平整、供水、排水、供电、填料准备、搭建临时设施和进行工艺试验等准备工作。

（2）造孔。振冲器对准桩位，开水、开电，启动吊机，使振冲器徐徐下降，振冲器振冲贯入地层直达设计深度，当达设计深度以上 30～50cm 时，将振冲器提到孔口，再下沉，提起进行清孔。

（3）填料。清孔完毕，往孔内倒填料。填料方式可采用强迫填料法、连续填料法或间断填料法。大功率振冲器宜采用强迫填料法，深孔宜采用连续填料法，在桩长小于 6m 且孔壁稳定时可采用间断填料法。

（4）振密。将振冲器沉到填料中振实，当电流达到规定值时，认为该深度已振密，并记录深度、填料量、振密时间和电流量；再提出振动器，准备做上一深度桩体；重复上述步骤，自下而上制桩，直到孔口；关振动器，关水、关电、移位。

（5）质量检查。振冲施工结束后，应对桩的数量、桩径、桩位偏差、桩体密度、桩间土处理效果、复合地基承载能力及变形模量进行检测。

检测试验应在振冲施工结束并达到恢复期后进行，一般砂土恢复期不少于 7d，粉土不少于 15d，黏性土不少于 30d。

（6）施工机具。一个振冲机组需要配备的主要施工机具有振冲器、起重机械、水泵、装载机和控制操作台等。

1）振冲器：是利用一个偏心体的旋转产生一定频率和振幅的水平向振动力进行振冲挤密或置换施工的专用机械，有 ZCQ、BJ 系列。

2）起重机械：包括履带或轮胎吊机、自行井架或专用平车等。

3）水泵：通常选用出口水压为 0.4～0.6MPa，流量为 20～30m³/h，每台振冲器配 1 台水泵。

4）装载机：1 台振冲器最好配备 1～2 台装载机配合填料，装载机容量为 1.0～2.0m³；无装载机时也可用 6～8 台手推车代替。

5）控制操作台：操作台由 150A 以上的电流表或自动记录电流计、500V 电压表等组成，用以监测和控制振冲器的工作电流和电压情况。振冲器和操作台之间的电缆可选用 YHC 型重型橡套电缆。每台振冲器配置一个控制操作台。

### 5.5.4.2 灌注桩

灌注桩指用钻孔机具在地基上钻孔，然后浇筑混凝土和钢筋混凝土形成的桩。

**1. 主要作用和适用范围**

（1）主要作用是作为水闸、高压输电线塔、厂房、桥梁、渡槽墩台等建筑物的基础，也可用于防冲、挡土、抗滑等工程中。

（2）适用范围。

1）适用于砂卵砾石、漂石、软岩等地基的加固处理。

2）适用于砂土、粉土、黏性土、含少量的砂卵砾石土、淤泥等地基的加固处理。

**2. 施工特点**

（1）具有连续性的特点，在布置供电系统时，要注意保证供电不能中断。

（2）对邻近的结构和地下设施影响很小，可在建筑物、构筑物密集地区进行施工；一般施工振动小、噪声小，属低公害施工。

（3）没有预制工序，施工设备比较简单、轻便，开工快，所以工期较短。

（4）施工方法、工艺、机具及桩身材料的种类多，而且日新月异。

（5）施工过程隐蔽，工艺复杂，成桩质量受人为因素和工艺因素的影响较大，施工质量较难控制。

3. 工艺流程

工艺流程：施工准备→造孔→浇筑（对钢筋混凝土桩还含下设钢筋笼）→质量检查。钻孔灌注桩施工工艺流程如图 5.8 所示。

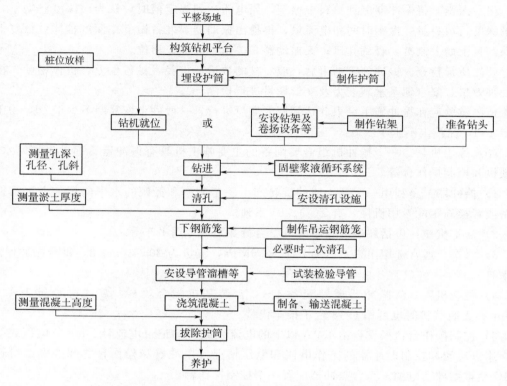

图 5.8　钻孔灌注桩施工工艺流程图

（1）施工准备。平整场地、构筑钻机平台、埋设护筒、制作和安装钻架、黏土和泥浆的准备、钢筋笼制作、吊装、混凝土浇筑系统和泥浆系统的安设、工艺试验等。

（2）钻孔、清孔。

（3）下钢筋笼、安设导管溜槽等。

（4）浇筑混凝土。

（5）拔除护筒、养护。

（6）质量检查。

（7）施工机具。

1）钻机。有普通水井钻机（用于正循环回转钻进）、反循环回转钻机（用于反循环回转钻进）、冲机钻机、冲机反循环钻机。

2）专用工具。有提引水笼头、方钻杆、钻杆、钻头、钻杆活动扳手等。

3）通用工机具。一般需要配置水泵、电焊机、链式起重机、空压机、电气焊工具及管钳扳手、电气开关、推车等常用工具和杉杆、板方木、钢丝绳、胶管等材料。

#### 5.5.4.3 桩基的工程量计算规定及定额的工程量计量规则

1. 工程量计算规定

（1）碎石振冲桩工程量以进行处理范围内的孔深（m）计算。

（2）灌注桩造孔工程量按不同地层的设计造孔孔深（m）计算。灌注桩混凝土浇筑工程量按浇筑灌注桩的设计混凝土体积计算。

2. 定额的工程量计量规则

（1）碎石振冲桩。碎石振冲桩工程量以进行处理范围内的孔深（m）计量。

（2）混凝土灌注桩。灌注桩造孔工程量按设计造孔延米计量。灌注桩混凝土浇筑工程量按设计浇筑混凝土体积（m³）计量。

由于碎石振冲桩和混凝土灌注桩的定额工程量计量规则与工程量计算规定相一致，所以计算费用时无须换算。

#### 5.5.4.4 定额选用及单价编制

现行桩基工程定额属于《水电建筑工程概算定额（2007 年版）》的"基础处理工程"章节，包括以下内容：

（1）灌注桩造孔：冲击钻机、冲击反循环钻机。

（2）灌注桩混凝土浇筑。

（3）碎石振冲桩。

在选用定额时，首先应仔细阅读定额总说明、章说明和节说明，再根据施工方法、适用范围、工作内容以及各自特性分别选用。

1. 定额选用

（1）碎石振冲桩：按地层、孔深选择定额。定额单位为 100m。

适用范围：软基处理，排污范围在 80m 以内。

工作内容：准备、放线、造孔、加密、检测、记录等。

（2）灌注桩。

1）灌注桩造孔：按钻孔设备、地层选择定额。定额单位为 100m。

适用范围：露天作业，孔径 0.8m、孔深 60m 以内。冲击钻机、冲击反循环钻机钻孔，不同桩径或孔深不大于 40m 时可按定额规定调整。

工作内容：孔口护筒埋设、钻机就位、制备泥浆、造孔、出渣、清孔、孔位转移、记录。

2）灌注桩混凝土浇筑。

适用范围：灌注桩混凝土的浇筑。混凝土拌制及水平运输应根据定额耗量和施工方法另行计算。

工作内容：装拆导管及漏斗，浇筑、凿除混凝土桩头，记录。

3）钢筋笼制作安装：同地下连续墙钢筋笼制作安装。

2. 编制桩基单价应收集和掌握的技术资料

（1）工程勘测资料。主要有进行桩基处理部位的工程地质及水文地质资料，包括建设场地岩土工程勘察报告、钻孔剖面图、地基土的类别及物理、力学性质指标等；建（构）筑物荷载及抗震设防烈度等；该处地层的组成及大致比例。

（2）水工设计有关资料。

1）了解工程项目设计概况、熟悉设计图纸、掌握设计意图，包括布桩范围，桩间距，桩基处地层的分布及高程；桩基施工范围内已有建筑物（地面及地下）资料；需地基处理设计的桩基深度、桩径和具体部位等；灌注桩根据设计要求是否要增加钢筋笼及其含筋率等；振冲桩的填料粒径等。

2）桩基的质量要求。振冲填料的质量要求；灌注桩浇筑混凝土的质量要求；施工区域工程环保、水土保持的要求等，废水、废浆的处理和回收要求。

（3）施工设计有关资料。

1）施工进度、强度。施工时段，有无冬季冰冻气候条件下施工，有无雨季气候条件下施工；施工强度大小、施工干扰多少、工期紧迫与否等情况。

2）施工方法与措施。造孔、灌注、振冲等施工设备的选择；洞内、露天等作业条件。

3）场内交通。场内各种交通设施布置状况；灌注所用混凝土、振冲所用卵（碎）石等材料的来源等。

3．单价编制应注意的问题

（1）碎石振冲桩主要由造孔、填料及加密 3 个工序组成，现行定额已在其定额中综合考虑了整个工序过程，故单价编制只需计算一个综合单价即可。

（2）灌注桩主要由造孔、混凝土浇筑两个工序组成。其造孔、混凝土浇筑单价按照定额需分别计算，灌注桩造孔工程量按设计造孔延米计量，灌注桩混凝土浇筑工程量按浇筑混凝土体积（m³）计量，故单价分别编制灌注桩造孔、灌注桩混凝土浇筑单价。

（3）碎石振冲桩定额选择时，应按该部位工程地质所反映出的地层类别按比例综合计算单价。

（4）灌注桩造孔定额选择时，首先按施工设计选用的施工设备选择定额，当选用冲击钻机或冲击反循环钻机造孔时，应按该部位工程地质所反映出的地层地质条件按比例综合计算造孔单价，并根据设计要求的桩径、孔深按定额规定调整耗量。

### 5.5.4.5　工程量计算及单价编制举例

【例 5.11】　某工程的基础处理项目基础加固采用振冲桩，地层为粉细砂层、黏土层，其比例分别约为 40%、60%，振冲桩数量为 120 根，每根桩平均深度为 15m。电站坝顶为高程 1800.00m。请根据已知条件计算工程量，并选用相应定额编号（不考虑可行性研究阶段工程量计算阶段系数）。已知的基础资料见表 5.53。

表 5.53　　　　　　　　　　　基础资料及取费标准一览表　　　　　　　　　　单位：元

| 编号 | 名 称 及 规 格 | 单位 | 预算价格 | 编号 | 名 称 及 规 格 | 单位 | 预算价格 |
|---|---|---|---|---|---|---|---|
| 一 | 人工预算单价 | | | 二 | 电风水价格 | | |
| 1 | 高级熟练工 | 工时 | 13.78 | 1 | 电 | kW·h | 0.766 |
| 2 | 熟练工 | 工时 | 10.37 | 2 | 风 | m³ | 0.115 |
| 3 | 半熟练工 | 工时 | 8.23 | 3 | 水 | m³ | 1.450 |
| 4 | 普工 | 工时 | 6.88 | 三 | 取费标准 | | |

| 编号 | 名 称 及 规 格 | 单位 | 预算价格 | 编号 | 名 称 及 规 格 | 单位 | 预算价格 |
|---|---|---|---|---|---|---|---|
| 1 | 其他直接费 | % | 7.10 | 1 | 汽车起重机（柴油型） 25t | 台时 | 213.71 |
| 2 | 间接费 | % | 19.04 | 2 | 振冲器 ZCQ-75型 | 台时 | 65.03 |
| 3 | 利润 | % | 7.00 | 3 | 离心水泵（单级） 22kW | 台时 | 27.99 |
| 4 | 税金 | % | 9.00 | 4 | 污水泵 22kW | 台时 | 34.27 |
| 四 | 材料预算价格 | | | 5 | 潜水泵 7kW | 台时 | 24.12 |
| 1 | 碎石 | m³ | 42.00 | 6 | 轮式装载机 2.0m³ | 台时 | 192.59 |
| 五 | 施工机械台时费 | | | | | | |

**解：**（1）工程量计算及定额选用。

振冲桩工程量＝120 根×15m/根＝1800m

定额编号：[70268]×40%＋[70270]×60%

（2）单价编制及费用计算。根据振冲桩选用的定额编号编制相应单价及单项费用，见表5.54。

**表 5.54**　　　　　　　　　　　　　振 冲 桩

定额编号：[70268]×40%＋[70270]×60%　　　　　　　　　　　　定额单位：100m

施工方法：粉细砂层、黏土层比例分别约为40%、60%

| 编号 | 名 称 及 规 格 | 单位 | 数量 | 单价/元 | 合计/元 |
|---|---|---|---|---|---|
| 1 | 2 | 3 | 4 | 5 | 6 |
| 一 | 直接费 | | | | 16742.27 |
| （一） | 基本直接费 | | | | 15632.37 |
| 1 | 人工费 | | | | 1249.57 |
| | 高级熟练工 | 工时 | 8.80 | 13.78 | 121.26 |
| | 熟练工 | 工时 | 11.80 | 10.37 | 122.37 |
| | 半熟练工 | 工时 | 60.20 | 8.23 | 495.45 |
| | 普工 | 工时 | 74.20 | 6.88 | 510.50 |
| 2 | 材料费 | | | | 5586.70 |
| | 碎石 | m³ | 125.00 | 42.00 | 5250.00 |
| | 水 | m³ | 138.00 | 1.45 | 200.10 |
| | 其他材料费 | 元 | 136.60 | 1.00 | 136.60 |
| 3 | 机械使用费 | | | | 8796.10 |
| | 汽车起重机（柴油型） 25t | 台时 | 16.9760 | 213.71 | 3627.94 |
| | 振冲器 ZCQ-75型 | 台时 | 15.7140 | 65.03 | 1021.88 |

续表

施工方法：粉细砂层、黏土层比例分别约为 40%、60%

| 编号 | 名　称　及　规　格 | 单位 | 数量 | 单价/元 | 合计/元 |
|---|---|---|---|---|---|
| 1 | 2 | 3 | 4 | 5 | 6 |
| | 离心水泵（单级）　22kW | 台时 | 15.7140 | 27.99 | 439.83 |
| | 污水泵　22kW | 台时 | 15.7140 | 34.27 | 538.52 |
| | 潜水泵　7kW | 台时 | 10.6800 | 24.12 | 257.60 |
| | 轮式装载机　2.0m³ | 台时 | 14.2880 | 192.59 | 2751.73 |
| | 其他机械使用费 | 元 | 158.6000 | 1.00 | 158.60 |
| （二） | 其他直接费 | % | 7.10 | 15632.37 | 1109.90 |
| 二 | 间接费 | % | 19.04 | 16742.27 | 3187.73 |
| 三 | 利润 | % | 7.00 | 19930.00 | 1395.10 |
| 四 | 税金 | % | 9.00 | 21325.10 | 1919.26 |
| 五 | 合计 | | | | 23244.36 |

振冲桩费用＝1800m×232.44 元/m＝418392.00（元）。

### 5.5.5　高压喷射灌浆

高压喷射灌浆（简称高喷灌浆或高喷）在水利水电行业中除应用于地基加固外，更广泛地应用于水工建筑物的防渗、围堰及边坡的挡土、基础防冲、帷幕修复等工程中。

高喷灌浆是一种采用高压水或高压浆液形成高速喷射流束，冲击、切割、破碎地层土体，并以水泥基质浆液充填、掺混其中，形成桩柱或板墙状的凝结体，用以提高地基防渗或承载能力的施工技术。

#### 5.5.5.1　主要作用和适用范围

（1）高喷灌浆在水利水电建设中的主要作用是防渗、挡土、防冲和修复。

（2）适用范围。

1）适用于淤泥质土、粉质黏土、粉土、砂土、砾石、卵（碎）石等松散透水地基或填筑体内的防渗工程。

2）对含有较多漂石或块石的地层，应进行现场高喷试验，以确定其适用性。

3）对于地下水流速过大，无填充物的岩溶地段、永冻土和对水泥有严重腐蚀的地基，不宜采用高喷灌浆。

#### 5.5.5.2　施工特点

（1）可控制浆液的扩散范围。

（2）可控制浆液的压力、流量、浓度、提升速度，获得所需的固结体。

（3）主要材料为水泥。

（4）施工设备轻便、噪声小。

#### 5.5.5.3　分类

高喷灌浆可采用旋喷、摆喷、定喷 3 种形式，每种形式可采用三管法、双管法和单管法。

高喷防渗墙（简称高喷墙）是由旋喷柱形桩、摆喷扇形断面桩、定喷板状墙段中的一种或两种、三种彼此组合搭接起来形成的地下防渗墙。高喷墙的结构型式可采用旋喷套接、旋摆（旋定）搭接、摆喷对接或折接、定喷折接 4 种型式。

### 5.5.5.4 工艺流程

工艺流程：施工准备→造孔（定孔、钻孔）→试喷及下喷射管→喷射灌浆（制浆、喷射、冒浆回收）及提升→冲洗管路→孔口回灌→质量检查。

（1）施工准备。平整场地，按施工组织设计进行布孔、管路布置，水、电设备等就位，并进行现场试车；建立生活设施、材料备品库等；根据喷射方式及类型选择施工设备。

（2）造孔（定孔、钻孔）。将使用的钻机安置在设计的孔位上，水平校正，使钻杆头对准孔位中心；旋转振动钻机或地质钻机钻孔。

（3）试喷及下喷射管。下喷射管前，应进行地面试喷，检查机械及管路运行情况，并调整喷射方向和摆动角度，随后将喷射注浆管插入地层预定的深度或与钻孔作业同时完成。

（4）喷射灌浆（制浆、喷射、冒浆回收）及提升。按要求进行旋喷、摆喷或定喷提升。

1）浆液。高喷灌浆浆液可以使用水泥浆。水泥宜采用普通硅酸盐水泥，其强度等级可为 32.5 级或以上；其用水应符合混凝土拌和用水的要求。

高喷灌浆浆液的水灰比为 0.6：1～1.5：1。有特殊要求时，可加入掺合料；有需要时，可加入外加剂。

掺合料主要有膨润土、黏性土、粉煤灰、砂。

外加剂主要有减水剂、速凝剂等。

2）喷射。当喷头下至设计深度时，应先按规定参数进行原位喷射，待浆液返出孔口、情况正常后方可开始提升喷射；高喷灌浆宜全孔自上而下连续作业，需中途拆卸喷射管时，搭接段应进行复喷，复喷长度不得小于 0.2m。

（5）冲洗管路。用清水冲洗干净注浆管等机具设备。

（6）孔口回灌。为解决凝结体顶部因浆液析水而出现的凹陷，高喷结束后，应利用回浆或水泥浆及时回灌，直至孔口浆面不下降为止。

（7）质量检查。高喷墙的防渗性能应根据墙体结构型式和深度选用围井、钻孔和其他方法进行检查。围井检查法适用于所有结构型式的高喷墙；厚度较大的和深度较小的高喷墙可选用钻孔检查法。

围井检查宜在围井的高喷灌浆结束 7d 后进行，如需开挖或取样，宜在 14d 后进行；钻孔检查宜在该部位高喷灌浆结束 28d 后进行。高喷墙质量检查宜在地层复杂、漏浆严重、可能存在质量缺陷等重点部位进行。

（8）施工机具。旋喷桩施工机具有高压泵、钻机、泥浆泵、浆液搅拌机、喷塔、喷杆、喷管、提升装置、孔口装置、高压管路系统、压缩空气系统、操作控制系统和其他辅助设施。

1）高压泵：LT141 泥浆泵、HFV-2D 注浆泵等。

2）泥浆泵：BW200/40、BW250/50 普通泥浆泵等。

3）浆液搅拌机：普通灌浆用搅拌机，如 200L 双筒立式搅拌机。

4）喷塔、喷杆及喷管：喷塔须牢固平稳，制成高架，宜保证整个钻孔能连续喷灌结束；喷杆必须平直，接头处应有锁紧装置，并有足够强度；喷管包括喷嘴和活门，其直径、加工及装配精度应符合规定。

5）提升装置：应有足够的提升能力，保证喷杆能匀速、平稳提升。

6）孔口装置：它是带动钻杆摆动或旋转，从而实现定喷、摆喷和旋喷等多种灌浆形式的一个重要装置。

7）高压管路系统：包括高压软管、高压软管接头、旋转活接头（水龙头）、高压阀门等。

8）压缩空气系统：二重管或三重管旋喷法的空压机和管路采用通用设备器材。

9）操作控制系统：包括机械设备的操纵、控制和安全措施。

10）其他辅助设施：供水供电设备管路线路等。当要求利用孔口返回的浆液时，应建立浆液回收净化设施。

提升装置与高压泵、空气压缩机、拌浆机、灌浆机、孔口装置间宜设灌浆装置。

由于钻孔和旋喷方法的不同，工艺流程也不完全一致。

#### 5.5.5.5　高压喷射灌浆的工程量计算规定及定额的工程量计量规则

**1. 工程量计算规定**

高压喷射灌浆的造孔、灌浆工程量按设计的高喷灌浆深度（m）计算。

**2. 定额的工程量计量规则**

高压喷射灌浆的造孔、灌浆工程量按设计造孔的延米计量。

#### 5.5.5.6　定额选用及单价编制

现行高喷工程定额属于《水电建筑工程概算定额（2007 年版）》的"基础处理工程"章节，包括以下内容：

（1）钻高喷孔：地质钻机、全液压钻机。

（2）高压喷射灌浆。

在选用定额时，首先应仔细阅读定额总说明、章说明和节说明，再根据施工方法、适用范围、工作内容以及各自特性分别选用。

**1. 定额选用**

（1）钻高喷孔：按钻孔设备、地层、孔深选择定额。定额单位为 100m。

适用范围：露天作业；覆盖层；孔径不大于 110mm；地质钻机钻孔适用于孔深 50m 以内的高喷孔、土坝（堤）灌浆孔、观测孔等，且孔径不同时可按定额规定调整；全液压钻机钻孔适用于孔深 20m 以内的高喷孔、爆破孔等，钻孔深度变化或洞内作业时可按定额规定调整。

工作内容：地质钻机主要包括固定孔位、泥浆制备输送、钻孔、清孔、记录、孔位转移等；全液压钻机主要包括钻固定孔位、开孔、钻孔、跟管、拔管、记录、孔位转移等。

（2）高压喷射灌浆：按喷射形式、地层选择定额。定额单位为 100m。

适用范围：露天作业。

工作内容：台车就位、孔口安装、接管路、喷射灌浆、管路冲洗、台车移开、回灌等。

2. 编制高喷单价应收集和掌握的技术资料

（1）工程勘测资料。主要有高喷墙轴线处的工程地质及水文地质资料，尤其是该处地层的组成及大致比例。

（2）水工设计有关资料。

1）了解工程项目设计概况、熟悉设计图纸、掌握设计意图，包括高喷处地层的分布及高程、高喷施工范围内已有建筑物（地面及地下）资料、高喷的深度和具体部位。

2）高喷的质量要求。应有其设计质量标准和检查方法；重要的、地层复杂的或深度较大的高喷墙工程，应选择有代表性的地层进行高喷灌浆现场试验；施工区域工程环保、水土保持的要求等，废水、废浆的处理和回收要求。

（3）施工设计有关资料。

1）施工进度、强度。施工时段，有无冬季冰冻气候条件下施工，有无雨季气候条件下施工；施工强度大小、施工干扰多少、工期紧迫与否等情况。

2）施工方法与措施。造孔、灌浆施工设备的选择；洞内、露天等作业条件；根据水工设计要求所确定的终孔直径；根据地质条件和水工设计要求所确定的喷射方式。

3）场内交通。场内各种交通设施布置状况，高喷所用黏土、水等材料的来源等。

3. 单价编制应注意的问题

（1）高压喷射灌浆由造孔、灌浆两个工序组成。高压喷射灌浆的造孔、灌浆虽均按设计造孔延米计量，但其造孔、灌浆单价编制按现行定额需分别选择定额，计算时可合并计算为综合单价或造孔、灌浆分项单价，做到单价计算不重、不漏。

（2）造孔定额选择时，首先按施工设计选用的施工设备选择定额，当选用地质钻机钻高喷孔时，应按该部位工程地质所反映出的地层地质条件按比例综合计算造孔单价，并根据设计要求的终孔孔径按定额规定调整耗量；当选用全液压钻机钻高喷孔时，应按该部位所反映出的地层地质条件按比例综合计算造孔单价，并根据设计要求的钻孔深度、作业条件（洞内、露天）按定额规定调整耗量。

（3）高压喷射灌浆定额选择时，首先按施工设计采用的高喷方式（定喷、摆喷、旋喷）选择定额，再根据该部位工程地质所反映出的地层地质条件按比例综合计算灌浆单价。

### 5.5.5.7 单价编制举例

【例 5.12】 某工程的围堰加固和防渗采用高喷防渗墙，地质钻机钻孔，终孔孔径为 110mm，围堰由砂、卵石层堆筑而成，其比例分别约为 45％、55％，平均深度为 38m，喷浆形式采用旋喷，成墙材料主要为水泥浆。工程坝顶高程为 1800.00m。已知的基础资料见表 5.55，请根据已知条件选用相应定额编号。

表 5.55　　　　基础资料及取费标准一览表　　　　单位：元

| 编号 | 名 称 及 规 格 | 单位 | 预算价格 | 编号 | 名 称 及 规 格 | 单位 | 预算价格 |
|---|---|---|---|---|---|---|---|
| 一 | 人工预算单价 | | | 4 | 普工 | 工时 | 6.88 |
| 1 | 高级熟练工 | 工时 | 13.78 | 二 | 电风水价格 | | |
| 2 | 熟练工 | 工时 | 10.37 | 1 | 电 | kW·h | 0.766 |
| 3 | 半熟练工 | 工时 | 8.23 | 2 | 风 | m³ | 0.115 |

| 编号 | 名 称 及 规 格 | 单位 | 预算价格 | 编号 | 名 称 及 规 格 | 单位 | 预算价格 |
|---|---|---|---|---|---|---|---|
| 3 | 水 | m³ | 1.450 | 11 | 岩芯管　沉淀管 φ54mm | m | 54.00 |
| 三 | 取费标准 | | | 12 | 高压胶管 φ25～30mm | m | 65.00 |
| 1 | 其他直接费 | % | 7.10 | 13 | 黏土 | t | 40.00 |
| 2 | 间接费 | % | 19.04 | 14 | 普通胶管 φ25～38mm | m | 20.00 |
| 3 | 利润 | % | 7 | 五 | 施工机械台时费 | | |
| 4 | 税金 | % | 9 | 1 | 地质钻机 150 型 | 台时 | 48.81 |
| 四 | 材料预算价格 | | | 2 | 高喷机 SGP30-5 | 台时 | 136.33 |
| 1 | 水玻璃 | kg | 1.60 | 3 | 灌浆泵（中低压）泥浆 | 台时 | 45.03 |
| 2 | 合金片 | kg | 180.00 | 4 | 高压清水泵 3S280/53 | 台时 | 81.37 |
| 3 | 铁砂 | kg | 2.50 | 5 | 泥浆搅拌机 2m³ | 台时 | 28.02 |
| 4 | 板枋材 | m³ | 1576.14 | 6 | 空气压缩机（油动移动式）3m³/min | 台时 | 59.99 |
| 5 | 钻杆钻机 φ50mm | m | 84.00 | | | | |
| 6 | 砂 | m³ | 84.93 | 7 | 高速搅拌机 ZJ-400 | 台时 | 21.43 |
| 7 | 水泥　P·O42.5 | t | 738.73 | 8 | 灌浆自动记录仪 | 台时 | 12.45 |
| 8 | 铁砂钻头 φ75mm | 个 | 75.00 | 9 | 灰浆搅拌机 200L | 台时 | 20.14 |
| 9 | 镶合金片钻头 φ56mm | 个 | 40.00 | 10 | 污水泵 55kW | 台时 | 64.60 |
| 10 | 喷射管 | m | 35.00 | 11 | 电焊机（交流）10kVA | 台时 | 5.81 |

**解：**（1）定额选用。

1）钻孔。

定额编号：[70049]×45％＋[70051]×55％

2）高喷。

定额编号：[70177]×45％＋[70179]×55％

（2）单价编制及费用计算。根据高喷防渗墙选用的定额编号编制相应单价，见表 5.56。

**表 5.56**　　　　　**高 喷 防 渗 墙**

定额编号：[70049]×45％＋[70051]×55％＋[70177]×45％＋[70179]×55％　　　定额单位：100m

施工方法：地质钻机钻孔，终孔孔径为 110mm，砂、卵石层比例分别约为 45％、55％，平均深度为 38m，旋喷

| 编号 | 名 称 及 规 格 | 单位 | 数量 | 单价/元 | 合计/元 |
|---|---|---|---|---|---|
| 1 | 2 | 3 | 4 | 5 | 6 |
| 一 | 直接费 | | | | 92932.70 |
| （一） | 基本直接费 | | | | 86771.90 |
| 1 | 人工费 | | | | 11504.02 |
| | 高级熟练工 | 工时 | 51.40 | 13.78 | 708.29 |

施工方法：地质钻机钻孔，终孔孔径为110mm，砂、卵石层比例分别约为45%、55%，平均深度为38m，旋喷

| 编号 | 名 称 及 规 格 | 单位 | 数量 | 单价/元 | 合计/元 |
|---|---|---|---|---|---|
| 1 | 2 | 3 | 4 | 5 | 6 |
| | 熟练工 | 工时 | 379.45 | 10.37 | 3934.90 |
| | 半熟练工 | 工时 | 422.30 | 8.23 | 3475.53 |
| | 普工 | 工时 | 492.05 | 6.88 | 3385.30 |
| 2 | 材料费 | | | | 55273.90 |
| | 水泥　P·O42.5<br>（定额为 P·O32.5 水泥） | t | 74.6500 | 440.00 | 32846.00 |
| | 铁砂钻头　φ75mm | 个 | 8.4150 | 75.00 | 631.13 |
| | 镶合金片钻头　φ56mm<br>（定额为镶合金块钻头） | 个 | 2.7540 | 40.00 | 110.16 |
| | 水玻璃 | kg | 0.6875 | 1.60 | 1.10 |
| | 合金片（定额为合金块） | kg | 0.2070 | 180.00 | 37.26 |
| | 铁砂 | kg | 1.0120 | 2.50 | 2.53 |
| | 板枋材 | m³ | 0.1500 | 1576.14 | 236.42 |
| | 钻杆钻机　φ50mm（定额为钻杆） | m | 4.4115 | 84.00 | 370.57 |
| | 砂 | m³ | 8.2500 | 84.93 | 700.67 |
| | 喷射管 | m | 1.8105 | 35.00 | 63.37 |
| | 岩芯管　沉淀管　φ54mm | m | 4.7430 | 54.00 | 256.12 |
| | 高压胶管　φ25～30mm | m | 8.2000 | 65.00 | 533.00 |
| | 黏土 | t | 66.6750 | 40.00 | 2667.00 |
| | 水（工程使用） | m³ | 1986.50 | 1.45 | 2880.43 |
| | 普通胶管　φ25～38mm | m | 8.6500 | 20.00 | 173.00 |
| | 其他材料费 | 元 | 1821.1500 | 1.00 | 1821.15 |
| 3 | 机械使用费 | | | | 31937.98 |
| | 地质钻机　150型 | 台时 | 134.6720 | 48.81 | 6573.34 |
| | 高喷机　SGP30-5 | 台时 | 41.1780 | 136.33 | 5613.80 |
| | 灌浆泵（中低压）泥浆（定额为中压） | 台时 | 175.8500 | 45.03 | 7918.53 |
| | 高压清水泵　3S280/53 | 台时 | 41.1780 | 81.37 | 3350.65 |
| | 泥浆搅拌机　2m³ | 台时 | 49.0760 | 28.02 | 1375.11 |
| | 空气压缩机（油动移动式）　3m³/min | 台时 | 41.1780 | 59.99 | 2470.27 |
| | 高速搅拌机　ZJ-400 | 台时 | 41.1780 | 21.43 | 882.44 |
| | 灌浆自动记录仪 | 台时 | 35.0040 | 12.45 | 435.80 |
| | 灰浆搅拌机　200L | 台时 | 41.1780 | 20.14 | 829.32 |
| | 污水泵　55kW（定额为4kW排污泵） | 台时 | 20.5885 | 64.60 | 1330.02 |
| | 电焊机（交流）　10kVA | 台时 | 16.4710 | 5.81 | 95.70 |

续表

施工方法：地质钻机钻孔，终孔孔径为 110mm，砂、卵石层比例分别约为 45%、55%，平均深度为 38m，旋喷

| 编号 | 名 称 及 规 格 | 单位 | 数量 | 单价/元 | 合计/元 |
|---|---|---|---|---|---|
| 1 | 2 | 3 | 4 | 5 | 6 |
| | 其他机械使用费 | 台时 | 1063.00 | 1.00 | 1063.00 |
| （二） | 其他直接费 | % | 7.10 | 86771.90 | 6160.80 |
| 二 | 间接费 | % | 19.04 | 92932.70 | 17694.39 |
| 三 | 利润 | % | 7.00 | 110627.09 | 7743.90 |
| 四 | 材料价差 | | | | 22300.19 |
| | 水泥 P·O42.5 | t | 74.65 | 298.73 | 22300.19 |
| 五 | 税金 | % | 9.00 | 140671.18 | 12660.41 |
| 六 | 合计 | | | | 153331.59 |

该项目高喷防渗墙单价为 1533.32 元/m。

## 5.6 安装工程

### 5.6.1 安装工程的项目划分

按照现行概算编制规定，水电工程中的设备及安装工程分为机电设备及安装工程和金属结构设备及安装工程。

机电设备是指为使水能转换为电能所配置的全部机电设备。机电设备主要包括水力机械、电气设备等。金属结构设备是指构成电站固定资产的全部金属结构设备。它包括挡水工程、泄洪工程、引水工程、发电工程、升压变电工程、航运工程、过坝工程、灌溉渠首工程项目的金属结构设备，主要有起重设备、闸门、压力钢管等。

在水电工程建设总投资中，设备及安装工程占有较大的比重，一般达 20%～30%，有些工程更高。随着自动化程度的提高和工程规模的扩大，这个比例还有上升的趋势。

#### 5.6.1.1 机电设备及安装工程

1. 发电设备及安装工程

发电设备及安装工程主要包括水轮机、发电机、进水阀、起重设备、水力机械辅助设备、电气设备、控制保护设备、通信设备等设备及安装。

（1）水轮机设备及安装工程。主要包括水轮机、调速器、油压装置、自动化元件、透平油等设备及安装。

（2）发电机设备及安装工程。主要包括发电机、励磁装置、自动化元件等设备及安装。

（3）进水阀设备及安装工程。主要包括蝴蝶阀、球阀或其他主阀、油压装置等设备及安装。

（4）起重设备及安装工程。主要包括桥式起重机、平衡梁、轨道、轨道阻进器、滑触线等设备及安装。

（5）水力机械辅助设备及安装工程。主要包括油系统、压气系统、水系统、水力测量

系统、管路（含管子、附件、阀门）等设备及安装。

（6）电气设备及安装工程。主要包括发电电压装置、变频启动装置、母线、厂用电系统、电工试验设备、电力电缆、桥架（包括电缆和母线）等设备及安装。

（7）控制保护设备及安装工程。主要包括控制保护系统、计算机监控系统、工业电视、直流系统、控制保护电缆等设备及安装。

（8）通信设备及安装工程。主要包括卫星通信、光缆通信、微波通信、载波通信、移动通信、生产调度通信等设备及安装。

2．升压变电设备及安装工程

（1）主变压器设备及安装工程。主要包括变压器、轨道、轨道阻进器等设备及安装。

（2）高压电器设备及安装工程。主要包括高压断路器、电流互感器、电压互感器、隔离开关、避雷器、高压组合电气设备、$SF_6$ 气体出线管道、高压电缆、高压电缆头等设备及附件安装。

（3）一次拉线及其他安装工程。主要包括主变压器高压侧至变压器出线架、变电站内母线、母线引下线、设备之间的连接等一次拉线的安装。

如有换流站工程，其设备及安装工程作为一级项目与升压变电设备及安装工程并列。

3．航运过坝设备及安装工程

航运过坝设备及安装工程主要包括升船机、过木设备、货物过坝设备等设备及安装。

4．安全监测设备及安装工程

安全监测设备及安装工程主要包括结构内部监测设备及埋入、结构表面设备及安装、二次仪表及维护和定期检验，自动化系统及安装调试。

5．水文、气象、泥沙监测设备及安装工程

水文、气象、泥沙监测设备及安装工程主要包括为完成工程水情预报、水文观测、工程气象和泥沙监测所需的设备及安装调试。

6．消防设备及安装工程

消防设备及安装工程指专项用于生产运行期为避免发生火灾而购置的消防设备、仪器及其安装、率定。

7．劳动安全与工业卫生设备及安装工程

劳动安全与工业卫生设备及安装工程指专项用于生产运行期为避免危险源和有害因素而购置的劳动安全与工业卫生设备、仪器及其安装、率定。

8．其他设备及安装工程

（1）电梯设备及安装工程。主要包括大坝电梯、厂房电梯、升船机（船闸）电梯等设备及安装。

（2）坝区馈电设备及安装工程。指全厂用电系统供电范围以外的各用电点（拦河坝、溢洪道、引水系统等）独立设置的变配电系统设备及安装，主要包括变压器、配电装置等设备及安装。

（3）供水、排水设备及安装工程。指发电厂（包括变电站）以外各生产区的生产用供水、排水系统的设备及安装。系统的建筑工程（包括管路）应列入建筑工程中。

（4）供热设备及安装工程。一般包括水泵、锅炉等设备及安装。

（5）梯级集控中心设备分摊。

（6）通风采暖设备及安装工程。主要包括通风机、空调机、采暖设备、管路系统等设备及安装。

（7）机修设备及安装工程。主要包括车床、刨床、钻床等设备及安装。

（8）地震监测站（台）网设备及安装工程。主要指监测工程区内的地震测报所需配置的设备及安装。

（9）交通设备。指为保证建设项目运行初期正常生产、管理所需配制的车辆、船只等购置费。

（10）全厂接地。指全厂公用和分散设置的接地网安装，包括接地极、接地母线、避雷针的制作安装和接地电阻测量等。

（11）其他。

### 5.6.1.2　金属结构设备及安装工程

金属结构设备及安装工程扩大单位工程与建筑工程扩大单位工程或分部工程相对应。金属结构设备及安装工程包括闸门（平面闸门、弧形闸门、拱形闸门、船闸闸门、闸门埋件及压重物等）、启闭机（门式起重机、液压启闭机、固定卷扬式启闭机、台车卷扬式启闭机、螺杆式启闭机等）、拦污设备（包括拦污栅、清污机和拦河埝）等设备及安装工程，升船机设备及安装工程和压力钢管制作及安装工程等。

### 5.6.1.3　在项目划分中应注意的几个问题

（1）设备体腔内的定量填充物应视为设备，其价值计入设备费。

1）透平油。透平油的作用是散热、润滑、传递受力。在以下装置内填充透平油：水轮机、发电机的油槽内，调速器及油压装置内；进水阀本体的操作机构内、油压装置内。透平油应单独列项，计算设备费，数量详见设计图纸。

2）变压器油。变压器油的作用是散热、绝缘和灭电弧。按气温摄氏零下几度还能正常使用来划分变压器油的型号。例如，适用于 $-10℃$ 地区的变压器应选用 10 号变压器油（我国南方地区可用 10 号变压器油），我国北方地区可用 45 号变压器油，大部分地区可用 25 号变压器油。

在以下装置内充填变压器油：主变压器、所有油浸变压器、油浸电抗器、所有带油的互感器、油断路器、消弧线卷、大型试验变压器。

变压器油由制造厂供给，其油款在设备出厂价内已包括。

3）液压启闭机用油。根据订货合同，未包括时应另计油款。在可行性研究设计阶段，不单独列项，其费用包括在液压启闭机设备费中。

4）蓄电池中蒸馏水、工业硫酸应另计算其费用。在可行性研究设计阶段，不单独列项，其费用包括在蓄电池设备费中。

5）$SF_6$ 断路器中 $SF_6$ 气体应作为设备计算其费用。在可行性研究设计阶段，不单独列项，其费用包括在断路器设备费中。

（2）进水阀设备及安装。进水阀设备费应计算进水阀本体、操作机构、油压装置 3 个部分。进水阀安装费在选用概算定额计算时，进水阀本体的安装费中，已包括了操作机构的安装费。进水阀按与调速系统采用一套油压装置设定，如采用单独的油压装置，可套用相应定额子目，并乘以相应系数。

（3）起重机及安装。该项目下，应分别计算轨道、滑触线、阻进器的设备费和安装费。平衡梁应单独列项计算设备费，其安装费包括在相应的桥机安装费中。辅助生产车间的电动葫芦、猫头小车、手动电动单梁或双梁桥式起重机等设备，可列在此，也可列入相应的系统中，在概算中常漏项，须注意。

（4）厂房和副厂房内的生活给排水属于建筑工程。

（5）通信设备及安装工程。在水电概算中，只列发电厂一侧的通信设备及安装工程。

（6）主变压器设备及安装。仅指主变压器本体、轨道、中性点设备、油枕、水内冷散热器的安装。厂用变压器和其他电气设备的安装应列入相应的项目。

（7）变电站内的混凝土构架、钢构架应列入建筑工程中，易漏列，须注意。

（8）机械设备电动操作和保护装置等设备的计价原则。

1）随机配套供应的电气设备应列入相应的机械设备项目内，如大型空压机启动用的补偿器。

2）不随机配套供应的电气设备列入厂用电设备项目内或厂坝区馈电设备项目内计价。

（9）主机制造厂随主机供应的设备、材料、专用工器具等，应在供货合同附件中列明品名、规格、数量，其价款应含在主体总价内，不应另外计列设备费。

### 5.6.1.4　设备与材料的划分

（1）随设备成套供货的零部件（包括备品备件、专用工器具）、设备体腔内定量充填物（如透平油、绝缘油、$SF_6$气体等）均作为设备。

（2）成套供应、现场加工或零星购置的储气罐、储油罐、盘用仪表、机组本体上的梯子、平台和栏杆等均作为设备。

（3）$SF_6$管型母线，110kV及以上高压电缆、电缆头等均作为设备。

（4）管道和阀门如构成设备本体时应作为设备，否则应作为材料。

（5）随设备供应的保护罩、网门等，已计入相应出厂价格中的应作为设备，否则应作为材料。

（6）电力电缆、电缆头、母线、金具、滑触线、管道用支架、设备基础用型钢、钢轨、接地型钢、穿墙隔板、绝缘子以及一般用保护网、罩、门等，均作为材料。

## 5.6.2　设备费

设备费包括设备原价、设备运杂费、设备运输保险费、特大（重）件运输增加费、设备采购及保管费共5项。

### 5.6.2.1　设备原价

1. 国产设备原价的构成及计算

国产设备原价一般指的是设备制造厂的交货价或订货合同价。它一般根据生产厂或供应商的询价、报价、合同价确定，或采用一定的方法计算确定。国产设备原价分为国产标准设备原价和国产非标准设备原价。

（1）国产标准设备原价。国产标准设备是指按照主管部门颁布的标准图纸和技术要求，由我国设备生产厂批量生产的，符合国家质量检测标准的设备。国产标准设备原价有两种，即带有备件的原价和不带有备件的原价。在计算时，一般采用带有备件的原价。国产标准设备一般有完善的设备交易市场，因此可通过查询相关交易市场价格或向设备生产厂家询价得到国产标准设备原价。

（2）国产非标准设备原价。国产非标准设备是指国家尚无定型标准，各设备生产厂不可能在工艺过程中采用批量生产，只能按订货要求并根据具体的设计图纸制造的设备。非标准设备由于单件生产、无定型标准，所以无法获取市场交易价格，只能按其成本构成或相关技术参数估算其价格。非标准设备原价有多种不同的计算方法，如成本计算估价法、系列设备插入估价法、分部组合估价法、定额估价法等。但无论采用哪种方法都应该使非标准设备计价接近实际出厂价，并且计算方法要简便。成本计算估价法是一种比较常用的估算非标准设备原价的方法。按成本计算估价法，非标准设备的原价由以下各项组成：

1）材料费。其计算公式如下：

$$材料费 = 材料净重 \times (1 + 加工损耗系数) \times 每吨材料综合价 \tag{5.27}$$

2）加工费。包括生产工人工资和工资附加费、燃料动力费、设备折旧费、车间经费等。其计算公式如下：

$$加工费 = 设备总重量（t）\times 设备每吨加工费 \tag{5.28}$$

3）辅助材料费（简称辅材费）。包括焊条、焊丝、氧气、氩气、氮气、油漆、电石等的费用。其计算公式如下：

$$辅助材料费 = 设备总重量 \times 辅助材料费指标 \tag{5.29}$$

4）专用工具费。按 1）～3）项之和乘以一定百分比计算。

5）废品损失费。按 1）～4）项之和乘以一定百分比计算。

6）外购配套件费。按设备设计图纸所列的外购配套件的名称、型号、规格、数量、重量，根据相应的价格加运杂费计算。

7）包装费。按 1）～6）项之和乘以一定百分比计算。

8）利润。可按 1）～5）项加第 7）项之和乘以一定利润率计算。

9）税金。主要指增值税。其计算公式如下：

$$增值税 = 当期销项税额 - 进项税额 \tag{5.30}$$

$$当期销项税额 = 销售额 \times 适用增值税率 \tag{5.31}$$

$$销售额 = 1）～8）项之和$$

10）非标准设备设计费。按国家规定的设计费收费标准计算。

综上所述，单台非标准设备原价可用下面的公式表达：

$$单台非标准设备原价 = \{[（材料费 + 加工费 + 辅助材料费）\times (1 + 专用工具费率)$$
$$\times (1 + 废品损失费率) + 外购配套件费] \times (1 + 包装费率)$$
$$- 外购配套件费\} \times (1 + 利润率) + 销项税额 + 非标准设备$$
$$设计费 + 外购配套件费 \tag{5.32}$$

**2. 进口设备原价的构成及计算**

进口设备原价是指进口设备的抵岸价，即设备抵达买方边境、港口或车站，缴纳完各种手续费、税费后形成的价格。抵岸价通常是由进口设备到岸价（CIF）和进口从属费构成。进口设备的到岸价，即抵达买方边境港口或边境车站的价格。在国际贸易中，交易双方所使用的交货类别不同，则交易价格的构成内容也有所差异。进口从属费包括银行财务费、外贸手续费、进口关税、消费税、进口环节增值税等，进口车辆的还需缴纳车辆购置税。

（1）进口设备的交易价格。在国际贸易中，较为广泛使用的交易价格术语有 FOB、CFR 和 CIF。

1）FOB（free on board）：意为装运港船上交货价，亦称为离岸价格。FOB 是指当货物在指定的装运港越过船舷，卖方即完成交货义务。风险转移以在指定的装运港货物越过船舷时为分界点。费用划分与风险转移的分界点相一致。

在 FOB 交货方式下，卖方的基本义务有：办理出口清关手续，自负风险和费用，领取出口许可证及其他官方文件；在约定的日期或期限内，在合同规定的装运港，按港口惯常的方式，把货物装上买方指定的船只，并及时通知买方；承担货物在装运港越过船舷之前的一切费用和风险；向买方提供商业发票和证明货物已交至船上的装运单据或具有同等效力的电子单证。买方的基本义务有：负责租船订舱，按时派船到合同约定的装运港接运货物，支付运费，并将船期、船名及装船地点及时通知卖方；负担货物在装运港越过船舷后的各种费用以及货物灭失或损坏的一切风险；负责获取进口许可证或其他官方文件，以及办理货物入境手续；受领卖方提供的各种单证，按合同规定支付货款。

2）CFR（cost and freight）：意为成本加运费，或称之为运费在内价。CFR 是指在装运港货物越过船舷，卖方即完成交货，卖方必须支付将货物运至指定的目的港所需的运费和费用，但交货后货物灭失或损坏的风险，以及由于各种事件造成的任何额外费用，即由卖方转移到买方。与 FOB 价格相比，CFR 的费用划分与风险转移的分界点是不一致的。

在 CFR 交货方式下，卖方的基本义务有：提供合同规定的货物，负责订立运输合同，并租船订舱，在合同规定的装运港和规定的期限内，将货物装上船并及时通知买方，支付运至目的港的运费；负责办理出口清关手续，提供出口许可证或其他官方批准的文件；承担货物在装运港越过船舷之前的一切费用和风险；按合同规定提供正式有效的运输单据、发票或具有同等效力的电子单证。买方的基本义务有：承担货物在装运港越过船舷以后的一切风险及运输途中因遭遇风险所引起的额外费用；在合同规定的目的港受领货物，办理进口清关手续，缴纳进口税；受领卖方提供的各种约定的单证，并按合同规定支付货款。

3）CIF（cost insurance and freight）：意为成本加保险费、运费，习惯称到岸价格。在 CIF 中，卖方除负有与 CFR 相同的义务外，还应办理货物在运输途中最低险别的海运保险，并应支付保险费。如买方需要更高的保险险别，则需要与卖方明确地达成协议，或者自行做出额外的保险安排。除保险这项义务之外，买方的义务与 CFR 相同。

（2）进口设备到岸价的构成及计算。进口设备到岸价的计算公式如下：

$$进口设备到岸价（CIF）＝离岸价格（FOB）＋国际运费＋运输保险费$$
$$＝运费在内价（CFR）＋运输保险费 \qquad (5.33)$$

1）货价。一般指装运港船上交货价（FOB）。设备货价分为原币货价和人民币货价，原币货价一律折算为美元表示，人民币货价按原币货价乘以外汇市场美元兑换人民币汇率中间价确定。进口设备货价按有关生产厂、报价、订货合同价计算。

2）国际运费。即从装运港（站）到达我国目的港（站）的运费。我国进口设备大部分采用海洋运输，小部分采用铁路运输，个别采用航空运输。进口设备国际运费计算公式为

$$国际运费（海、陆、空）=原币货价（FOB）\times 运费率 \quad (5.34)$$

$$国际运费（海、陆、空）=单位运价 \times 运量 \quad (5.35)$$

其中，运费率或单位运价参照有关部门或进出口公司的规定执行。

3）运输保险费。对外贸易货物运输保险是由保险人（保险公司）与被保险人（出口人或进口人）订立保险契约，在被保险人交付议定的保险费后，保险人根据保险契约的规定对货物在运输过程中发生的承保责任范围内的损失给予经济上的补偿。这是一种财产保险。计算公式为

$$运输保险费=\frac{原币货价（FOB）+国外运费}{1-保险费率}\times 保险费率 \quad (5.36)$$

其中，保险费率按保险公司规定的进口货物保险费率计算。

（3）进口从属费的构成及计算。进口从属费的计算公式如下：

$$进口从属费=银行财务费+外贸手续费+关税+消费税+进口环节增值税+车辆购置税 \quad (5.37)$$

1）银行财务费。一般是指在国际贸易结算中，中国银行为进出口商提供金融结算服务所收取的费用，可按下式简化计算：

$$银行财务费=离岸价格（FOB）\times 人民币外汇汇率 \times 银行财务费率 \quad (5.38)$$

2）外贸手续费。指按规定的外贸手续费率计取的费用，外贸手续费率一般取 1.5%。其计算公式为

$$外贸手续费=到岸价格（CIF）\times 人民币外汇汇率 \times 外贸手续费率 \quad (5.39)$$

3）关税。指由海关对进出国境或关境的货物和物品征收的一种税。其计算公式为

$$关税=到岸价格（CIF）\times 人民币外汇汇率 \times 进口关税税率 \quad (5.40)$$

到岸价格作为关税的计征基数时，通常又可称为关税完税价格。进口关税税率分为优惠和普通两种。优惠税率适用于与我国签订关税互惠条款的贸易条约或协定的国家的进口设备；普通税率适用于与我国未签订关税互惠条款的贸易条约或协定的国家的进口设备。进口关税税率按我国海关总署发布的进口关税税率计算。

4）消费税。仅对部分进口设备（如轿车、摩托车等）征收消费税，一般计算公式为

$$应纳消费税=\frac{到岸价格（CIF）\times 人民币外汇汇率 + 关税}{1-消费税税率}\times 消费税税率 \quad (5.41)$$

其中，消费税税率根据规定的税率计算。

5）进口环节增值税。它是对从事进口贸易的单位和个人，在进口商品报关进口后征收的税种。我国增值税条例规定，进口应税产品均按组成计税价格和增值税税率直接计算应纳税额。即

$$进口环节增值税额=组成计税价格 \times 增值税税率 \quad (5.42)$$

$$组成计税价格=关税完税价格+关税+消费税 \quad (5.43)$$

增值税税率根据规定的税率计算。

6）车辆购置税。进口车辆需缴纳进口车辆购置税，其计算公式如下：

$$进口车辆购置税=（关税完税价格+关税+消费税）\times 车辆购置税税率 \quad (5.44)$$

**3. 设备原价确定需要注意的问题**

（1）在进行设备费编制时，重点在于水轮发电机组（含抽水蓄能机组）、主阀、桥式

起重机、发电机断路器（若主接线上配置）、计算机监控系统、抽水蓄能机组专用的 SFC 变频启动装置、主变压器、高压开关、闸门、启闭机等主要设备原价的确定。这几项设备费约占机电设备费的 80%。水轮发电机组价格确定与机组机型、机组参数（水头、直径、转速、容量）、制造难度以及能否国产有着密切的联系。设计阶段可以向制造厂家询价或以类似工程采购价作为依据，按吨位价还是按单位千瓦价确定应做认真的研究分析。目前抽水蓄能电站进口机组较多，按单位千瓦价确定宜做分析。单位千瓦估价与机组设计水头和单机容量有关系。主阀价格确定与主阀直径、压力值有关，主阀与桥式起重机一般按吨位价确定。发电机断路器价格与发电电压等级和断路器电流有关。计算机监控系统价格与电厂自动化程度和监控设备数量有关。主变压器与电压等级、主变压器容量、是否有载调压还是自耦有关，一般按单位千伏安估价。高压开关价格与电压等级、是封闭式还是敞开式、开断电流有关。封闭式一般为 $SF_6$ GIS，按每间隔估价；敞开式按台估价。闸门、启闭机按吨位估价。主要机电设备进口价与国产价相差较大，一般进口价为国产价的 2.5~3.0 倍。

（2）预可行性研究和可行性研究阶段，非定型和非标准产品一般不可能与厂家签订价格合同。设计单位应向厂家索取报价资料、近期国内外有关类似工程的设备采购招投标资料和当年的价格水平经认真论证后确定设备价格。

（3）大型机组分瓣运至工地后的拼装费应包括在设备价格内。如需设置拼装场，其建设费用也包括在设备原价中。由于设备运输条件限制及其他原因需要在施工现场，且属于制造厂内组装的工作有：水轮机水涡轮分瓣组焊，座环及基础环现场加工，定子机壳组焊，定子硅钢片现场叠装，定子线圈现场整体下线及铁损试验工作转子中心体现场组焊等。

### 5.6.2.2 设备运杂费

设备运杂费指设备由采购原价标明的交货地点至工地安装现场所发生的一切运杂费用，主要包括运输费、调车费、装卸费、包装绑扎费、变压器充氮费，以及可能发生的其他杂费。

设备运杂费分为主要设备运杂费和其他设备运杂费，按占设备原价的百分率计算。主要设备运杂费率见表 5.57，其他设备运杂费率见表 5.58。

**表 5.57** 　　　　　　　　　　　　主要设备运杂费率表　　　　　　　　　　　　%

| 设备分类 | 铁　路 | | 公　路 | | 公路直达基本费率 |
| --- | --- | --- | --- | --- | --- |
| | 基本运距 1000km | 每增运 500km | 基本运距 50km | 每增运 10km | |
| 水轮发电机组 | 2.21 | 0.40 | 1.06 | 0.10 | 1.01 |
| 主阀、桥机 | 2.99 | 0.70 | 1.85 | 0.18 | 1.33 |
| 主变压器 | | | | | |
| 120000kVA 及以上 | 3.50 | 0.56 | 2.80 | 0.25 | 1.20 |
| 120000kVA 及以下 | 2.97 | 0.56 | 0.92 | 0.10 | 1.20 |

**表 5.58** 　　　　　　　　　　　　其他设备运杂费率表　　　　　　　　　　　　%

| 类别 | 适用地区 | 费率 |
| --- | --- | --- |
| I | 北京、天津、上海、江苏、浙江、江西、山东、安徽、湖北、湖南、河南、广东、山西、河北、陕西、辽宁、吉林、黑龙江等省（直辖市） | 5~7 |
| II | 甘肃、云南、贵州、广西、四川、重庆、福建、海南、宁夏、内蒙古、青海等省（自治区、直辖市） | 7~9 |

设备由铁路直达或铁路、公路联运时，分别按里程求得费率后叠加计算；如果设备由公路直达，应按公路里程计算费率后，再加上公路直达基本费率。

工程地点距铁路线近者费率取小值，远者取大值。西藏地区可视工程具体情况单独测算。

#### 5.6.2.3  设备运输保险费

设备运输保险费指设备在运输过程中发生的保险费用。国产设备的运输保险费率可按工程所在省（自治区、直辖市）的规定计算，省（自治区、直辖市）无规定的，可按保险公司的有关规定计算。进口设备的运输保险费率按相应规定计算。

#### 5.6.2.4  特大（重）件运输增加费

特大（重）件运输增加费指水轮发电机组、桥式起重机、主变压器、GIS 等大型设备运输过程中因超高、超重、超宽等所发生的特殊费用。如公路运输的桥涵加固费、路面拓宽费、空中地面障碍物的清除及恢复费等所有费用。特大（重）件运输增加费应根据设计方案确定，在无资料的情况下也可按设备原价的 $0.6\% \sim 1.5\%$ 估列。工程地处偏远、运输距离远、运输条件差的取大值，反之取小值，抽水蓄能电站可根据工程所在地的具体情况取中值或小值。

#### 5.6.2.5  设备采购及保管费

设备采购及保管费指建设单位和承包人在设备的采购、保管过程中发生的各项费用。主要包括以下内容：

（1）采购保管部门工作人员的基本工资、辅助工资、职工福利费、劳动保护费、教育经费、工会经费、基本养老保险费、医疗保险费、工伤保险费、失业保险费、女职工生育保险费、住房公积金、办公费、差旅交通费、工具用具使用费等。

（2）仓库转运站等设施的运行使用维修费，固定资产折旧费，技术安全措施和设备的检验、试验费等。

设备采购及保管费按设备原价、运杂费之和的 $0.7\%$ 计算。

#### 5.6.2.6  运杂综合费率的计算

运杂综合费率计算公式为

$$运杂综合费率＝运杂费率＋（1＋运杂费率）×设备采购及保管费率$$
$$＋设备运输保险费率＋特大（重）件运输增加费率 \qquad (5.45)$$

上述运杂综合费率适用于计算国产设备运杂费。进口设备的国内段运杂费应按上述国产设备运杂综合费率，乘以相应国产设备原价占进口设备原价的比例系数，调整为进口设备国内段运杂综合费率。

### 5.6.3  安装工程概算编制依据、步骤和单价表列式

#### 5.6.3.1  安装工程概算编制依据

（1）国家和上级主管部门以及省（自治区、直辖市）颁发的有关法令、制度、规程等。

（2）国家或上级主管部门颁发的、目前正在执行的《水电工程设计概算编制规定》。

（3）主管部门或工程所在地工程造价部门编制的水电工程或水利工程的设备安装工程概算定额、概算指标、取费标准等。

（4）有关设备及安装工程的初步设计图纸、设计说明书、设备数量表和主要材料表。

（5）水电工程设计工程量计算规定。

（6）设备价目表、材料预算价格及当地实行的运杂费率标准。

（7）该工程的预可行性研究报告设计文件及图纸。

（8）有关合同协议及资金筹措方案。

（9）其他。

### 5.6.3.2 安装工程概算编制步骤

（1）根据机电和金属结构设备项目组成内容，对设计提出的设备清单进行分析核实，按项目划分顺序，将设备名称、规格型号、工程量列入设备及安装工程概算表内。

（2）根据设备型号、重量等指标以及制造工艺，参照厂家的报价资料、近期国内外有关类似工程的设备采购招投标资料和当年的价格水平经认真论证后确定设备原价。

（3）根据主要设备来源地和工程所在地情况，编制设备运杂综合费率。

（4）编制安装工程单价。首先根据工程所在地的地区类别、材料供应情况确定人工预算单价和材料预算单价。其中，电缆、母线和制造压力管道、轨道所用钢材应作为主要材料，编制主要材料预算价格。其他次要材料价格根据市场价格并考虑送至工地费用后确定。然后根据材料价格，考虑损耗后，确定未计价装置性材料价格。最后按照定额和编制规定编制设备安装工程费。

（5）将各项计算值填入设备及安装工程概算表内汇总。

### 5.6.3.3 安装工程单价表列式

安装工程费用由直接费、间接费、企业利润和税金4个部分组成。安装工程单价表列式有两种：消耗量（实物量）形式和费率形式。

1. 以消耗量（实物量）形式表示的安装工程单价

（1）直接费。

1）基本直接费。

$$人工费 = \sum（定额劳动消耗量 \times 人工预算单价） \tag{5.46}$$

$$材料费 = \sum（定额材料消耗量 \times 材料预算单价） \tag{5.47}$$

$$机械使用费 = \sum（定额机械消耗量 \times 施工机械台时费） \tag{5.48}$$

$$未计价装置性材料费 = 未计价装置性材料用量 \times 材料预算单价 \tag{5.49}$$

2）其他直接费。

$$其他直接费 = 基本直接费（不含未计价装置性材料费） \times 其他直接费率之和 \tag{5.50}$$

（2）间接费。

$$间接费 = 人工费 \times 间接费率 \tag{5.51}$$

（3）企业利润。

$$企业利润 = 直接费（不含未计价装置性材料费） + 间接费 \times 利润率 \tag{5.52}$$

（4）税金。

$$税金 = （直接费 + 间接费 + 利润） \times 计算税率 \tag{5.53}$$

以消耗量形式表示的安装工程单价合计计算式为

$$单价合计 = 直接费 + 间接费 + 利润 + 税金 \tag{5.54}$$

2. 以费率形式表示的安装工程单价

（1）直接费。

1）基本直接费。

$$人工费 = 定额人工费 \times 工程所在地对应的人工预算单价算术平均值 \div$$
$$费用标准中一般地区人工预算单价算术平均值 \qquad (5.55)$$
$$材料费 = 定额材料费$$
$$装置性材料费 = 定额装置性材料费$$
$$机械使用费 = 定额机械使用费$$

2）其他直接费。

$$其他直接费 = 基本直接费 \times 其他直接费率之和 \qquad (5.56)$$

（2）间接费。

$$间接费 = 人工费 \times 间接费率 \qquad (5.57)$$

（3）利润。

$$利润 = (直接费 + 间接费) \times 利润率 \qquad (5.58)$$

（4）税金。

$$税金 = (直接费 + 间接费 + 利润) \times 计算税率 \qquad (5.59)$$

以费率形式表示的安装工程单价合计计算式为

$$单价合计 = 直接费 + 间接费 + 利润 + 税金 \qquad (5.60)$$

## 5.6.4　设备安装工程费定额选用

设备安装工程费是构成工程建安工作量的重要组成部分。设备安装工程费应按《水电设备安装工程概算定额》、《水电工程设计概算编制规定》（2013 年版）、《水电工程设计概算费用标准》（2013 年版）等定额和标准编制。

《水电设备安装工程概算定额》主要适用于国内大中型水电工程。该定额以实物量为主要表现形式，有少量的定额子目采用以设备原价为计算基础的安装费率形式。定额包括的内容为安装工程基本直接费（含安装费和装置性材料费），不包括其他直接费、间接费、企业利润和税金等项费用。编制概算时应按有关规定另行计算。

（1）采用安装费率形式的定额子目编制概算单价时，应注意的问题是：以设备原价作为计算基础，安装工程人工费、材料费、机械使用费和装置性材料费均以费率（%）形式表示。

（2）采用实物量形式定额子目编制概算单价时，应注意以下问题：

1）定额中人工工时、材料、机械台时等均以实物量表示。其中，材料和机械仅列出主要品种的型号、规格及数量，若与定额品种、型号、规格不同，均不做调整。其他材料和一般小型机械、机具及电气调整所需的材料、仪器仪表使用费等，分别测算其定额编制年价格水平以金额表现形式列入其他材料费和其他机械使用费中。人工费、材料费、机械使用费具体计算如下：

a. 人工费。根据定额劳动量，按该工程人工预算单价计算。

b. 材料费。根据定额材料用量，按该工程材料预算价格计算。

c. 机械使用费。根据机械使用量，按该工程施工机械台时费计算。

2）定额适用于海拔 2000.00m 以下地区的建设项目，海拔 2000.00m 以上地区，其人工和机械定额按表 5.59 进行调整。

表 5.59　　　　　　　　　　　高 程 系 数 表

| 项目 | 高　　程 | | | | | |
|---|---|---|---|---|---|---|
| | 2000~2500m | 2500~3000m | 3000~3500m | 3500~4000m | 4000~4500m | 4500~5000m |
| 人工 | 1.1 | 1.15 | 1.2 | 1.25 | 1.3 | 1.35 |
| 机械 | 1.25 | 1.35 | 1.45 | 1.55 | 1.65 | 1.75 |

3）按设备重量划分子目的定额，当所求设备的重量界于同类型设备的子目之间时，可按插入法计算安装费。

$$A=(C-B)(a-b)/(c-b)+B \qquad (5.61)$$

式中：$A$ 为所求设备的安装费；$B$ 为较所求设备小且最接近的设备安装费；$C$ 为较所求设备大且最接近的设备安装费；$a$ 为 $A$ 项设备的重量；$b$ 为 $B$ 项设备的重量；$c$ 为 $C$ 项设备的重量。

4）使用电站主厂房桥式起重机进行安装工作时，桥式起重机台时费不计基本折旧、修理费和安装拆卸费。

5）装置性材料。装置性材料是指本身属于材料，但又是被安装对象，安装后构成工程的实体，交付电厂使用。装置性材料可分为主要装置性材料和次要装置性材料。

a. 主要装置性材料。本身作为安装对象的装置性材料，在"项目划分"和"概算定额"中均以独立的安装项目出现，如电缆、母线、轨道、管路、滑触线、压力钢管等。编制概（估）算时，应根据设计确定的型号、规格、数量，乘以该工程材料预算单价，在定额以外另外计价（主要装置性材料本身的价值在安装定额内并未包括，需要另外计价。所以主要装置性材料又称未计价装置性材料）。计算未计价装置性材料价值时，其用量要考虑一定的操作损耗。操作损耗率按表 5.60 计算。

表 5.60　　　　　　　　装置性材料操作损耗率表

| 序号 | 材　料　名　称 | 损耗率/% |
|---|---|---|
| 1 | 钢板（齐边） | |
| | （1）压力钢管直管 | 5 |
| | （2）压力钢管弯管、岔管、渐变管 | 15 |
| 2 | 钢板（毛边）压力钢管 | 17 |
| 3 | 型钢 | 5 |
| 4 | 管材及管件 | 3 |
| 5 | 电力电缆 | 1 |
| 6 | 控制电缆、高频电缆 | 1.5 |
| 7 | 绝缘导线 | 1.8 |
| 8 | 硬母线（包括铜、铝、钢质的带形、管形及槽形母线） | 2.3 |

续表

| 序号 | 材 料 名 称 | 损耗率/% |
|---|---|---|
| 9 | 裸软导线（包括铜、铝、钢及钢芯铝绞线） | 1.3 |
| 10 | 压接式线夹、螺栓、垫圈、铝端头、护线条及紧固件 | 2 |
| 11 | 金具 | 1 |
| 12 | 绝缘子 | 2 |
| 13 | 塑料制品（包括塑料槽板、塑料管、塑料板等） | 5 |

注　1. 裸软导线的损耗率中包括了因弧垂而杆位高低而增加的长度；但变电站中的母线、引下线、跳线、设备连接线等因弯曲而增加的长度，均不应以垂弧看待，应计入基本长度中。

2. 电力电缆及控制电缆的损耗率中未包括预留和备用段长度、敷设时因各种弯曲而增加的长度及为连接电气设备而预留的长度，这些长度均应计入基本长度中。

b. 次要装置性材料的品种多、规格杂，且价值也较低，在概算定额中均已计入其他材料费用，不能单独列项算投资。所以次要装置性材料又称已计价装置性材料。

6）使用定额时，对不同的地区、施工企业、机械化程度和施工方法等差异因素，除定额有规定说明外，均不做调整。

7）现行概算定额除定额规定的工作内容外，还包括下列工作和费用：

a. 设备安装前后的开箱、检查、清扫、滤油、注油、刷漆和喷漆工作。

b. 安装现场的水平和垂直搬运。

c. 随设备成套供应的管路及部件的安装。

d. 设备单体试运转、管和罐的水压试验、焊接及安装的质量检查。

e. 现场施工临时设施的搭拆工作及其材料、专用特殊工器具的摊销。

f. 施工准备及完工后的现场清理工作。

g. 竣工验收移交生产前对设备的维护、检修和调整。

8）现行概算定额不包括的工作内容和费用如下：

a. 鉴定设备制造质量的工作，材料的质量复核工作。

b. 设备、构件的喷锌、镀锌、镀铬及要求特殊处理的工作；由于消防需要，电缆敷设完成后，需在电缆表面涂刷防火材料及预留孔洞消防堵料的费用。

c. 大型临时设施费用。

d. 施工照明费用。

e. 属厂家责任的设备缺陷处理和缺件所需费用。

f. 由于设备运输条件的限制及其他原因，需在现场从事属于制造厂家的组装工作。如水轮机分瓣转轮组焊、定子硅钢片现场叠装、定子绕组现场整体下线及铁损试验工作等。

### 5.6.5　设备及安装工程概算编制实例

【例 5.13】　某工程位于四类边远地区，挡水坝高程为 2350.00m。采用混合式开发，枢纽建筑物主要由混凝土面板堆石坝、放空洞、泄洪洞和引水发电系统等组成。电站单机容量为 110MW，装机 4 台，总装机容量为 440MW。水轮机铁路运 3961km、公路运 424km 到工地安装现场。压力管道钢板材料预算价为 14306 元/t。设计所提出的机电及金属结构设备清单见表 5.61，试根据现行水电工程概算编制办法和定额编制该工程的设备及安装工程费用。

表 5.61 机电及金属结构设备清单

| 序号 | 名 称 | 型 号 | 单位 | 数量 | 备 注 |
|---|---|---|---|---|---|
| 一 | 水轮发电机组及主要辅助设备 | | | | |
| 1 | 水轮机 | HL（115）-LJ-325 | 台 | 4 | 设备自重（225t/台） |
| 2 | 水轮发电机 | SF110-18/580 | 台 | 4 | |
| 3 | 调速器 | WDT-100-6.3 | 台 | 4 | |
| 4 | 调速器油压装置 | HYZ-2.5-6.3 | 台 | 4 | |
| 5 | 球阀 | QF350-WY-250 | 台 | 4 | |
| 6 | 球阀油压装置 | YS-4-6.3 | 台 | 4 | |
| 7 | 双小车桥式起重机 | 125t+125t/50t | 台 | 1 | 主厂房 |
| 8 | …… | | | | |
| 二 | 电气一次设备 | | | | |
| 1 | 发电机 | | 台 | 4 | |
| 2 | 主变压器 | SFP-H-250MVA/500 | 台 | 2 | |
| 3 | 发电机断路器 | $U_n \geqslant 18kV$，$I_n \geqslant 8000A$，$SF_6$ | 套 | 4 | 成套 |
| 4 | TV柜 | $U_n=15kV$ | 套 | 6 | 单相型 |
| 5 | 厂用变压器 | 干式，3×500kVA，单相型 | 台 | 2 | 厂用高压变压器 |
| 6 | 厂用变压器 | SC-250/10 | 台 | 2 | 坝区变压器（进水口） |
| 7 | …… | | | | |
| 三 | 电器二次主要设备 | | | | |
| 1 | 计算机监控系统 | | 套 | 1 | |
| 2 | 机组励磁系统 | 双微机型 | 套 | 4 | 包括励磁变压器 |
| 3 | …… | | | | |
| 四 | 通信系统主设备 | | | | |
| 1 | SDH光传输设备 | 2.5Gbit/s | 套 | 2 | 厂区、生活区 |
| 2 | ADSS光缆 | 16芯 | km | 17 | 估列 |
| 3 | …… | | | | |
| 五 | 通风系统设备 | | | | |
| 1 | 变频多联空调机 | KMR-800W/D532A | 台 | 1 | |
| 2 | 轴流风机 | T35-11 | 台 | 46 | |
| 3 | …… | | | | |
| 六 | 压力管道 | | | | |
| 1 | 压力管道直管 | $D=6.8m$，$\delta=18mm$ | t | 225 | WDB620 |
| 2 | | | | | |

**解**：(1) 根据设备清单，按项目划分顺序，将设备名称、规格型号、工程量列入设备及安装工程概算表内。列项过程中应注意严格按照编制规定的要求认真分析，分门别类，逐项计算。例如，通信系统主设备清单中的光缆应列入建筑工程，电气一次设备清单中厂用电设备的变压器应区分厂区所需还是厂区以外各用电点所需，分别列入厂用电系统和坝区馈电系统，金属结构设备清单中导流系统闸门和启闭机应列入施工辅助工程。

(2) 确定设备原价。

(3) 根据主要设备来源地和工程所在地情况，编制设备运杂综合费率。运输保险费率为 0.4%，采购及保管费率为 0.7%，特大（重）件运输增加费率为 1.0%。

水轮机铁路运杂费费率＝2.21%＋0.40%×(3961−1000)/500＝4.58%

水轮机公路运杂费费率＝1.06%＋0.1%×(424−50)/10＝4.8%

运杂费率合计：4.58%＋4.8%＝9.38%

运杂三项费率：0.4%＋1%＋9.38%＋(1＋9.38%)×0.7%＝11.55%

(4) 编制安装工程单价。各种类型的安装工程单价例表见表 5.62～表 5.65。编制安装单价前应认真阅读定额说明，明确所用定额的条件。以下列 3 个设备为例简要说明安装费计算过程。

表 5.62 为发电电压设备安装工程单价表。此表以费率形式表示安装工程单价。表中人工费单价根据《水电工程设计概算编制规定》（2013 年版）的规定，计算公式为：工程所在地对应的人工预算单价算术平均值÷费用标准中一般地区人工预算单价算术平均值。由于题目所给工程坝顶高程为 2350.00m，人工应乘以 1.1。计算式为

$$[(13.25＋9.78＋7.61＋6.25)÷4]÷[(9.46＋6.99＋5.44＋4.46)÷4]×1.1＝1.54$$

**表 5.62**　　　　　　　　　　发电电压设备安装工程单价表

定额编号：[06004]　　　　　　　　　　　　　　　　　　　　　　　单位：项

规格型号：电压≥18kV

| 编号 | 名　称　及　规　格 | 单位 | 数量 | 单价 | 合计/% |
|------|------|------|------|------|------|
| 1 | 2 | 3 | 4 | 5 | 6 |
| 一 | 直接费 | | | | 11.08 |
| （一） | 基本直接费 | | | | 10.17 |
| 1 | 人工费 | % | 3.08 | 1.54 | 4.74 |
| 2 | 材料费 | % | 1.90/1.04 | 1.00 | 1.83 |
| | 装置性材料费 | % | 2.72/1.11 | 1.00 | 2.45 |
| 3 | 机械使用费 | % | 1.22/1.06 | 1.00 | 1.15 |
| （二） | 其他直接费 | % | 8.60 | 10.17 | 0.87 |
| 二 | 间接费 | % | 138.00 | 4.74 | 6.54 |
| 三 | 利润 | % | 7.00 | 17.58 | 1.23 |
| 四 | 税金 | % | 9.00 | 18.81 | 1.69 |
| 五 | 合计 | | | | 20.50 |

表 5.63 为水轮机安装工程单价表。根据题目所给水轮机型号 HL（115）-LJ-325 可知此水轮机为竖轴混流式水轮机、金属蜗壳，设备自重为 225t/台。所选定额号为［01012］与［01013］之间的插值（用直线内插法计算）。人工、材料、机械数量均应按照插值公式计算。由于题目所给工程坝顶高程为 2350.00m，人工和用油机械应分别乘以 1.1 和 1.25。例如，计算高级熟练工工时数为

$$［（1688-1578）\div（230-210）\times（225-210）+1578］\times 1.1=1826.55（工日）$$

表 5.63 　　　　　　　　水轮机安装工程单价表［HL（115）-LJ-325］

定额编号：［01012］、［01013］

规格型号：设备自重 225t/台

| 编号 | 名 称 及 规 格 | 单位 | 数量 | 单价/元 | 合计/元 |
|---|---|---|---|---|---|
| 1 | 2 | 3 | 4 | 5 | 6 |
| 一 | 直接费 | | | | 626003.05 |
| （一） | 基本直接费 | | | | 576430.06 |
| 1 | 人工费 | | | | 371230.13 |
| | 高级熟练工 | 工时 | 1826.55 | 14.95 | 27306.92 |
| | 熟练工 | 工时 | 18267.70 | 11.24 | 205328.95 |
| | 半熟练工 | 工时 | 10960.40 | 8.92 | 97766.77 |
| | 普工 | 工时 | 5480.20 | 7.45 | 40827.49 |
| 2 | 材料费 | | | | 145562.97 |
| | 钢板 | kg | 2034.25 | 6.50 | 13222.63 |
| | 型钢 | kg | 7627.75 | 7.00 | 53394.25 |
| | 钢管 | kg | 642.50 | 6.50 | 4176.25 |
| | 铜材 | kg | 59.00 | 21.40 | 1262.60 |
| | 电焊条 | kg | 1359.00 | 6.80 | 9241.20 |
| | 油漆 | kg | 507.00 | 16.72 | 8477.04 |
| | 汽油 | kg | 676.00 | 7.74 | 5232.24 |
| | 透平油 | kg | 53.00 | 6.00 | 318.00 |
| | 氧气 | $m^3$ | 1750.00 | 3.00 | 5250.00 |
| | 乙炔气 | $m^3$ | 757.75 | 13.33 | 10100.81 |
| | 木材 | $m^3$ | 3.05 | 1678.75 | 5120.19 |

规格型号：设备自重 225t/台

| 编号 | 名 称 及 规 格 | 单位 | 数量 | 单价/元 | 合计/元 |
|---|---|---|---|---|---|
| 1 | 2 | 3 | 4 | 5 | 6 |
| | 电 | kW·h | 17030.25 | 0.80 | 13658.26 |
| | 其他材料费 | 元 | 16109.50 | 1.00 | 16109.50 |
| 3 | 机械使用费 | | | | 59636.96 |
| | 桥式起重机 | 台时 | 318.50 | 60.95 | 19412.58 |
| | 电焊机　20～30kVA | 台时 | 1215.75 | 11.99 | 14576.84 |
| | 普通车床　$\phi$400～600mm | 台时 | 169.00 | 34.49 | 5828.81 |
| | 牛头刨床　B650 | 台时 | 132.25 | 28.26 | 3737.39 |
| | 摇臂钻床　$\phi$50mm | 台时 | 185.00 | 24.58 | 4547.30 |
| | 压力滤油机　150 型 | 台时 | 100.25 | 22.16 | 2221.54 |
| | 其他机械费 | 元 | 9312.50 | 1.00 | 9312.50 |
| （二） | 其他直接费 | % | 8.60 | 576430.06 | 49572.99 |
| 二 | 间接费 | % | 138.00 | 371230.13 | 512297.58 |
| 三 | 利润 | % | 7.00 | 1138300.63 | 79681.04 |
| 四 | 税金 | % | 9.00 | 1217981.67 | 109618.35 |
| 五 | 合计 | | | | 1327600.02 |

　　表 5.64 为一般钢管制作工程单价表。表中所列装置性材料费为压力钢管本体、加劲环、支撑环本身的钢材预算价乘以含操作损耗的工程量之后的费用。根据装置性材料操作损耗表，压力钢管直管操作损耗率为 5%、弯管和渐变管操作损耗率为 15%，而一般钢管制作定额包括直管、弯管、渐变管。如果设计能够分别提供直管、弯管、渐变管重量，则应按照设计所提供的重量加权计算一般钢管制作的装置性材料操作损耗率，否则可按 8% 估列。此项费用仅作为计算税金的基数，不作为计算其他直接费和利润的基数。

表 5.64　　　　　　　　一般钢管制作工程单价表　（D≤7m）

定额编号：12019

规格型号：壁厚≤20mm

| 编号 | 名 称 及 规 格 | 单位 | 数量 | 单价/元 | 合计/元 |
|---|---|---|---|---|---|
| 1 | 2 | 3 | 4 | 5 | 6 |
| 一 | 直接费 | | | | 20353.15 |
| （一） | 基本直接费 | | | | 18741.39 |
| 1 | 人工费 | | | | 1187.96 |
| | 高级熟练工 | 工时 | 4.40 | 14.95 | 65.78 |
| | 熟练工 | 工时 | 55.00 | 11.24 | 618.20 |

续表

规格型号：壁厚≤20mm

| 编号 | 名 称 及 规 格 | 单位 | 数量 | 单价/元 | 合计/元 |
|---|---|---|---|---|---|
| 1 | 2 | 3 | 4 | 5 | 6 |
| | 半熟练工 | 工时 | 41.80 | 8.92 | 372.86 |
| | 普工 | 工时 | 17.60 | 7.45 | 131.12 |
| 2 | 材料费 | | | | 760.40 |
| | 型钢 | kg | 33.30 | 7.00 | 233.10 |
| | 氧气 | m³ | 5.00 | 3.00 | 15.00 |
| | 乙炔气 | m³ | 1.70 | 13.33 | 22.66 |
| | 电焊条 | kg | 22.60 | 6.80 | 153.68 |
| | 石英砂 | m³ | 0.40 | 241.88 | 96.75 |
| | 探伤材料 | 张 | 3.30 | 2.28 | 7.52 |
| | 油漆 | kg | 3.90 | 16.72 | 65.21 |
| | 汽油 | kg | 8.20 | 7.74 | 63.48 |
| | 其他材料费 | 元 | 103.00 | 1.00 | 103.00 |
| 3 | 装置性材料费 | t | 1.05 | 14715.24 | 15451.00 |
| 4 | 机械使用费 | | | | 1342.03 |
| | 龙门式起重机 10t | 台时 | 1.10 | 67.06 | 73.77 |
| | 汽车起重机 10t | 台时 | 0.88 | 144.25 | 126.94 |
| | 卷板机 22mm×3500mm | 台时 | 1.10 | 99.94 | 109.93 |
| | 电焊机 20～30kVA | 台时 | 34.90 | 11.99 | 418.45 |
| | 空压机 9m³/min | 台时 | 3.10 | 63.71 | 197.50 |
| | 轴流通风机 28kW | 台时 | 2.70 | 34.67 | 93.61 |
| | X射线探伤机 TX－2505 | 台时 | 1.70 | 26.88 | 45.70 |
| | 载重汽车 20t | 台时 | 0.75 | 161.50 | 121.13 |
| | 其他机械费 | 元 | 155.00 | 1.00 | 155.00 |
| （二） | 其他直接费 | % | 8.60 | 18741.39 | 1611.76 |
| 二 | 间接费 | % | 138.00 | 1187.96 | 1639.39 |
| 三 | 利润 | % | 7.00 | 21992.54 | 1539.48 |
| 四 | 税金 | % | 9.00 | 23532.02 | 2117.88 |
| 五 | 合计 | | | | 25649.90 |

（5）将各项计算值填入设备及安装工程概算表内汇总，见表 5.65，表中仅列出部分设备为例。

表 5.65　　　　　　　　　　　　　　设备及安装工程概算表

| 编号 | 名　称　及　规　格 | 单位 | 数量 | 单　价/元 | | 合　计/万元 | |
|---|---|---|---|---|---|---|---|
| | | | | 设备费 | 安装费 | 设备费 | 安装费 |
| 1 | 2 | 3 | 4 | 5 | 6 | 7 | 8 |
| | 第四项　机电设备及安装工程 | | | | | | |
| 一 | 主要机电设备及安装工程 | | | | | | |
| （一） | 水轮机设备及安装工程 | | | | | 7248.52 | 475.61 |
| | 水轮机 HL（115）-LJ-325 | 台 | 1.00 | 14625000.00 | 1327600.02 | 5850.00 | 531.04 |
| | 调速器 WDT-100-6.3 | 台 | 4.00 | 800000.00 | 123052.06 | 320.00 | 49.22 |
| | 调速器油压装置 HYZ-2.5-6.3 | 台 | 4.00 | 320000.00 | 52801.45 | 128.00 | 21.12 |
| | 自动化元件 | 台 | 4.00 | 500000.00 | | 200.00 | |
| | 运杂费 | % | 11.55 | 64980000.00 | | 750.52 | |
| | …… | | | | | | |
| （二） | 电气设备及安装工程 | | | | | 2960.24 | 1832.78 |
| 1 | 发电电压装置 | | | | | 1850.69 | 308.28 |
| | $SF_6$ 发电机断路器 $U_n{\geqslant}18kV$，$l_n{\geqslant}8000A$ | 套 | 4.00 | 4050000.00 | | 1620.00 | |
| | TV 柜　15kV | 套 | 6.00 | 100000.00 | | 60.00 | |
| | 运杂费 | % | 10.16 | 16800000.00 | | 170.69 | |
| | 安装费 | 套 | | | （20.50%） | | 344.40 |
| | …… | | | | | | |
| | 第五项　金属结构设备及安装工程 | | | | | | |
| 一 | 泄洪工程 | | | | | | |
| （一） | 闸门设备及安装 | | | | | | |
| 1 | 1 号泄洪洞工作闸门及埋件 | | | | | 36.79 | 7.57 |
| | 弧形闸门 （22t/扇×1 扇） | t | 22.00 | 13000.00 | 2573.11 | 28.60 | 5.66 |

| 编号 | 名称及规格 | 单位 | 数量 | 单价/元 | | 合计/万元 | |
|---|---|---|---|---|---|---|---|
| | | | | 设备费 | 安装费 | 设备费 | 安装费 |
| 1 | 2 | 3 | 4 | 5 | 6 | 7 | 8 |
| | 闸门埋件<br>（4t/套×1套） | t | 4.00 | 12000.00 | 4767.33 | 4.80 | 1.91 |
| | 运杂费 | % | 10.16 | 334000.00 | | 3.39 | |
| | …… | | | | | | |
| （二） | 启闭设备及安装 | | | | | 99.14 | 11.62 |
| 1 | 液压启闭机 | | | | | 99.14 | 11.62 |
| | 液压启闭机<br>2000/300 20t/台 | 台 | 1.00 | 900000.00 | 116247.16 | 90.00 | 11.62 |
| | 运杂费 | % | 10.16 | 900000.00 | | 9.14 | |
| | …… | | | | | | |
| 二 | 引水工程 | | | | | | |
| （一） | 钢管制作及安装 | | | | | | 577.71 |
| 1 | 钢管制作工程 | | | | | | 577.71 |
| | 钢管制作 WDB620<br>$D \leqslant 7m$，$\sigma \leqslant 2$ | t | 225.00 | | 25649.90 | | 577.71 |
| | …… | | | | | | |

# 思 考 题

1. 什么是工程单价？工程单价是由哪些部分构成的？

2. 土石方工程单价的编制步骤有哪些？在编制过程中应该注意哪些问题？

3. 混凝土工程单价怎么编制？

4. 安装工程单价的编制依据有哪些？设备安装定额怎么选用？

5. 国产设备费与进口设备费怎么计算？

# 第6章　水电工程设计概算编制

## 6.1　设计概算文件组成

设计概算文件由编制说明、概算表、概算附表和附件组成。

### 6.1.1　编制说明

#### 6.1.1.1　工程概况

（1）简述工程所在的河系、兴建地点、对外交通条件、建设征地及移民人数、工程规模、工程效益、工程布置、主体建筑工程量、主要材料用量、施工总工期、首台（首批）机组发电工期等。

（2）说明工程建设资金来源、资本金比例及编制的价格水平年（期）等。

（3）说明电厂定员编制情况。

（4）说明工程总投资和静态投资、价差预备费、建设期利息，单位千瓦投资、单位电量投资，首台（首批）机组发挥效益时的总投资和静态投资等。

#### 6.1.1.2　编制依据

（1）概算编制所采用的国家及省级政府有关法律、法规等。

（2）概算编制所采用的有关规程、规范和规定。

（3）概算编制采用的定额和费用标准。

（4）概算编制所依据的价格水平年。

（5）可行性研究报告设计文件及图纸。

（6）其他有关规定。

#### 6.1.1.3　枢纽工程概算

1. 基础价格

详细说明人工预算单价、材料预算价格以及电、风、水、砂石料、混凝土材料单价和施工机械台时费等基础单价的计算方法和成果。

2. 建筑安装工程单价

（1）说明工程单价组成内容、编制方法及有关费率标准。

（2）说明定额、指标采用及调整情况。编制补充定额的项目，应说明补充定额的编制原则、方法和定额水平等情况。

3. 施工辅助工程

说明施工辅助工程中各项目投资所采用的编制方法、造价指标和参数。

4. 建筑工程

说明主体建筑工程、交通工程、房屋建筑工程和其他工程投资所采用的编制方法、造价指标、相关参数和有关实际资料。

5. 环境保护和水土保持专项工程

说明环境保护和水土保持专项工程投资编制依据、方法、价格水平及其他应说明的问题。

6. 机电、金属结构设备及安装工程

(1) 说明主要设备原价的确定情况。

(2) 说明主要设备运杂费的计算情况。

(3) 说明其他设备价格的计算情况。

(4) 说明设备安装工程费的编制方法。

#### 6.1.1.4 建设征地移民安置补偿概算

说明建设征地移民安置补偿概算编制依据、方法、价格水平及其他应说明的问题。

#### 6.1.1.5 独立费用概算

说明项目建设管理费、生产准备费、科研勘察设计费和其他税费的计算方法、计算标准和指标采用等情况。

#### 6.1.1.6 总概算

(1) 说明各部分分年度投资和资金流量的计算原则和方法。

(2) 说明基本预备费的计算原则和方法。

(3) 说明价差预备费的计算原则和方法。

(4) 说明建设期利息的计算原则和方法。

#### 6.1.1.7 其他需说明的问题

其他需在设计概算中说明的问题。

#### 6.1.1.8 主要技术经济指标表

列出工程主要技术经济指标。

### 6.1.2 设计概算表

#### 6.1.2.1 概算表

(1) 工程总概算表。

(2) 枢纽工程概算表。

1) 施工辅助工程概算表。

2) 建筑工程概算表。

3) 环境保护和水土保持专项工程概算表。

4) 机电设备及安装工程概算表。

5) 金属结构设备及安装工程概算表。

(3) 建设征地移民安置补偿概算表。

1) 水库淹没影响区补偿概算表。

2) 枢纽工程建设区补偿概算表。

(4) 独立费用概算表。

(5) 分年度投资汇总表。

（6）资金流量汇总表。

### 6.1.2.2　概算附表

#### 1. 建筑工程单价汇总表（表 6.1）

表 6.1　　建筑工程单价汇总表

| 编号 | 工程名称 | 单位 | 单价/元 | 其　中 | | | | | | | |
| --- | --- | --- | --- | --- | --- | --- | --- | --- | --- | --- | --- |
| | | | | 人工费 | 材料费 | 机械使用费 | 其他直接费 | 间接费 | 利润 | 材料补差 | 税金 |
| 1 | 2 | 3 | 4 | 5 | 6 | 7 | 8 | 9 | 10 | 11 | 12 |
| | | | | | | | | | | | |

#### 2. 安装工程单价汇总表（表 6.2）

表 6.2　　安装工程单价汇总表

| 编号 | 工程名称 | 单位 | 单价/元 | 其　中 | | | | | | |
| --- | --- | --- | --- | --- | --- | --- | --- | --- | --- | --- |
| | | | | 人工费 | 材料费 | 机械使用费 | 装置性材料费 | 其他直接费 | 间接费 | 利润 | 税金 |
| 1 | 2 | 3 | 4 | 5 | 6 | 7 | 8 | 9 | 10 | 11 | 12 |
| | | | | | | | | | | | |

#### 3. 主要材料预算价格汇总表（表 6.3）

表 6.3　　主要材料预算价格汇总表

| 编号 | 名称及规格 | 单位 | 预算价格 | 其　中 | | |
| --- | --- | --- | --- | --- | --- | --- |
| | | | | 原价 | 运杂费 | 采购及保管费 |
| 1 | 2 | 3 | 4 | 5 | 6 | 7 |
| | | | | | | |

#### 4. 施工机械台时费汇总表（表 6.4）

表 6.4　　施工机械台时费汇总表

| 编号 | 名称及规格 | 台时费 | 其　中 | | | | | |
| --- | --- | --- | --- | --- | --- | --- | --- | --- |
| | | | 折旧费 | 修理费 | 安装拆卸费 | 人工费 | 动力燃料费 | 其他费用 |
| 1 | 2 | 3 | 4 | 5 | 6 | 7 | 8 | 9 |
| | | | | | | | | |

#### 5. 主体工程主要工程量汇总表（表 6.5）

表 6.5　　主体工程主要工程量汇总表

| 编号 | 工程项目 | 土石方明挖/m³ | 石方洞挖/m³ | 土石填筑/m³ | 混凝土/m³ | 钢筋/t | 帷幕灌浆/m | 固结灌浆/m |
| --- | --- | --- | --- | --- | --- | --- | --- | --- |
| 1 | 2 | 3 | 4 | 5 | 6 | 7 | 8 | 9 |
| | | | | | | | | |

6. 主体工程主要材料用量汇总表（表6.6）

表 6.6　　　　　　　　　　　主体工程主要材料用量汇总表

| 编号 | 工程项目 | 水泥/t | 钢筋（含锚杆）/t | 钢材/t | 木材/m³ | 炸药/t | 沥青/t | 粉煤灰/t | 汽油/t | 柴油/t |
|---|---|---|---|---|---|---|---|---|---|---|
| 1 | 2 | 3 | 4 | 5 | 6 | 7 | 8 | 9 | 10 | 11 |
| | | | | | | | | | | |

7. 主体工程工时数量汇总表（表6.7）

表 6.7　　　　　　　　　　主体工程工时数量汇总表

| 编号 | 项目名称 | 工时数量 | 备注 |
|---|---|---|---|
| 1 | 2 | 3 | 4 |
| | | | |

8. 主要补偿补助及专业工程单价汇总表（表6.8）

表 6.8　　　　　　　　主要补偿补助及专业工程单价汇总表

| 编号 | 项目名称 | 单位 | 单价 | 备注 |
|---|---|---|---|---|
| 1 | 2 | 3 | 4 | 5 |
| | | | | |

### 6.1.2.3　附件

（1）枢纽工程概算计算书。

1）人工预算单价计算表。

2）主要材料运输费用计算表。

3）主要材料预算价格计算表。

4）其他材料预算价格计算表。

5）施工用电价格计算书。

6）施工用水价格计算书。

7）施工用风价格计算书。

8）补充定额计算书。

9）补充施工机械台时费计算书。

10）砂石料单价计算书。

11）混凝土材料单价计算表。

12）建筑工程单价计算表。

13）安装工程单价计算表。

14）主要设备运杂费率计算书。

15）施工及建设管理用房屋建筑工程投资计算书。

16）电厂定员计算书。

17）环境保护和水土保持专项工程专业投资计算书。

18）安全监测工程、劳动安全与工业卫生等项目专项投资计算书。

19）其他计算书。

（2）建设征地移民安置补偿概算计算书。

1）主要农产品、林产品和副产品的单位面积产量及单价汇总表。

2）主要材料预算价格汇总表。

3）土地补偿补助分析计算书。

4）房屋及附属建筑物重建补偿单价分析计算书。

5）未进行设计的零星工程项目单价分析计算书。

6）其他补偿单价分析计算书。

7）有关建设征地移民安置补偿概算编制依据的文件、资料、专题概算计算书等。

（3）独立费用概算计算书。

1）独立费用计算书。

2）勘察设计费计算表（单独成册，随设计概算报审）。

（4）其他。

1）分年度投资计算表。

2）资金流量计算表。

3）基本预备费分析计算书。

4）价差预备费计算书。

5）建设期利息计算书。

6）其他计算书。

## 6.1.3　概算附件

概算附件包括主要材料运杂费用计算表、主要材料预算价格计算表、混凝土材料单价计算表、工程单价表、分年度投资计算表和资金流量计算表共 6 个表格。

1. 主要材料运杂费用计算表（表 6.9）

表 6.9　　　　　　　　　　　　　　　主要材料运杂费用计算表

| 编　号 | 1 | 2 | 3 | 4 | 材料名称 | | | 材料编号 | |
|---|---|---|---|---|---|---|---|---|---|
| 交货条件 | | | | | 运输方式 | 火车 | 汽车 | 船运 | 火车 |
| 交货地点 | | | | | 货物等级 | | | 整车 | 零担 |
| 交货比例/% | | | | | 装载系数 | | | | |
| 编号 | 运杂费用项目 | | | 运输起讫地点 | | 运输距离/km | | 计算公式 | 合计/元 |
| 1 | 铁路运杂费 | | | | | | | | |
| | 公路运杂费 | | | | | | | | |
| | 水路运杂费 | | | | | | | | |
| | 场内运杂费 | | | | | | | | |
| | 综合运杂费 | | | | | | | | |
| | 每吨运杂费 | | | | | | | | |

**2. 主要材料预算价格计算表（表 6.10）**

表 6.10 　　　　　　　　　主要材料预算价格计算表

| 编号 | 名称及规格 | 单位 | 原价依据 | 单位毛重/t | 每吨运费/元 | 价　格/元 | | | | | | |
|---|---|---|---|---|---|---|---|---|---|---|---|---|
| | | | | | | 原价 | 运杂费 | 保险费 | 运到工地仓库价格 | 采购及保管费 | 包装品回收值 | 预算价格 |
| | | | | | | | | | | | | |

**3. 混凝土材料单价计算表（表 6.11）**

表 6.11 　　　　　　　　混凝土材料单价计算表

| 编号 | 混凝土强度等级 | 水泥标号 | 级配 | 预　算　量 | | | | | | 单价/(元/m³) |
|---|---|---|---|---|---|---|---|---|---|---|
| | | | | 水泥/kg | 掺合料/kg | 砂/m³ | 石子/m³ | 外加剂/kg | 水/kg | |
| | | | | | | | | | | |

**4. 工程单价表（表 6.12）**

表 6.12 　　　　　　　　工 程 单 价 表

定额编号：

施工方法：

| 编号 | 名　称　及　规　格 | 单位 | 数量 | 单价/元 | 合计/元 |
|---|---|---|---|---|---|
| | | | | | |
| | | | | | |
| | | | | | |

**5. 分年度投资计算表（表 6.13）**

表 6.13 　　　　　　　　分 年 度 投 资 计 算 表

| 编号 | 项 目 名 称 | 合计 | 建 设 工 期 | | | | | |
|---|---|---|---|---|---|---|---|---|
| | | | 第 1 年 | 第 2 年 | 第 3 年 | 第 4 年 | 第 5 年 | …… |
| 第一部分 | 枢纽工程 | | | | | | | |
| 一 | 施工辅助工程 | | | | | | | |
| | …… | | | | | | | |
| 二 | 建筑工程 | | | | | | | |
| | …… | | | | | | | |
| 三 | 环境保护和水土保持专项工程 | | | | | | | |
| 四 | 设备安装工程 | | | | | | | |
| | …… | | | | | | | |

续表

| 编号 | 项目名称 | 合计 | 建设工期 | | | | | |
|---|---|---|---|---|---|---|---|---|
| | | | 第1年 | 第2年 | 第3年 | 第4年 | 第5年 | …… |
| 五 | 永久设备 | | | | | | | |
| | …… | | | | | | | |
| 第二部分 | 建设征地移民安置补偿 | | | | | | | |
| 一 | 水库淹没影响区补偿 | | | | | | | |
| | …… | | | | | | | |
| 二 | 枢纽工程建设区补偿 | | | | | | | |
| 第三部分 | 独立费用 | | | | | | | |
| | …… | | | | | | | |
| | 一至三部分合计 | | | | | | | |
| | 基本预备费 | | | | | | | |
| | 工程静态投资 | | | | | | | |

注　第二列至少应填至项目划分第二级项目。

### 6. 资金流量计算表（表6.14）

表6.14　　　　　　　　　　　资金流量计算表

| 编号 | 项目名称 | 合计 | 建设工期 | | | | | |
|---|---|---|---|---|---|---|---|---|
| | | | 第1年 | 第2年 | 第3年 | 第4年 | 第5年 | …… |
| 第一部分 | 枢纽工程 | | | | | | | |
| 一 | 施工辅助工程 | | | | | | | |
| 1 | ×××工程 | | | | | | | |
| | 分年完成投资 | | | | | | | |
| | 预付款 | | | | | | | |
| | 预付款扣回 | | | | | | | |
| | 质量保证金 | | | | | | | |
| | 质量保证金退还 | | | | | | | |
| 2 | ×××工程 | | | | | | | |
| | …… | | | | | | | |
| 二 | 建筑工程 | | | | | | | |
| | …… | | | | | | | |
| 三 | 环境保护和水土保持专项工程 | | | | | | | |
| | …… | | | | | | | |
| 四 | 设备安装工程 | | | | | | | |
| | …… | | | | | | | |

| 编 号 | 项 目 名 称 | 合计 | 建 设 工 期 | | | | | |
|---|---|---|---|---|---|---|---|---|
| | | | 第 1 年 | 第 2 年 | 第 3 年 | 第 4 年 | 第 5 年 | …… |
| 五 | 永久设备 | | | | | | | |
| 1 | ×××设备 | | | | | | | |
| | …… | | | | | | | |
| 第二部分 | 建设征地移民安置补偿 | | | | | | | |
| 一 | 水库淹没影响区补偿 | | | | | | | |
| 二 | 枢纽工程建设区补偿 | | | | | | | |
| 第三部分 | 独立费用 | | | | | | | |
| | 一至三部分合计 | | | | | | | |
| | 基本预备费 | | | | | | | |
| | 工程静态投资 | | | | | | | |
| | 价差预备费 | | | | | | | |
| | 建设期利息 | | | | | | | |
| | 工程总投资 | | | | | | | |
| | 工程开工至第一台（批）机组发电期内静态投资 | | | | | | | |
| | 工程开工至第一台（批）机组发电期内总投资 | | | | | | | |

## 6.2 建筑工程概算编制

### 6.2.1 编制方法

本部分按主体建筑工程、交通工程、房屋建筑工程和其他工程分别按不同的方法进行编制。

### 6.2.2 主体建筑工程概算编制

（1）主体建筑工程投资按设计工程量乘以单价计算。

（2）主体建筑工程的项目划分，一级项目和二级项目均应执行水力发电工程项目划分的有关规定，三级项目可根据水力发电工程可行性研究编制规程的工作深度要求和工程实际情况增减项目。

（3）主体建筑工程量应遵照水电工程工程量计算规定计算。

（4）当设计主体建筑物混凝土施工有温控要求时，应根据温控措施设计，计算温控措施费用，也可以经过分析确定指标后，按建筑物混凝土方量乘以相应温控费用指标计算。

（5）细部结构工程应按设计资料计算该项投资。如无设计资料时，可根据坝型或电站型式，参照类似工程分析确定。

### 6.2.3　一般建筑工程概算编制

#### 6.2.3.1　交通工程

交通工程投资按设计工程量乘以单价计算，也可根据工程所在地区造价指标或有关实际资料按扩大单位指标编制。

#### 6.2.3.2　房屋建筑工程

（1）值班公寓及附属设施建筑面积。由设计单位根据工程规模并结合实际情况确定，单位造价指标采用工程所在地区规定的永久房屋造价指标。

（2）在就近城市建立的建设及生产运行管理基地、办公及生产调度设施根据设计规划的规模和当地的房屋造价指标计列（承担流域开发任务的项目应按投资分摊的原则计列），生活文化福利房屋建筑面积按电厂定员和以下人均综合指标控制，单位造价指标采用工程所在地区规定的永久房屋造价指标乘以 0.6 计算。

大型Ⅰ工程：60～65m²/人；大型Ⅱ工程：65～70m²/人；中型工程：70～75m²/人。

（3）基地土地征地费。根据设计确定的征地规模和土地征用标准计算。

（4）永久房屋建筑面积。在计算永久房屋建筑面积时，100 万 kW 及以上的大型水电站，需配备武警部队的，应考虑其营地建筑工程。

（5）室外工程可按房屋建筑工程投资的 10％～15％计算。

#### 6.2.3.3　其他工程

安全监测工程，水文、水情、泥沙监测工程，地震监测站（台）网工程，消防工程，劳动安全与工业卫生工程投资按专题报告设计工程量乘以单价计算。具体编制应执行相应专项投资编制细则。

动力线路、照明线路、通信线路等 3 项工程投资按设计工程量乘以单价计算或按扩大单位指标编制。其余各项按设计要求分析计算。

## 6.3　设备及安装工程概算编制

### 6.3.1　机电设备及安装工程

#### 6.3.1.1　设备费

设备费包括设备原价、运杂费、运输保险费、特大（重）件运输增加费、采购及保管费共 5 项。

1. 设备原价

（1）国产设备。国产设备以出厂价为原价，可根据厂家报价资料和市场价格水平分析确定。凡由国家各部委统一定价的定型产品，采用正式颁发的现行出厂价格；非定型和非标准产品，设计单位可根据向厂家索取的报价资料和当时的价格水平，经分析论证以后，确定设备价格。

（2）进口设备。进口设备以到岸价和进口征收的税金、手续费、商检费、港口费之和作为原价。到岸价采用与厂家签订的合同价或询价计算，有关税金和手续费等按规定计算。

（3）免征关税的设备。免征关税的设备应计列海关监管费，有关费率按相关规定计算。

（4）大型机组分瓣运至工地后的拼装费用应包括在设备价格内，如需设置拼装场，其建场费用应计入设备原价中。

2. 运杂费

设备运杂费分为主要设备运杂费和其他设备运杂费，均按占设备原价的百分率计算。

（1）主要设备运杂费率（表 6.15）。

表 6.15　　　　　　　　　主 要 设 备 运 杂 费 率　　　　　　　　　　%

| 设 备 分 类 | 铁　　路 | | 公　　路 | | 公路直达基本费率 |
|---|---|---|---|---|---|
| | 基本运距 1000km | 每增运 500km | 基本运距 50km | 每增运 10km | |
| 水轮发电机组 | 2.21 | 0.40 | 1.06 | 0.10 | 1.01 |
| 主阀、桥机、主变压器 | 2.99 | 0.70 | 1.85 | 0.18 | 1.33 |
| 120000kVA 及以上 | 3.50 | 0.56 | 2.80 | 0.25 | 1.20 |
| 120000kVA 以下 | 2.97 | 0.56 | 0.92 | 0.10 | 1.20 |

**注**　1. 设备由铁路直达或铁路、公路联运时，分别按里求得费率后叠加计算；如果设备由公路直达，应按公路里程计算费率后，再加公路直达基本费率。

　　2. 西藏地区项目可根据实际情况单独测算。

（2）其他设备运杂费率（表 6.16）。

表 6.16　　　　　　　　　其 他 设 备 运 杂 费 率

| 类别 | 适 用 地 区 | 费率/% |
|---|---|---|
| Ⅰ | 北京、天津、上海、江苏、浙江、江西、山东、安徽、湖北、湖南、河南、广东、山西、河北、陕西、辽宁、吉林、黑龙江等省（直辖市） | 5～7 |
| Ⅱ | 甘肃、云南、贵州、广西、四川、重庆、福建、海南、宁夏、内蒙古、青海等省（自治区、直辖市） | 7～9 |

**注**　西藏地区项目可根据实际情况单独测算。

3. 运输保险费

国产设备的运输保险费率可按工程所在省（自治区、直辖市）的规定计算，省（自治区、直辖市）无规定的，可按中国人民保险公司的有关规定计算。进口设备的运输保险费按相应规定计算。

4. 特大（重）件运输增加费

特大（重）件运输增加费可根据方案确定，在无资料的情况下也可按设备原价的 0.60%～1.50% 计算。

5. 采购及保管费

采购及保管费按设备原价、运杂费之和的 0.7% 计算。

6. 运杂综合费率

$$运杂综合费率＝运杂费率＋(1＋运杂费率)×采购及保管费率$$
$$＋运输保险费率＋特大（重）件运输增加费率 \qquad (6.1)$$

上述运杂综合费率适用于计算国产设备运杂费。进口设备的国内段运杂费应按上述国产设备运杂综合费率，乘以相应国产设备原价水平占进口设备原价的比例系数，调整为进口设备国内段运杂综合费率。

7. 交通工具购置费

计算方法：按表 6.17 所列设备数量和国产设备出厂价格加车船附加费、运杂费。

表 6.17　　　　　　　　　　　设备购置费数量指标

| 序号 | 设备名称 | 单位 | 装 机 容 量/万 kW | | | | |
|---|---|---|---|---|---|---|---|
| | | | ≤25 | 25～75 | 75～150 | 150～250 | ＞250 |
| 1 | 普通载重汽车 | 辆 | 2 | 2 | 3 | 3 | 3 |
| 2 | 吉普车 | 辆 | 1 | 2 | 3 | 3 | 4 |
| 3 | 面包车 | 辆 | 2 | 2 | 2 | 3 | 4 |
| 4 | 大客车 | 辆 | 2 | 2 | 2 | 2 | 3 |
| 5 | 救护车 | 辆 | 1 | 1 | 1 | 2 | 2 |
| 6 | 汽船 | 艘 | — | 1 | 2 | 2 | 2 |
| 7 | 木船 | 艘 | 1 | 2 | 3 | 3 | 4 |

引水式水电站可在表 6.17 指标之外增列一辆大（中）型客车。

### 6.3.1.2　安装工程费

该费按设计的设备清单工程量乘以安装工程单价计算。

安装工程单价为费率形式时，按定额计算出的安装费率适用于国产设备。进口设备的安装费率应按国产设备安装费率乘以相应国产设备原价水平占进口设备原价的比例系数，调整为进口设备安装费率。

梯级调度共用设备可按分摊原则，在相应项目中单独列项。

## 6.3.2　金属结构设备及安装工程

金属结构设备及安装工程概算编制方法和深度同机电设备及安装工程。

# 6.4　施工辅助工程概算编制

## 6.4.1　编制方法

施工辅助工程概算均是按设计工程量乘以单价进行编制，个别项目需要根据设计所选用的相应设施设备，采用工程所在地区造价指标或分析有关实际资料后确定。

### 6.4.2 各项施工辅助工程概算编制

施工辅助工程是指为辅助主体工程施工而修建的临时性工程。它由施工交通工程、施工供电工程等 15 个一级项目组成。

#### 6.4.2.1 施工交通工程

施工交通工程投资按设计工程量乘以单价计算，也可根据工程所在地区造价指标或有关实际资料按扩大单位指标编制。

投资计算范围包括施工场地内外为工程建设服务的临时交通设施工程，如公路、铁路、桥梁、施工支洞、架空索道、施工期间的通航和过木设施等。

#### 6.4.2.2 施工期通航工程

工程设施类费用按设计工程量乘以单价计算，也可以根据工程所在地区造价指标或有关实际资料按扩大单位指标编制；工程管理类费用按相关部门的规定计算。

投资计算范围包括通航配套设施、助航设施、货物过坝转运费、施工期通航整治维护费、施工期临时通航管理费、断碍航补偿费、施工期港航安全监督费等。

#### 6.4.2.3 施工供电工程

施工供电工程投资按设计工程量乘以单价计算，也可以依据设计的电压等级、线路架设长度及所需配备的变配电设施要求，采用工程所在地区造价指标或分析有关实际资料后按扩大单位指标确定。

投资计算范围包括从现有电网向场内施工供电的高压输电线路和施工场内受电的一级降压变（配）电设备进线端至最后一级降压变（配）电设备进线端之间的线路及供电设施工程。

#### 6.4.2.4 施工供水系统工程

施工供水系统工程投资按设计工程量乘以单价计算。

投资计算范围包括取水建筑物、水池以及输水干管敷设和移设等全部工程的土建和设备费，但水泵和水泵动力设备费除外。水泵和水泵动力设备费以及供水设施的维护费计入施工供水价格中。

#### 6.4.2.5 施工供风系统工程

施工供风系统工程投资按设计工程量乘以单价计算。

投资计算范围包括施工供风厂房建筑以及供风干管敷设、移设和拆除等全部工程的土建和设备费，但不包括空压机和动力设备费。空压机和动力设备费以及供风设施的维护费计入施工供风价格中。

#### 6.4.2.6 施工通信工程

施工通信工程投资依据设计所选用的施工通信方式和所需配备的相应设施，采用工程所在地区造价指标或分析有关实际资料后确定。

投资计算范围包括施工期所需的场内外通信设施、通信线路工程以及相关设施、线路的维护费等，但不包括由当地电信部门建设的设施及收取的话费等。

#### 6.4.2.7 施工管理信息系统工程

施工管理信息系统工程投资依据设计确定的规模和所需配备的相应设施，采用工程所在地区造价指标或分析有关实际资料后确定。

投资计算范围包括施工管理信息系统设施、设备、软件以及运行维护费。

#### 6.4.2.8　料场覆盖层清除及防护工程

料场覆盖层清除及防护工程投资按设计工程量乘以单价计算。

投资计算范围包括料场覆盖层清除、无用表层清除、夹泥层清除及料场防护费用。

#### 6.4.2.9　砂石料生产系统工程

砂石料生产系统工程投资按设计工程量乘以单价计算，也可根据工程所在地区造价指标或有关实际资料按扩大单位指标编制。

投资计算范围包括建造砂石骨料生产系统所需的建筑、钢构架及配套设施等，但不包括砂石系统设备购置、安装与拆除、砂石料加工运行费用等。

#### 6.4.2.10　混凝土拌和及浇筑系统工程

混凝土拌和及浇筑系统工程投资按设计工程量乘以单价计算，也可根据工程所在地区造价指标或有关实际资料按扩大单位指标编制。

投资计算范围包括建造混凝土拌和及浇筑系统所需的临时建筑工程及混凝土制冷、供热系统、钢构架、混凝土制冷、缆机平台等，但不包括拌和楼（拌和站）、制冷设备、制热设备、浇筑设备购置、安装与拆除以及运行费用等。

#### 6.4.2.11　导流工程

导流工程投资编制方法同主体建筑工程，按设计工程量乘以单价计算。

投资计算范围包括导流明渠、导流洞、施工围堰、截流工程以及蓄水期下游临时供水工程等。

#### 6.4.2.12　施工期安全监测工程

施工期安全监测工程投资按专题设计报告确定的工程项目和工程量乘以单价计算。

投资计算范围包括施工期安全监测设备及安装，系统施工期运行维护、观测资料整理分析以及配套的建筑工程。永临结合部分，其设备、设计费计入永久工程中，但施工期的观测资料整理、分析费用计入该项。

#### 6.4.2.13　施工期水情测报工程

施工期水情测报工程投资按设计工程量乘以单价计算或依据设计确定的规模和所需配备的相应设施经分析后确定。

投资计算范围包括施工期水情测报设备及安装，系统施工期运行维护、观测资料整理分析与预报以及配套的建筑工程。永临结合的部分，其设备、设施费计入永久工程中，但施工期的观测资料整理、分析与预报费用计入该项。

#### 6.4.2.14　施工及建设管理用房屋建筑工程

施工及建设管理用房屋建筑工程是指在工程建设过程中兴建的临时房屋建筑工程，包括施工仓库及辅助加工厂、办公及生活文化福利建筑以及所需的场地平整。

施工仓库及辅助加工厂指为工程建设而兴建和设备、材料、工器具仓库以及木材加工厂、钢筋加工厂、金属结构加工厂、机械修理厂、汽车修理厂、混凝土预制构件厂等。

临时房屋建筑工程投资编制方法如下：

（1）场地平整工程投资按设计工程量乘以单价计算。

（2）施工仓库及辅助加工厂按设计工程量乘以单价计算。

房屋建筑面积由施工组织设计确定。房屋建筑单位造价指标可采用所在地区的临时房屋造价指标（元/m²），也可以按实际资料确定。

（3）办公及生活文化福利建筑投资按公式（6.2）计算：

$$I = \frac{AUP}{NL}K_1K_2K_3 \tag{6.2}$$

式中：$I$ 为办公及生活文化福利建筑投资；$A$ 为建筑安装工作量，按工程项目划分中一至五项建筑安装工作量（不包括临时办公及生活营地和其他施工辅助工程）之和计算；$U$ 为人均建筑面积综合指标，按 12～16m²/人计算，东北、西北、华北地区以及施工年限在 5 年以上的工程，取中值或大值，其他地区及施工年限在 5 年以下的工程取小值或中值；$P$ 为单位造价指标，采用工程所在地的永久房屋造价指标（元/m²）；$N$ 为施工年限，按施工组织设计确定的合理工期计算；$L$ 为全员劳动生产率，根据工程所在地区、枢纽型式、工程规模和编制年价格水平分析确定，2002 年价格水平，一般不低于 10 万元/（人·a）；$K_1$ 为施工高峰人数调整系数，取 1.1；$K_2$ 为室外工程系数，取 1.1（大量的开挖和回填土建工程应包括在场地平整内）；$K_3$ 为单位造价指标调整系数，按不同施工年限采用不同的系数（见表 6.18），如果建设管理办公及生活营地与现场生产运行管理房屋统一规划建设时，应按具体项目和规模列入建筑工程的房屋建筑工程项下。

表 6.18                    单位造价指标调整系数表

| 工期 | 5 年以内 | 6～8 年 | 9～11 年 | 11 年以上 |
|---|---|---|---|---|
| 系数 | 0.60 | 0.70 | 0.80 | 0.90 |

### 6.4.2.15 其他施工辅助工程

可行性研究阶段设计概算中其他施工辅助工程主要包括施工场地平整，施工临时支撑，地下施工通风，施工排水，大型施工机械安装拆卸，大型施工排架、平台，施工区封闭管理，施工场地整理，施工期防汛、防冰工程，施工期沟水处理工程等。其费用标准见表 6.19。

表 6.19              其他施工辅助工程费费率表（可行性研究阶段适用）

| 计费类别 | 计算基础 | 费率/% |
|---|---|---|
| 其他施工辅助工程投资 | 除其他施工辅助工程投资以外的施工辅助工程投资 | 5～20 |

**注** 如有费用高、工程量大的项目，可根据工程实际情况单独列项处理，并相应减小上述百分率，具体费率根据实际情况分析确定。

预可行性研究阶段投资估算中其他施工辅助工程主要包括施工供水系统，施工供风系统，施工通信工程，施工管理信息系统，料场覆盖层清除及防护，砂石料生产系统，混凝土生产及浇筑系统（含缆机平台），施工场地平整，施工临时支撑，地下施工通风，施工期沟水处理，施工排水，大型施工机械安装拆卸，大型施工排架、平台，临时安全监测工程，临时水文测报工程，施工区封闭管理，施工场地整理，施工期防汛、防冰工程等。其工程投资按建筑及安装工程投资（不含其他施工辅助工程投资）的百分率计算。其费用标准见表 6.20。

表 6.20　　　　　其他施工辅助工程费费率表（预可行性研究阶段适用）

| 序号 | 工 程 分 类 | 计 算 基 础 | 费率/% |
|---|---|---|---|
| 一 | 常规电站 | 除其他施工辅助工程投资以外的建筑及安装工程投资 | |
| 1 | 当地材料坝 | | 4.5~6.5 |
| 2 | 混凝土坝 | | 6~8 |
| 二 | 抽水蓄能电站 | | 4~6 |

注　工程规模大、投资高的项目取小值，反之取大值。

## 6.5　其他费用概算编制

### 6.5.1　前期工程费

管理性费用和进行规划、预可行性研究勘察设计工作所发生的费用可根据项目实际发生情况和有关规定分析计列。

预可行性研究勘察设计工作所发生的费用按《水利、水电、电力建设项目前期工作工程勘察收费暂行规定》（发改价格〔2006〕1352 号）和《工程勘测设计收费管理规定》（计价格〔2002〕10 号）的有关规定计算。

### 6.5.2　工程建设管理费

该费指建设项目法人为保证工程项目管理、建设征地补偿和移民安置工作的正常进行，从工程筹建至竣工验收全过程所需的管理费用。其费用标准见表 6.21。

表 6.21　　　　　　　　　　工程建设管理费费率表

| 序号 | 计 费 类 别 | 计 算 基 础 | 费率/% |
|---|---|---|---|
| 1 | | 建筑安装工程费 | 2.5~3.0 |
| 2 | 工程建设管理费 | 工程永久设备费 | 0.6~1.2 |
| 3 | | 建设征地移民安置补偿费 | 0.5~1.0 |

注　1. 按建筑安装工程费计算部分，工程规模大的取小值，反之取大值。
　　2. 按工程永久设备费计算部分，采用进口设备的项目取小值，其他项目根据工程情况选取中值或大值。

### 6.5.3　建设征地移民安置补偿管理费

该费指地方移民机构为保证建设征地补偿和移民安置实施工作的正常进行所发生的管理设备购置费、人员经常费和其他管理性费用，地方政府为配合移民安置规划工作的开展所发生的费用，以及用于提高农村移民生产技能、文化素质和移民干部管理水平的移民技术培训费等。其费用标准见表 6.22。

表 6.22　　　　　　　建设征地移民安置补偿管理费费率表

| 序号 | 计 费 类 别 | 计 算 基 础 | 费率/% |
|---|---|---|---|
| 1 | 移民安置规划配合工作费 | 建设征地移民安置补偿费 | 0.5~1.0 |
| 2 | 实施管理费 | 建设征地移民安置补偿费 | 3.0~4.0 |
| 3 | 移民技术培训费 | 农村部分补偿费 | 0.5 |

### 6.5.4 工程建设监理费

该费指建设项目开工后，根据工程建设管理的实施情况，聘任监理单位在工程建设过程中对枢纽工程建设（含环境保护和水土保持专项工程）的质量、进度和投资进行监理，以及对设备监造所发生的全部费用。其费用标准见表6.23。

表 6.23　　　　　　　　工程建设监理费费率表

| 序号 | 计 费 类 别 | 计 算 基 础 | 费率/% |
|---|---|---|---|
| 1 | 工程建设监理费 | 建筑安装工程费 | 1.68～2.71 |
| 2 | | 工程永久设备费 | 0.4～0.7 |

注　1. 按建筑安装工程费计算部分，工程规模大的取小值，反之取大值。
　　2. 按工程永久设备费计算部分，采用进口设备的项目取小值，其他项目根据工程情况选取中值或大值。

### 6.5.5 移民综合监理费

该费指对建设征地补偿和移民安置进行综合监理所发生的全部费用。其费用标准见表6.24。

表 6.24　　　　　　　　移民综合监理费费率表

| 序号 | 计 费 类 别 | 计 算 基 础 | 费率/% |
|---|---|---|---|
| 1 | 移民综合监理费 | 建设征地移民安置补偿费 | 1.0～2.0 |

### 6.5.6 咨询服务费

该费指项目法人根据国家有关规定和项目建设管理的需要，委托有资质的咨询机构或聘请专家对枢纽工程勘察设计、建设征地补偿和移民安置规划设计、融资、环境影响以及建设管理等过程中有关技术、经济和法律问题进行咨询服务所发生的有关费用。其费用标准见表6.25。

表 6.25　　　　　　　　咨询服务费费率表

| 序号 | 计 费 类 别 | 计 算 基 础 | 费率/% |
|---|---|---|---|
| 1 | 咨询服务费 | 建筑安装工程费 | 0.5～1.33 |
| | | 工程永久设备费 | 0.35～0.85 |
| | | 建设征地移民安置补偿费 | 0.5～1.20 |

注　1. 按建筑安装工程费计算部分，技术复杂、建设难度大的项目取大值，反之取小值。
　　2. 按工程永久设备费计算部分，采用进口设备的项目取小值，其他项目根据工程情况选取中值或大值。

### 6.5.7 项目技术经济评审费

该费指项目法人依据国家颁布的法律、法规、行业规定，委托有资质的机构对项目的安全性、可靠性、先进性、经济性进行评审所发生的费用。其费用标准见表6.26。

表 6.26　　　　　　　　项目技术经济评审费费率表

| 序号 | 计费额/万元 | 计 算 基 础 | 费率/% |
|---|---|---|---|
| 1 | 50000 | 建筑安装工程费、工程永久设备费之和或建设征地移民安置补偿费 | 0.50 |
| 2 | 100000 | | 0.43 |
| 3 | 200000 | | 0.35 |

续表

| 序号 | 计费额/万元 | 计 算 基 础 | 费率/% |
|---|---|---|---|
| 4 | 500000 | | 0.26 |
| 5 | 1000000 | 建筑安装工程费、工程永久设备费之和或建设征地移民安置补偿费 | 0.20 |
| 6 | 2000000 | | 0.15 |
| 7 | 5000000 | | 0.10 |

注　计费额在 50000 万元及以下的按费率 0.50％计算，计费额在 50000 万～5000000 万元的按表中费率内插计算，计费额在 5000000 万元以上的按费率 0.10％计算。

### 6.5.8　工程质量监督检测费

该费指各级质量检测机构对工程质量监督、检查、检测而发生的费用。其费用标准见表 6.27。

表 6.27　　　　　　　　　　　工程质量监督检测费费率表

| 序号 | 计费额/万元 | 计 算 基 础 | 费率/% |
|---|---|---|---|
| 1 | 50000 | | 0.38 |
| 2 | 100000 | | 0.35 |
| 3 | 200000 | | 0.32 |
| 4 | 500000 | 建筑安装工程费 | 0.25 |
| 5 | 1000000 | | 0.18 |
| 6 | 2000000 | | 0.12 |
| 7 | 5000000 | | 0.08 |

注　计费额在 50000 万元及以下的按费率 0.38％计算，计费额在 50000 万～5000000 万元的按表中费率内插计算，计费额在 5000000 万元以上的按费率 0.080％计算。

### 6.5.9　行业定额标准编制管理费

该费指根据国家发展改革委（国家能源局）授权（委托）编制、管理水电工程定额与造价和维持工作体系正常运转所需要的工作经费。其费用标准见表 6.28。

表 6.28　　　　　　　　　　　行业定额标准编制管理费费率表

| 序号 | 计费额/万元 | 计 算 基 础 | 费率/% |
|---|---|---|---|
| 1 | 50000 | | 0.15 |
| 2 | 100000 | | 0.12 |
| 3 | 200000 | | 0.10 |
| 4 | 500000 | 建筑安装工程费 | 0.08 |
| 5 | 1000000 | | 0.06 |
| 6 | 2000000 | | 0.05 |
| 7 | 5000000 | | 0.04 |

注　计费额在 50000 万元及以下的按费率 0.15％计算，计费额在 50000 万～5000000 万元的按表中费率内插计算，计费额在 5000000 万元以上的按费率 0.04％计算。

## 6.5.10　项目验收费

该费指根据国家有关规定进行各阶段工程验收所发生的费用。其费用标准见表 6.29。

表 6.29　　　　　　　　　　　　项目验收费费率表

| 序号 | 计费额/万元 | 计 算 基 础 | 费率/% |
|---|---|---|---|
| 1 | 50000 | 建筑安装工程费、工程永久设备费之和或建设征地移民安置补偿费 | 0.90 |
| 2 | 100000 | | 0.68 |
| 3 | 200000 | | 0.50 |
| 4 | 500000 | | 0.30 |
| 5 | 1000000 | | 0.20 |
| 6 | 2000000 | | 0.15 |
| 7 | 5000000 | | 0.10 |

注　1. 计费额在 50000 万元及以下的按费率 0.90% 计算，计费额在 50000 万～5000000 万元的按表中费率内插计算，计费额在 5000000 万元以上的按费率 0.10% 计算。

　　2. 西藏地区的项目，枢纽工程验收工作经费调整系数按 1.3 计算。

## 6.5.11　生产准备费

该费指建设项目法人为准备正常的生产运行所发生的费用。常规水电站按表 6.30 的费用标准计算。抽水蓄能电站除按表 6.30 的标准计算外，机组并网调试补贴费根据装机容量，按 15～25 元/kW 计算。单机规模小的取大值，反之取小值。初期蓄水费根据具体工程需要另行计算。

表 6.30　　　　　　　　　　　　生产准备费费率表

| 序号 | 计 费 类 别 | 计 算 基 础 | 费率/% |
|---|---|---|---|
| | 生产准备费 | 工程永久设备费 | 1.1～2.1 |

注　建设规模小或机组台数少的项目取大值，反之取小值。

## 6.5.12　施工科研试验费

该费指在工程建设过程中为解决工程技术问题，或在移民安置实施阶段为解决项目建设征地移民安置的技术问题而进行必要的科学研究试验所需的费用。

费用标准见表 6.31。

表 6.31　　　　　　　　　　　　施工科研试验费费率表

| 序号 | 计 费 类 别 | 计 算 基 础 | 费率/% |
|---|---|---|---|
| 1 | 施工科研试验费 | 建筑安装工程费 | 0.5 |

注　如工程规模巨大，技术难度高，或在移民安置实施阶段根据设计要求，需进行重大、特殊专项科学研究试验的，可按研究试验工作项目和数量单独计列费用。

### 6.5.13 价差预备费

根据水电工程建设特点和建设市场情况，按年度价格指数的 2% 计算价差预备费。

## 6.6 水库淹没处理补偿概算编制

### 6.6.1 农村移民安置补偿费

（1）搬迁补偿费。按设计工程量乘以单价计算。
（2）移民点基础设施建设费。按设计工程量乘以单价计算。
（3）征用土地费。按设计补偿量乘以单价计算。

### 6.6.2 城镇迁建补偿费

（1）搬迁补偿费。按设计工程量乘以单价计算。
（2）城镇基础设施建设费。按设计工程量乘以单价计算。

### 6.6.3 专业项目恢复改建费

#### 6.6.3.1 工矿企业迁建费
该费按设计工程量乘单价计算。

#### 6.6.3.2 工程项目复建费
（1）铁路工程。按设计路线长度乘以单价计算。
（2）公路工程。按设计路线长度乘以单价计算。
（3）航运。按设计工程量乘以单价计算。
（4）水利工程。按设计工程量乘以单价计算。
（5）电力工程。按设计工程量乘以单价计算。
（6）电信工程。按设计工程量乘以单价计算。
（7）广播电视工程。按设计工程量乘以单价计算。

#### 6.6.3.3 库周交通建设费
该费按设计工程量乘以单价计算。

#### 6.6.3.4 文物古迹保护费
该费按设计工程量乘以单价计算。

#### 6.6.3.5 防护工程建设费
该费按设计工程量乘以单价计算。

### 6.6.4 库区清理费

（1）建筑物清理。按设计工程量乘以单价计算。
（2）卫生清理。按设计工程量乘以单价计算。
（3）坟墓清理。按设计工程量乘以单价计算。
（4）林地清理。按水库淹没的园地和林地数量乘以林地清理单价计算。

（5）其他清理。按设计工程量乘以单价进行计算。

（6）环境保护和水土保持费。按设计工程量乘以单价计算，也可根据工程所在地区造价指标或有关实际资料，采用扩大单位指标编制。

## 6.7 总概算编制

### 6.7.1 总概算表

在枢纽工程概算及水库淹没处理补偿概算分别编制完成之后，编制工程总概算。工程总概算按表 6.32 进行编制。

表 6.32　　　　　　　　　　　工 程 总 概 算 表

| 编号 | 项 目 名 称 | 投　资/万元 | 占总投资比例/% |
|---|---|---|---|
| Ⅰ | 枢纽工程 | | |
| 一 | 施工辅助工程 | | |
| 二 | 建筑工程 | | |
| 三 | 环境保护和水土保持专项工程 | | |
| 四 | 机电设备及安装工程 | | |
| 五 | 金属结构设备及安装工程 | | |
| Ⅱ | 建设征地移民安置补偿 | | |
| 一 | 水库淹没影响区补偿 | | |
| 二 | 枢纽工程建设区补偿 | | |
| Ⅲ | 独立费用 | | |
| 一 | 项目建设管理费 | | |
| 二 | 生产准备费 | | |
| 三 | 科研勘察设计费 | | |
| 四 | 其他税费 | | |
| | Ⅰ～Ⅲ部分合计 | | |
| Ⅳ | 基本预备费 | | |
| | 工程静态投资（Ⅰ～Ⅳ部分合计） | | |
| Ⅴ | 价差预备费 | | |
| Ⅵ | 建设期利息 | | |
| | 总投资（Ⅰ～Ⅵ部分合计） | | |
| | 开工至第一台机组发电期内静态投资 | | |
| | 开工至第一台机组发电期内总投资 | | |

### 6.7.2　基本预备费与静态总投资

#### 6.7.2.1　基本预备费

基本预备费按枢纽工程、建设征地移民安置补偿、独立费用三部分投资合计的百分率计算。基本预备费费率应根据工程规模、施工年限、水文、气象、地质等技术条件，以及建设征地移民安置规模和难度，对各类工程和项目进行风险分析后综合确定。一般情况下在概算阶段宜在 6%～10% 范围内。

#### 6.7.2.2　价差预备费

价差预备费不分设计阶段，按工程静态投资和国家规定的物价指数计算。计算期从工程筹建至工程竣工。

根据国家计委计建设〔1996〕1154 号文的规定，并结合水力发电工程的特点，年平均物价上涨指数按 5%～7% 计算。根据《国家计委关于加强对基本建设大中型项目概算中"价差预备费"管理有关问题的通知》（计投资〔1999〕1340 号）的精神，并结合水电工程的特点，2002 年暂不计列价差预备费。

价差预备费计算公式为

$$E = \sum_{n=1}^{N} F_n \left[ (1+P)^{n-1} - 1 \right] \tag{6.3}$$

式中：$E$ 为价差预备费；$N$ 为建设工期 ；$n$ 为施工年度；$F_n$ 为第 $n$ 年的分年投资；$P$ 为年平均物价指数。

#### 6.7.2.3　静态总投资的计算

总概算表（表 6.32）中 Ⅰ～Ⅲ 部分投资与基本预备费之和构成静态总投资

### 6.7.3　动态投资

静态总投资、价差预备费、建设期贷款利息之和构成动态投资。

### 6.7.4　工程总投资

工程的动态投资即为工程总投资。表 6.32 中 Ⅰ～Ⅲ 部分投资、基本预备费、价差预备费、建设期贷款利息之和构成总投资，可按下列顺序计列：

（1）表 6.32 中 Ⅰ～Ⅲ 部分投资合计。

（2）基本预备费。

（3）静态总投资。

（4）价差预备费。

（5）建设期贷款利息。

（6）总投资。

（7）开工至第一台机组发电期内静态总投资。

（8）开工至第一台机组发电期内总投资。

# 6.8 其他各类预算编制

## 6.8.1 概述

投资估算是预可行性研究报告的重要组成部分，是国家为选定近期开发项目作出科学决策和批准进行可行性研究设计的重要依据。

水电工程预可行性投资估算与可行性研究设计概算在项目划分和费用构成上基本相同，鉴于两者设计深度上的不同，投资估算可根据有关编制规程的规定，对设计概算编制办法和计算标准中的部分内容及计算方法进行适当简化、合并或调整。

## 6.8.2 投资估算编制

### 6.8.2.1 枢纽工程

1. 基础价格

编制方法同设计概算。

2. 建筑及安装工程估算单价

主要建筑及安装工程估算单价编制与设计概算单价相同。考虑到投资估算编制工作的深度和精度，一般在采用概算定额时乘以 1.05 的阶段扩大系数。

3. 分部工程估算

（1）施工辅助工程。施工交通工程、施工供电工程、导流工程、施工及建设管理用房屋建筑工程等项目编制与设计概算基本相同，其他施工辅助工程可按一至五项建筑安装工作量（不含本身）之和的百分比计算。

（2）建筑工程。主体建筑工程、交通工程和房屋建筑工程编制与设计概算基本相同，其他建筑工程可根据工程具体情况和规模按主体建筑工程投资的百分比计算。

（3）环境保护和水土保持专项工程。根据环境影响评价报告的结论意见和对不利影响提出的措施估列投资。

（4）机电设备及安装工程。主要机电设备及安装工程编制与设计概算基本相同，其他机电设备及安装工程可根据装机规模和工程复杂程度，按主要机电设备费的百分率或单位千瓦指标计算。

（5）金属结构设备及安装工程。编制方法与设计概算基本相同。

### 6.8.2.2 建设征地移民安置

以设计阶段所确定的建设征地和水库淹没实物指标为基础，结合移民安置去向，采用分项扩大指标估算补偿概算。

### 6.8.2.3 独立费用及其他

1. 独立费用

编制方法和计算标准与设计概算相同。

2. 分年度投资及资金流量

一般仅计算分年度投资，不计算资金流量。

3. 预备费

分析计算方法同设计概算。

4. 建设期贷款利息

计算方法同设计概算。

5. 估算表格

此表格与设计概算基本相同。

### 6.8.3 修正概算编制

在技术设计阶段，由于设计内容与初步设计的差异，设计单位应对投资进行具体核算，对初步设计概算进行修正而形成经济文件。其作用与设计概算相同。

初步设计概算和修正概算的编制依据相同，概算编制都应以现行规定和咨询价格为依据，不能随意套用作废或停止使用的资料和依据，以防概算失控、不准。概算编制的主要依据如下：

（1）批准的可行性研究报告。

（2）初步设计或技术设计图纸、设备材料表等有关技术文件。

（3）有关主管部门发布的设备、材料、工器具等价格文件。

（4）电力建设工程概算定额及编制说明。

（5）电力建设工程费用定额及有关文件。

（6）建设项目所在地政府发布的有关土地征用和赔补费用规定。

### 6.8.4 执行概算编制

执行概算编制应遵循"总量控制、合理调整"的基本原则。同时，执行概算各项目投资应结合工程实际情况，综合考虑工程项目实施中可能存在的各种风险，适当留有控制余地；执行概算的项目设置应满足项目建设管理要求，与设计、设备、监理、施工、材料招标的口径保持一致；执行概算的项目工程量应充分反映编制时最新的工程设计成果。

#### 6.8.4.1 执行概算编制项目的划分

执行概算的项目设置应满足工程实施管理要求，同时，为了便于与批准的设计概算进行对比分析，执行概算的项目一般划分为 3 个部分：第一部分为建设征地移民安置工程；第二部分为枢纽工程，包括施工准备工程，导流、主体建筑及安装采购工程，设备采购工程，专项采购工程，技术服务采购，建设管理费用，基本预备费和价差预备费；第三部分为建设期贷款利息。

#### 6.8.4.2 执行概算的组成

执行概算由编制说明、总执行概算表、单项执行概算表、分年度资金使用计划表、执行概算与设计概算分析对比表、执行概算与招标价分析对比表以及相应的附表、附件等组成。

#### 6.8.4.3 执行概算投资编制

（1）建设征地移民安置工程按主管部门批准的静态投资额度计列。

（2）施工准备工程，导流、主体建筑及安装工程应根据工程的实施进度分以下 3 种情况分别编制：

1）已完工程投资编制。按照实际结算投资计列，并计入业主供材差价。业主实际采购价格超过设计概算价格的部分计入价差预备费。

2）已招标在建项目投资编制。该部分项目投资由三部分构成：招标合同价、业主供材差价和预留费用。3项费用编制原则如下：

a. 招标合同价。按业主与承包商签订的合同价格剔除备用金后计列。

b. 业主供材差价。根据合同约定的边界条件，由业主以不变价格供应给承包商的主要材料等，与设计概算中预算价格的差额部分，按照材料的统计用量计算该项投资，称为业主供材差价。业主实际采购价格超过设计概算价格的部分计入价差预备费。

c. 预留费用。在建项目设置的预留费用主要用于解决该标段内项目设计条件与招标条件相比发生变化以及其他不可预见因素引起、但不属于重大设计变更的工程项目增减、工程量变化所导致的投资变化。预留费用的额度应根据各标段的具体情况进行分析后确定。

3）待招标项目投资编制。费用计算应结合该工程施工分标规划及预计业主可能拟定的招标边界条件，参考预算定额水平，考虑业主承担的材料价差及风险预留因素，测算待招标项目总费用。

## 6.8.5 施工图预算编制

施工图预算是指在施工图设计阶段，根据施工图纸、施工组织设计、国家颁布的预算定额和工程量计算规则、地区材料预算价格、施工管理费用标准、企业利润率、税金等，计算每项工程所需人力、物力和投资额的文件。它应在已批准的设计概算控制下进行编制。它是施工前组织物资、机具、劳动力，编制施工计划，统计完成工作量，办理工程价款结算，实行经济核算，考核工程成本，实行建筑工程包干和银行拨（贷）工程款的依据。它是施工图设计的组成部分，由设计单位（或中介机构、施工单位）在施工图完成后编制的。它的主要作用是确定单位工程项目造价，是考核施工图设计经济合理性的依据。一般建筑工程以施工图预算作为编制施工招标标底的依据。

水电工程施工图预算又可称项目管理预算，由编制说明、总预算、项目预算、其他计算书及附件组成。

### 6.8.5.1 编制说明

1. 工程概况

简述工程河系和兴建地点，对外交通条件，工程规模，工程效益，枢纽布置型式，资金比例，资金来源比例，主体工程主要工程量，主要材料量，主体工程施工总工时，施工高峰人数，建设总工期，开工建设至发挥效益工期，工程静态总投资，工程总投资，价差预备费，价格指数，建设期融资利息，融资利率，其他主要技术经济指标。

2. 施工图预算与设计概算的主要变动说明

说明工程量变动，单位、分部工程投资变动，工效变动，费率、标准变动，预留风险费用情况，以及其他应说明的内容。

3. 编制依据

具体说明编制施工图预算所依据的主要文件和规定。

#### 6.8.5.2　总预算表和项目预算表

（1）总预算表。

（2）建安工程采购项目预算表。

（3）设备采购项目预算表。

（4）专项工程采购项目预算表。

（5）技术服务采购项目预算表。

（6）地方政府包干项目预算表。

（7）项目法人管理费用项目预算表。

（8）预留风险费预算表。

#### 6.8.5.3　其他计算书表

（1）分年度投资表。

（2）分年度资金流量表。

（3）建筑工程单价汇总表。

（4）安装工程单价汇总表。

（5）主要材料预算价格汇总表。

（6）施工机械台时费用汇总表。

（7）主要费率、费用标准汇总表。

（8）主体工程主要工程量汇总表。

（9）主要材料、工时量汇总表。

（10）分类工程权数汇总表。

（11）施工图预算与设计概算投资对照表。

（12）施工图预算与设计概算工程量对照表。

#### 6.8.5.4　预算文件附件

（1）单价计算表。

（2）分类工程权数计算表。

（3）有关协议、文件。

（4）施工图预算表（可参见概算表）。

随着社会、经济和科学技术的发展，各种定额也是在变化的，在编制概预算时必须选用现行定额，目前水利系统大中型水利水电工程采用水利部 2002 年颁发的《水利建筑工程概算定额》（上、下册）、《水利水电设备安装工程概算定额》、《水利建筑工程预算定额》（上、下册）、《水利水电设备安装工程预算定额》、《水利工程施工机械台时费定额》以及 2013 年颁布的《水利工程设计概（估）算编制规定》；大中型水力发电工程采用国家电力公司 2002 年颁发的概预算定额和编制规定；中小型水利水电工程采用本地区的有关定额。在使用定额编制概预算的过程中，要密切注意现行定额的变化和有关费用标准、编制办法、规定的变化，做到始终采用现行定额和规定。

### 6.8.6　施工预算及两算对比

施工预算是指在施工阶段，施工单位为了加强企业内部经济核算、节约人工和材料、合理使用机械，在施工图预算的控制下，通过工料分析，计算拟建工程工、料和机具等需要量，并直接用于生产的技术经济文件。它是根据施工图的工程量、施工组织设计或施工方案和施工定额等资料进行编制的。

### 6.8.6.1 施工预算与施工图预算的对比

（1）实物对比法。对比两者的人工、材料、机械台班的数量。

（2）实物金额对比法。对比两者的人工费、材料费、机械台班费。

### 6.8.6.2 作用

施工预算与施工图预算是建筑企业加强经营管理的手段，通过对比分析，找出超支的原因，避免发生亏损。由于施工图预算定额与施工预算定额的定额水平不一样，施工预算的人工、材料、机械使用量及其相应的费用，一般应低于施工图预算。当出现相反情况时，要调查分析原因，必要时要改变施工方案。

# 思 考 题

1. 设计概算文件包含哪些内容？枢纽工程概算的组成是什么？

2. 不同建筑工程的概算编制存在哪些差异？

3. 工程建设监理费应该怎样计取？其费用标准是怎样的？

# 第7章 水电工程总投资编制

工程总概算是水电工程基本建设可行性研究报告中全面反映工程总投资的综合性文件，也是可行性研究报告的重要组成部分。工程总概算包括枢纽工程概算、建设征地移民安置补偿概算、独立费用概算、基本预备费概算、价差预备费概算和建设期利息概算6个部分，如图7.1所示。

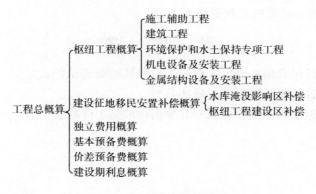

图7.1 工程总概算构成图

## 7.1 分年度投资

分年度投资是指根据施工组织设计确定的施工进度和工程建设期移民安置规划的安排，按国家现行统计口径计算出的各年度所完成的投资，是编制资金流量和计算预备费的基础。分年度投资应按概算项目投资和工程建设工期进行编制。工程建设工期包括工程筹建期、施工准备期、主体施工期和工程完建期4个阶段。

### 7.1.1 建筑工程分年度投资

（1）建筑工程（含施工辅助工程）分年度投资应根据施工总进度的安排，凡有单价和工程量的项目，应分年度进行计算；没有工程量和单价的项目，可根据工程进度和该项目各年度完成的工作量比例分析计算。

（2）建筑工程分年度投资至少应按二级项目中的主要工程项目进行编制，并反映各自的建筑工作量。例如：

1）交通工程。

a. 铁路工程。

b. 公路工程。

2）输水工程。

a. 引水明渠工程。

b. 进（取）水口工程。

3）其他工程。

## 7.1.2 环境保护和水土保持专项工程分年度投资

（1）各种环境保护、水土保持设施工程应按施工进度安排计算分年度投资。

（2）工程建设过程中采用的各种措施费用应根据施工进度安排分析编制分年度投资。

## 7.1.3 设备及安装工程分年度投资

设备及安装工程分年度投资应根据施工组织设计中设备安装及投产的日期进行编制。对于主要设备（一般指非标、大型、制造周期长的设备，如水轮发电机组、主阀、主变压器、桥机、门机、高压断路器或高压组合电器、金属结构闸门启闭设备等，具体包括的设备项目，应结合工程情况确定），应分别按不同设备安装完成日期编制分年度投资；其他设备统一按安装年编制分年度投资；设备运杂费按设备到货年编制分年度投资；安装费统一按安装完成年编制分年度投资。

设备及安装工程分年度投资至少应按二级项目中的主要工程项目进行编制。例如：

（1）发电设备及安装工程。

1）水轮机设备及安装工程。

2）发电机设备及安装工程。

（2）其他工程。

## 7.1.4 建设征地移民安置补偿分年度投资

根据农村部分、城市集镇部分、专业项目、库底清理、环境保护和水土保持专项工程的具体项目，各项费用的计划投入时间，按年度分别计算。

## 7.1.5 独立费用分年度投资

独立费用分年度投资根据费用的性质、发生的先后以及与施工时段的关系，按相应施工年度分别计算。

（1）工程前期费计入工程建设工期的第1年。

（2）工程建设管理费。

1）按建筑安装工程费计算的部分，根据建筑安装工程的分年度投资占总建筑安装投资的比例分摊。

2）按工程永久设备费计算的部分，在设备开始招标至设备安装完成的时段内分摊。

3）按建设征地移民安置补偿费计算的部分，根据建设征地移民安置补偿费的分年度投资比例分摊。

（3）建设征地移民安置补偿管理费按建设征地移民安置补偿费的分年度投资比例分摊。

（4）工程建设监理费参照工程建设管理费分年度投资编制方法编制。

（5）移民安置监督评估费根据建设征地移民安置补偿费的分年度投资比例及独立评估发生的时间分析计算。

（6）咨询服务费根据工程建设过程中需进行咨询服务的时间分析计算。

（7）项目技术经济评审费根据各种技术评审的时间分析计算。

（8）水电工程质量监督检测费按建筑安装工程的分年度投资占总建安投资比例计算。项目技术经济评估审查费根据各种技术评审的时间分析计算。

（9）行业定额标准编制管理费在工程准备期和主体工程施工期内合理安排。项目验收费根据项目验收时间分析计算。

（10）项目验收费根据项目验收时间分析计算。工程保险费按当年完成投资占各年完成投资之和的比例分摊。

（11）工程保险费按当年完成投资占各年完成投资之和的比例分摊。

（12）生产准备费在生产筹建开始至最后一台机组投产期内分摊。

（13）科研勘察设计费。

1）施工科研试验费在施工准备期和主体工程施工期内分摊。

2）勘察设计费按如下原则进行编制：

a. 可行性研究报告阶段的勘察设计费在工程筹建期内分年平均计算。

b. 招标设计阶段和施工图设计阶段的勘察设计费的 10% 作为设计提前收入，计入工程开工当年；从工程开工之日起至工程竣工之日止支付该项费用的 85%，费用分年平均分摊；剩余的 5%（即设计保证金）计入工程竣工年。

（14）其他税费。

1）耕地占用税等按建设征地的进度分年投入。

2）水土保持补偿费根据费用计划发生时间计算。

3）其他项目根据费用计划发生时间计算。

## 7.2　资金流量

### 7.2.1　资金流量的概念

资金流量是为满足建设项目在建设过程中各时段的资金需求，按工程建设所需资金投入时间编制的资金使用过程，是建设期利息的计算基础。

资金流量的编制以分年度投资为基础，按建筑安装工程、永久设备、建设征地移民安置补偿、独立费用 4 种类型分别计算。

### 7.2.2　建筑安装工程资金流量

建筑安装工程（包括施工辅助工程、建筑工程、环境保护和水土保持专项工程、设备安装工程）资金流量是在分年度投资的基础上，考虑工程预付款、预付款的扣回、质量保证金和质量保证金的退还等编制出的分年资金安排。在分年度投资项目的基础上，考虑工程的分标项目或按主要的一级项目，以归类分项划分后的各年度建筑安装工程费作为计算资金流量的依据。

#### 7.2.2.1 预付款

预付款分为分批支付和逐年支付两种形式，可根据单个标段或项目的工期合理选择。

（1）分批支付。按划分的单个标段或项目的建筑安装工程费的百分率计算。工期在3年以内的工程全部安排在第1年，工期在3年以上的可安排在前2年。

预付款的扣回从完成建筑安装工程费的一定比例起开始，按起扣以后完成建筑安装工作量的百分率扣回至预付款全部回收完毕为止。

对于需要购置特殊施工机械设备的标段或项目，预付款比例可适当加大。

（2）逐年支付。一般可按分年度投资中次年完成建筑安装工程费的一定百分率在本年提前支付，并于次年扣回，依此类推，直至该标段或项目完工。

#### 7.2.2.2 质量保证金

质量保证金按建筑安装工程费的百分率计算。在编制概算资金流量时，按标段或分项工程分年度完成建筑安装工程费的一定百分率扣留至质量保证金全部扣完为止，并将所扣留的保留金在该标段或分项工程终止后一年（如该年已超出总工期，则在工程的最后一年）的资金流量中退还。

### 7.2.3 永久设备资金流量

永久设备的资金流量计算，划分为主要设备和一般设备两种类型分别计算。

主要设备资金流量应根据计划招标情况和设备制造周期等因素计算，一般应遵循以下原则：

（1）签订订货合同年，支付一定的预付定金。

（2）设备投料期内，支付一定额度的材料预付款。

（3）设备本体及附件全部到现场，支付除预付款及质量保证金以外的全部设备价款。

（4）设备到货一年以后或合同规定的投产运行一年后，支付设备质量保证金，如该年已超出总工期，则此项保证金计入总工期的最后一年。

（5）分期分批招标时，应根据设备的制造和到货时间，叠加计算。

### 7.2.4 建设征地移民安置补偿资金流量

该资金流量以分年度投资表为依据，按征地和移民工程建设所需资金投入时间进行编制。

### 7.2.5 独立费用资金流量

#### 7.2.5.1 勘察设计费

按以下原则进行编制：

（1）可行性研究报告阶段。以工程筹建之日起至第一台机组发电之日止为计算周期，费用分年平均计算。

（2）招标设计阶段和施工图设计阶段。费用的10%作为设计提前收入，计入工程筹建期第1年资金流量内；从工程筹建之日起至工程竣工之日止为计算周期，支付85%的勘察设计费用，费用分年平均计算；剩余5%的勘察设计费用（即设计保证金）计入工程竣工年资金流量内。

#### 7.2.5.2　其他费用项目

按分年度投资的资金安排计算。

## 7.3　预备费

预备费指在设计阶段难以预测而在建设施工过程中又可能发生的、规定范围内的费用，以及工程建设期内可能发生的价格和其他各种费用标准调整变动增加的投资，包括基本预备费和价差预备费两项。

### 7.3.1　基本预备费

基本预备费指用以解决可行性研究设计范围以内的设计变更（含施工过程中工程量变化、设备改型、材料代用等），预防自然灾害采取措施，以及弥补一般自然灾害所造成损失中工程保险未能补偿部分而预留的费用。

基本预备费按枢纽工程、建设征地移民安置补偿、独立费用三部分分别计算。各部分的基本预备费按工程项目划分中各分项投资的百分比计算。

枢纽工程的基本预备费费率应根据工程规模、施工年限、水文、气象、地质等技术条件，对各分项工程进行风险分析后确定。

建设征地移民安置补偿的基本预备费费率按其相应规定计取。

独立费用的基本预备费根据不同费用项目与枢纽工程、建设征地移民安置补偿的关联关系，分别采用相应的综合费率计算。

分年度基本预备费以对应项目的分年度投资为基础计算。

### 7.3.2　价差预备费

价差预备费指用以解决工程建设过程中，因国家政策调整、材料和设备价格上涨，人工费和其他各种费用标准调整、汇率变化等引起投资增加而预留的费用。

根据水电工程建设特点和建设市场情况，自 2008 年起，按年度价格指数 2% 计算价差预备费。

价差预备费应根据施工年限，以分年度投资（含基本预备费）为计算基础，按下列公式计算。

各年价格指数相同时，各年价差预备费计算公式为

$$E_i = F_i [(1+p)^{i-1} - 1] \tag{7.1}$$

各年价格指数不同时，各年价差预备费计算公式为

$$E_i = F_i [(1+p_2)(1+p_3)\cdots(1+p_i) - 1] \tag{7.2}$$

工程价差预备费为各年价差预备费之和，即

$$E = \sum_{i=1}^{N} E_i \tag{7.3}$$

以上式中：$E$ 为价差预备费；$E_i$ 为第 $i$ 年价差预备费；$N$ 为建设工期；$i$ 为施工年度；$F_i$

为第 $i$ 年的静态投资；$p$ 为平均价格指数（适用于各年价格指数相同时）；$p_i$ 为第 $i$ 年的价格指数（适用于各年价格指数不同时）。

价差预备费应从编制概算所采用的价格水平年的次年开始计算。

水电工程年度价格指数依据行业定额和造价管理机构颁布的有关规定执行。

## 7.4 建设期利息

建设期利息指为筹措工程建设资金在建设期内发生并按规定允许在投产后计入固定资产原值的债务资金利息，包括银行借款和其他债务资金的利息以及其他融资费用。其他融资费用是指某些债务融资中发生的手续费、承诺费、管理费、信贷保险费等。

建设期利息应根据项目投资额度、资金来源及投入方式，分别计算债务资金利息和其他融资费用。

### 7.4.1 资金来源

水电工程的资金来源主要有资本金、银行贷款、企业债券或其他债券等。根据《国务院关于固定资产投资项目试行资本金制度的通知》（国发〔1996〕35 号）的有关规定，电力项目资本金比例应不低于工程总投资的 20%。资本金投入方式一般包括按各年资金流量的固定比例、各年等额度资本金、优先使用资本金等。

### 7.4.2 计算方法

#### 7.4.2.1 债务资金利息计算

债务资金利息应从工程筹建期开始，以静态投资及建设期价差预备费之和扣除资本金后的现金流量为基础，按不同债务资金及相应利率逐年计算。资本金投入方式一般包括按各年资金流量的固定比例、各年等额度资本金、优先使用资本金等。

债务资金利息可按以下公式计算：

各年分类计息额度 = 计算年之前累计债务资金本息和＋当年债务资金额度÷2

或
$$S = \sum_{n=1}^{N} \left[ \left( \sum_{m=1}^{N} F_m b_m - 1/2 F_n b_n \right) + \sum_{m=0}^{n-1} S_m \right] i \tag{7.4}$$

式中：$S$ 为建设期还贷利息；$N$ 为建设工期；$n$ 为施工年度；$m$ 为还息年度；$F_n$、$F_m$ 分别为在建设期内的第 $n$、第 $m$ 年的分年度投资；$b_n$、$b_m$ 分别为第 $n$、第 $m$ 年的还息贷款占当年投资的比例；$i$ 为建设期贷款利率；$S_m$ 为第 $m$ 年的付息额度。

第一台（批）机组投产前发生的债务资金利息全部计入总投资，第一台（批）机组投产后发生的债务资金利息根据机组投产时间按其发电容量占总容量的比例进行分割后计入总投资，分割点为每台（批）机组投入商业运行时。其余部分计入生产经营成本。

#### 7.4.2.2 其他融资费用计算

其他融资费用，如某些债务融资中发生的手续费、承诺费、管理费、信贷保险费等，按相应规定分析测算，并计入建设期利息。

## 7.5　工程静态总投资

枢纽工程投资、建设征地移民安置补偿费用、独立费用和基本预备费之和构成工程静态总投资。

## 7.6　工程总投资

工程静态总投资、价差预备费、建设期利息之和构成工程总投资。

编制总概算表时，在第三部分费用之后，应顺序编列以下项目：

（1）工程项目划分一至三部分合计。

（2）基本预备费。

（3）工程静态总投资（编制年价格）。

（4）价差预备费。

（5）建设期利息。

（6）工程总投资。

（7）开工至第一台机组发电期内静态总投资。

（8）开工至第一台机组发电期内总投资。

## 7.7　工程总投资编制算例

**【例 7.1】**　已知：

（1）计息基数（静态总投资 ＋ 价差预备费－资本金）（见表 7.1）。

（2）年利率为 6.21％，每月投资均衡。

（3）机组台数为 3 台，第 1 台机组发电为第 3 年的 8 月 30 日，随后 2 台机组发电为 3 个月 1 台。

（4）试运行按 3 个月考虑。

**表 7.1**　　　　　　　　　　　　　　计 息 基 数 表

| 项　目 | 第 1 年 | 第 2 年 | 第 3 年 | 第 4 年 | 合　计 |
|---|---|---|---|---|---|
| 计息基数 | 14411.72 | 19587.05 | 20103.96 | 3583.48 | 57686.21 |

求：（1）不考虑分割时各年的建设期贷款利息。

（2）在考虑分割的情况下，不考虑试运行的各年的建设期贷款利息。

（3）考虑试运行时的各年的建设期贷款利息。

**解：**（1）$S_1 = \left[\left(F_1 b_1 - \frac{1}{2} F_1 b_1\right) + S_0\right] i = \frac{1}{2} F_1 b_1 i$

$$= \frac{1}{2} \times 14411.72 \times 6.21\% = 447.48（万元）$$

$$S_2 = \left[ \left( F_1 b_1 + F_2 b_2 - \frac{1}{2} F_2 b_2 \right) + S_1 \right] i$$

$$= \left[ \left( 14411.72 + 19587.05 - \frac{1}{2} \times 19587.05 \right) + 447.48 \right] \times 6.21\%$$

$$= 1530.93 \ (万元)$$

$$S_3 = \left[ \left( F_1 b_1 + F_2 b_2 + F_3 b_3 - \frac{1}{2} F_3 b_3 \right) + (S_1 + S_2) \right] i$$

$$= \left[ \left( 14411.72 + 19587.05 + 20103.96 - \frac{1}{2} \times 20103.96 \right) + (447.48 + 1530.96) \right] \times 6.21\%$$

$$= 2858.41 \ (万元)$$

$$S_4 = \left[ \left( F_1 b_1 + F_2 b_2 + F_3 b_3 + F_4 b_4 - \frac{1}{2} F_4 b_4 \right) + (S_1 + S_2 + S_3) \right] i$$

$$= \left[ \left( 14411.72 + 19587.05 + 20103.96 + \frac{1}{2} \times 3583.48 \right) + (447.48 + 1530.93 \right.$$

$$\left. + 2858.41) \right] \times 6.21\%$$

$$= 3771.41 \ (万元)$$

(2) 考虑分割但不考虑试运行时。分割点为每台机组投产运营的时间，根据题意第 3 年要分割成 3 段，即 1 月 1 日至 8 月 30 日为一个时间段，共计 8 个月；8 月 30 日至 11 月 30 日为一段，共计 3 个月；11 月 30 日至 12 月 30 日为一个时间段，共计 1 个月。注意在计算第 3 年的建设期贷款利息时要将年利率转换成月利率计算，第 3 年的计息基数也要转换成月计息基数计算。

$$S_1 = \frac{1}{2} \times 14411.72 \times 6.21\% = 447.48 \ (万元)$$

$$S_2 = \left[ \left( 14411.72 + 19587.05 - \frac{1}{2} \times 19587.05 \right) + 447.48 \right] \times 6.21\%$$

$$= 1530.93 \ (万元)$$

$$S_{3(1)} = \left( 14411.72 + 19587.05 + \frac{1}{2} \times 20103.96 \times \frac{8}{12} + 447.48 + 1530.93 \right) \times 6.21\% \times \frac{8}{12}$$

$$= 1766.89 \ (万元)$$

截至 8 月 30 日的本利和 $= \left( 14411.72 + 447.48 + 19587.05 + 1530.93 + 20103.96 \times \frac{8}{12} \right)$

$$+ 1766.89$$

$$= 51146.71 \ (万元)$$

$$S_{3(2)} = \left( 51146.71 \times \frac{2}{3} + \frac{1}{2} \times 20103.96 \times \frac{3}{12} \right) \times 6.21\% \times \frac{3}{12}$$

$$= 568.38 \ (万元)$$

$$S_{3(3)} = \left( 51146.71 \times \frac{1}{3} + 20103.96 \times \frac{3}{12} \times \frac{1}{2} + 568.38 \times \frac{1}{2} + \frac{1}{2} \times 20103.96 \times \frac{1}{12} \right)$$

$$\times 6.21\% \times \frac{1}{12}$$

$$= 107.04 \ (万元)$$

$$S_3 = S_{3(1)} + S_{3(2)} + S_{3(3)}$$
$$= 1766.89 + 568.38 + 107.04$$
$$= 2442.31（万元）$$

$$S_4 = \left(51146.71 \times \frac{1}{3} + 20103.96 \times \frac{3}{12} \times \frac{1}{2} + 568.38 \times \frac{1}{2} + 20103.96 \times \frac{1}{12} + 107.04\right.$$
$$\left. + \frac{1}{2} \times 3583.48\right) \times 6.21\% \times \frac{2}{12}$$
$$= 242.40（万元）$$

$$S = S_1 + S_2 + S_3 + S_4$$
$$= 447.48 + 1530.93 + 2442.31 + 242.40$$
$$= 4663.12（万元）$$

（3）既考虑分割又考虑试运行时（即把计息周期延长 3 个月）。

$$S_1 = \frac{1}{2} \times 14411.72 \times 6.21\% = 447.48（万元）$$

$$S_2 = \left(14411.72 + 19587.05 - \frac{1}{2} \times 19587.05 + 447.48\right) \times 6.21\%$$
$$= 1530.93（万元）$$

$$S_{3(1)} = \left(14411.72 + 19587.05 + \frac{1}{2} \times 20103.96 \times \frac{11}{12} + 447.48 + 1530.93\right) \times 6.21\%$$
$$\times \frac{11}{12} = 2572.53（万元）$$

截至 11 月 30 日的本利和 $= \left(14411.72 + 447.48 + 19587.05 + 1530.93 + 20103.96\right.$
$$\left. \times \frac{11}{12}\right) + 2572.53$$
$$= 56978.34（万元）$$

$$S_{3(2)} = \left(56978.34 \times \frac{2}{3} + \frac{1}{2} \times 20103.96 \times \frac{1}{12}\right) \times 6.21\% \times \frac{1}{12}$$
$$= 200.91（万元）$$

$$S_3 = S_{3(1)} + S_{3(2)} = 2572.53 + 200.91 = 2773.44（万元）$$

$$S_{4(1)} = \left(56978.34 \times \frac{2}{3} + 20103.96 \times \frac{1}{12} + 200.91 + \frac{1}{2} \times 3583.48 \times \frac{2}{5}\right) \times 6.21\% \times \frac{2}{12}$$
$$= 418.75（万元）$$

截至第 4 年 2 月 28 日的本利和 $= \left(56978.34 \times \frac{2}{3} + 20103.96 \times \frac{1}{12} + 200.91 + 3583.48\right.$
$$\left. \times \frac{2}{5} + 418.75\right) \times \frac{1}{2} = 20856.97（万元）$$

$$S_{4(2)} = \left(20856.97 + \frac{1}{2} \times 3583.48 \times \frac{3}{5}\right) \times 6.21\% \times \frac{3}{12} = 340.49（万元）$$

$$S_4 = S_{4(1)} + S_{4(2)} = 418.75 + 340.49 = 759.24（万元）$$

【例 7.2】　某水电站工程的建筑安装工程和设备采购工程的分年度投资见表 7.2。试按下述条件计算资金流量及工程总投资，并填入表 7.3。

表 7.2　　　　　　　　　　　　　分 年 度 投 资 表　　　　　　　　　　单位：万元

| 项 目 名 称 | 合计 | 建 设 工 期 | | | |
|---|---|---|---|---|---|
| | | 第 1 年 | 第 2 年 | 第 3 年 | 第 4 年 |
| 1. 建筑安装工程 | 11000 | 2000 | 3000 | 4000 | 2000 |
| 2. 设备采购工程 | 9000 | | 1000 | 4000 | 4000 |

表 7.3　　　　　　　　　　　　　资 金 流 量 表　　　　　　　　　　单位：万元

| 项 目 名 称 | 合计 | 建 设 工 期 | | | |
|---|---|---|---|---|---|
| | | 第 1 年 | 第 2 年 | 第 3 年 | 第 4 年 |
| 1. 建筑工程 | | | | | |
| 分年度投资 | | | | | |
| 工程预付款 | | | | | |
| 扣回预付款 | | | | | |
| 保留金 | | | | | |
| 偿还保留金 | | | | | |
| 2. 设备采购工程 | | | | | |
| 1、2 项小计 | | | | | |
| 基本预备费 | | | | | |
| 工程静态投资 | | | | | |
| 价差预备费 | | | | | |
| 建设期贷款利息 | | | | | |
| 工程（动态）总投资 | | | | | |

（1）建筑安装工程的工程预付款为全部建筑安装工程投资的 10％，安排在前 2 年等额支付，不计材料预付款。在第 2 年起按当年投资的 20％扣回预付款，直至扣完为止。

（2）建筑安装工程的保留金按建筑安装工程投资的 2.5％计算，按分年度建筑安装工程投资的 5％扣留至占全部建筑安装工程投资的 2.5％时终止，最后一年偿还全部保留金。

（3）设备采购工程资金流量同分年度投资。

（4）基本预备费费率为 10％。

（5）年物价指数为 2％，从第 2 年开始计算价差预备费。

（6）资本金每年 1500 万元等额投入，其余为银行贷款。

（7）按现行 5 年期贷款年利率为 6.80％计算利息。

**解：**（1）预付款。

工程预付款＝建筑安装工程总投资×10％＝11000×10％＝1100（万元）

工程预付款在前 2 年等额支付，所以第 1 年和第 2 年分别支付 550 万元的预付款。预付款的扣回从第 2 年开始，按当年投资的 20％回扣预付款直至扣完为止。则

第 2 年扣回的预付款＝3000×20％＝600（万元）

未扣回的预付款＝1100－600＝500（万元）

第 3 年扣回的预付款＝4000×20％＝800（万元）＞500 万元

所以第 3 年扣回的预付款为 500 万元。

（2）保留金。

建筑安装工程的保留金＝建筑安装工程投资×2.5％＝11000×2.5％＝275（万元）

保留金按分年度建筑安装工程投资的 5％扣留至占全部建筑安装工程投资的 2.5％时终止，即保留金要扣留至 275 万元时终止。

第 1 年扣留的保留金＝2000×5％＝100（万元）

第 2 年扣留的保留金＝3000×5％＝150（万元）

第 3 年扣留的保留金＝4000×5％＝200（万元）＞25 万元

所以第 3 年扣留剩下的 25 万元保留金。

第 4 年偿还所有的 275 万元保留金。

建筑工程资金流量见表 7.4。

**表 7.4　建 筑 工 程 资 金 流 量　单位：万元**

| 项　目　名　称 | 合计 | 建　设　工　期 | | | |
|---|---|---|---|---|---|
| | | 第 1 年 | 第 2 年 | 第 3 年 | 第 4 年 |
| 建筑工程 | 11000 | 2450 | 2800 | 3475 | 2275 |
| 分年度投资 | 11000 | 2000 | 3000 | 4000 | 2000 |
| 工程预付款 | 1100 | 550 | 550 | | |
| 扣回预付款 | −1100 | | | −600 | −500 |
| 保留金 | −275 | −100 | −150 | −25 | |
| 偿还保留金 | 275 | | | | 275 |

（3）基本预备费。基本预备费按工程项目划分中各分年度投资的百分比计算。

基本预备费$_1$＝2000×10％＝200（万元）

基本预备费$_2$＝（3000＋1000）×10％＝400（万元）

基本预备费$_3$＝（4000＋4000）×10％＝800（万元）

基本预备费$_4$＝（2000＋4000）×10％＝600（万元）

基本预备费＝200＋400＋800＋600＝2000（万元）

（4）价差预备费（$E$）。价差预备费以工程静态投资为计算基础。

工程静态总投资＝资金流＋基本预备费

$E_1＝（2450＋200）×[（1+2％）^{1-1}−1]＝0.00$（万元）

$E_2＝（3800＋400）×[（1+2％）^{2-1}−1]＝4200×（1.02−1）＝84$（万元）

$E_3＝（7475＋800）×[（1+2％）^{3-1}−1]＝8275×（1.0404−1）＝334.31$（万元）

$E_4＝（6275＋600）×[（1+2％）^{4-1}−1]＝6875×（1.061208−1）＝420.81$（万元）

$E＝0+84+334.31+420.81＝839.12$（万元）

（5）建设期贷款利息（$S$）。由于资本金每年 1500 万元等额投入，其余为银行贷款。则

贷款额度＝工程静态投资＋价差预备费−资本金

贷款额度$_1$＝2650＋0−1500＝1150（万元）

贷款额度$_2$＝4200＋84－1500＝2784（万元）

贷款额度$_3$＝8275＋334.31－1500＝7109.31（万元）

贷款额度$_4$＝6875＋421.81－1500＝5796.81（万元）

$$S_1 = \left[ \left( F_1 b_1 - \frac{1}{2} F_1 b_1 \right) + S_0 \right] i = \frac{1}{2} F_1 b_1 i$$

$$= \frac{1}{2} \times 1150 \times 6.8\% = 39.1（万元）$$

$$S_2 = \left[ \left( F_1 b_1 + F_2 b_2 - \frac{1}{2} F_2 b_2 \right) + S_1 \right] i$$

$$= \left( 1150 + \frac{1}{2} \times 2784 + 39.1 \right) \times 6.8\% = 175.51（万元）$$

$$S_3 = \left[ \left( F_1 b_1 + F_2 b_2 + F_3 b_3 - \frac{1}{2} F_3 b_3 \right) + (S_1 + S_2) \right] i$$

$$= \left[ \left( F_1 b_1 + F_2 b_2 + \frac{1}{2} F_3 b_3 \right) + (S_1 + S_2) \right] i$$

$$= \left[ \left( 1150 + 2784 + \frac{1}{2} \times 7109.31 \right) + (39.1 + 175.51) \right] \times 6.8\%$$

$$= 523.82（万元）$$

$$S_4 = \left[ \left( F_1 b_1 + F_2 b_2 + F_3 b_3 + F_4 b_4 - \frac{1}{2} F_4 b_4 \right) + (S_1 + S_2 + S_3) \right] i$$

$$= \left[ \left( 1150 + 2784 + 7109.31 + \frac{1}{2} \times 5796.81 \right) + (39.1 + 175.51 + 523.82) \right] \times 6.8\%$$

$$= 998.25（万元）$$

资金流量见表7.5。

**表 7.5** 　　　　　　　　　　　　　**资 金 流 量 表**　　　　　　　　　　　单位：万元

| 项 目 名 称 | 合计 | 建 设 工 期 | | | |
| --- | --- | --- | --- | --- | --- |
| | | 第 1 年 | 第 2 年 | 第 3 年 | 第 4 年 |
| 1. 建筑工程 | 11000 | 2450 | 2800 | 3475 | 2275 |
| 分年度投资 | 11000 | 2000 | 3000 | 4000 | 2000 |
| 工程预付款 | 1100 | 550 | 550 | | |
| 扣回预付款 | －1100 | | | －600 | －500 |
| 保留金 | －275 | －100 | －150 | －25 | |
| 偿还保留金 | 275 | | | | 275 |
| 2. 设备采购工程 | 9000 | | 1000 | 4000 | 4000 |
| 1、2 项小计 | 20000 | 2450 | 3800 | 7475 | 6275 |
| 基本预备费 | 2000 | 200 | 400 | 800 | 600 |
| 工程静态投资 | 22000 | 2650 | 4200 | 8275 | 6875 |
| 价差预备费 | 839.12 | 0 | 84 | 334.31 | 420.81 |
| 建设期贷款利息 | 1736.68 | 39.1 | 175.51 | 523.82 | 998.25 |
| 工程（动态）总投资 | 24575.8 | 2689.1 | 4459.51 | 9133.13 | 8294.06 |

## 7.8　本章小结

本章主要介绍了建筑工程、环境保护和水土保持专项工程、设备及安装工程、建设征地移民安置补偿和独立费用 5 个部分的分年度投资的编制；建筑安装工程、永久设备、建设征地移民安置补偿和独立费用 4 个部分的资金流量的编制；预备费、建设期利息、工程静态总投资和工程总投资的计算。其中，工程总投资组成中，枢纽工程投资、建设征地和移民安置补偿费用、独立费用和基本预备费之和构成工程静态投资；工程静态投资、价差预备费、建设期利息之和构成工程总投资。

首先根据施工组织设计确定的施工进度和工程建设期移民安置规划的安排采用分年度投资表计算出分年度投资；再以分年度投资为基础采用资金流量表编制资金流量，并计算出基本预备费，从而可得工程静态总投资；以分年度投资和基本预备费为基础计算价差预备费，以资金流量为基础计算建设期利息，从而可得工程总投资。

思　考　题

1. 工程总投资包括哪些内容？什么样的工程项目应进行分年度投资计算？
2. 什么是工程预付款？什么是预备费？两者的区别在哪里？

# 参 考 文 献

[1] 水电水利规划设计总院可再生能源定额站. 水电工程造价指南 [M]. 2版. 北京：中国水利水电出版社，2010.

[2] 全国造价工程师执业资格考试培训教材编审委员会. 建筑工程计价（2013 年版）[M]. 北京：中国计划出版社，2013.

[3] 水电水利规划设计总院中国电力企业联合会水电建设定额站. 水电建筑工程预算定额（上、下册）（2004 年版）[M]. 北京：中国电力出版社，2004.

[4] 水电水利规划设计总院可再生能源定额站. 水电建筑工程概算定额（上、下册）（2007 年版）[M]. 北京：中国水利水电出版社，2008.

[5] 中华人民共和国国家经济贸易委员会. 水电设备安装工程概算定额（2003 年版）[M]. 北京：中国电力出版社，2005.

[6] 水电水利规划设计总院中国电力企业联合会水电建设定额站. 水电工程施工机械台时费定额（2004 年版）[M]. 北京：中国电力出版社，2011.